U0175036

"十三五"江苏省高等学校重点教材

高分子材料成型工艺学

主　编　李锦春　邹国享
副主编　赵彩霞　张洪文

科学出版社

北　京

内 容 简 介

本书为"十三五"江苏省高等学校重点教材(编号 2020-2-248)。本书从高分子材料成型的理论基础出发,结合高分子材料的基本特性,介绍了高分子材料常用的成型方法。主要内容包括绪论、高分子材料成型的理论基础、高分子材料与配方设计、模塑成型工艺、挤出成型工艺、注塑成型工艺、中空吹塑成型工艺和泡沫塑料成型工艺。

本书可作为高等学校高分子材料与工程等专业的本科生教材,也可供塑料、橡胶等行业的科研及技术人员参考。

图书在版编目(CIP)数据

高分子材料成型工艺学/李锦春,邹国享主编. —北京:科学出版社,2021.12
"十三五"江苏省高等学校重点教材
ISBN 978-7-03-070922-6

Ⅰ. ①高… Ⅱ. ①李… ②邹… Ⅲ. ①高分子材料–成型–生产工艺–高等学校–教材 Ⅳ. ①TB324

中国版本图书馆 CIP 数据核字(2021)第 251291 号

责任编辑:侯晓敏 李丽娇/责任校对:杨 赛
责任印制:张 伟/封面设计:迷底书装

科 学 出 版 社 出版
北京东黄城根北街 16 号
邮政编码:100717
http://www.sciencep.com
北京中石油彩色印刷有限责任公司 印刷
科学出版社发行 各地新华书店经销
*
2021 年 12 月第 一 版 开本:787×1092 1/16
2023 年 1 月第二次印刷 印张:15
字数:384 000
定价:69.00 元
(如有印装质量问题,我社负责调换)

前　言

改革开放 40 多年来，我国的高分子工业持续快速发展，到 2020 年高分子材料相关制品的产量占到全球产量的 20% 以上，是名副其实的高分子材料大国。同时，新型加工技术和成型工艺不断进步，自动化和智能化水平也不断提高，我国在许多加工领域已处于世界领先地位，正逐步由高分子材料加工大国迈向高分子材料加工强国。但无论成型过程的自动化程度如何提高，高分子材料成型的基本原理和成型工艺的核心内容并未改变，因此高分子材料成型工艺相关内容，特别是常用的几种成型方法依然是高分子材料与工程专业核心的知识。

常州大学是极具特色的地方性大学，其高分子材料与工程专业是以成型加工及应用改性为特色的国家级一流专业，高分子材料成型工艺学是该专业的核心课程。经过多年的努力建设，该专业的高分子材料成型工艺学课程于 2018 年和 2020 年分别入选国家级线上一流课程和国家级线上线下混合式一流课程。基于教学团队 20 多年的教学心得，编者以本校的教学内容为基础编写了本书，以便高分子材料与工程专业的学生和相关的工程技术人员学习和参考。

本书从高分子材料成型加工的基本理论出发，结合常见的高分子材料及特性，讲授了适用于热固性塑料成型的模塑成型工艺，以及热塑性塑料常见的挤出成型工艺、注塑成型工艺、中空吹塑成型工艺和泡沫塑料成型工艺。在讲述基本理论的基础上，补充了相关领域的新知识和新技术，并适当引入一些成型案例，理论与实践相结合有助于加强学生的理解。

本书由常州大学李锦春、邹国享主编。其中第一章、第四章、第八章由李锦春编写，第二章由张洪文编写，第三章、第五章、第六章由邹国享编写，第七章由赵彩霞编写。李锦春对全书进行了审阅并统稿。

本书得到了江苏省教育厅的资助，并得到常州大学、科学出版社及有关单位的帮助和支持，谨此致谢！在编写过程中，还得到了常州胜威塑料有限公司、华润包装材料有限公司、常州百佳薄膜科技有限公司、江苏常阳科技有限公司等企业的帮助，在此表示衷心的感谢！

由于编者水平有限，书中难免有疏漏和不妥之处，敬请广大读者批评指正。

编　者
2021 年 7 月

目 录

第一章　绪　　论

第一节　高分子材料成型概述

高分子材料是人类现代生活中应用极为广泛且不可缺少的材料，它是以高分子化合物为基础，添加不同助剂或添加剂形成的材料，主要包括橡胶、塑料、纤维、涂料和胶黏剂五大类。高分子材料具有独特的结构和易改性、易加工特点，使其具有其他材料不可比拟、不可取代的优异性能，广泛用于科学研究、国防建设和国民经济等各个领域，成为现代社会生活中衣食住行各个方面不可或缺的材料。很多天然材料是高分子材料，如天然橡胶、棉花等。生活中的高分子材料很多，如蚕丝、棉、麻、塑料、橡胶、纤维等，其中塑料产量最大，主要用于制作包装材料、结构材料、建筑材料、交通运输材料、电子材料、智能材料等；橡胶主要用于制造轮胎；纤维主要用于服装领域。本书重点讨论塑料及其制品的成型工艺，以及橡胶制品的成型工艺。

2018 年，全球塑料制品总产量达到 4.2 亿吨。近年来，我国塑料制品行业保持快速发展的态势，产销量都位居全球首位，其中塑料制品产量占世界总产量的 20%以上。根据国家统计局公布的数据，至 2018 年，合成树脂产量上升至 8558 万吨，年复合增长率达 6.31%。根据中国海关总署的数据，中国塑料制品行业出口数量从 2013 年的 851 万吨，上升至 2019 年的 1401 万吨，其年复合增长率超过 8%，高于同期我国的外贸出口增长水平，也高于同期国内经济增长速度。在众多塑料品种中，最主要的几种塑料——聚乙烯（PE）、聚丙烯（PP）、聚氯乙烯（PVC）、聚苯乙烯（PS）和聚对苯二甲酸乙二酯（PET）占全球消费量的 70%以上。2019 年，我国合成橡胶产量达到 733.8 万吨，累计增长 11.0%。同年，我国天然橡胶和合成橡胶共计消费量为 1668 万吨，同比上升 8.5%，总量在全球占比超过 50%。

一、高分子材料成型加工技术

高分子材料成型是将各种形态（粉料、粒料、溶液和分散体）的材料通过一定的方法制成所需形状的制品或坯件的过程。

高分子制品的成型过程是非常复杂的过程，成型的目的是根据材料的特有性能，利用不同的方法使其成为具有一定形状和使用价值的制件。成型过程涉及的影响因素主要包括成型选用的物料、成型设备和成型工艺，三者之间相辅相成、相互影响。好的成型过程需要从材料优选、设备选型和工艺优化三方面协调考虑，才能得到性价比高、具备市场竞争力的高分子材料制品。

高分子材料成型加工技术属于高分子材料加工工程学，是以高分子材料、高分子物理、高分子助剂等知识为基础，研究将高分子材料转变为高分子制品的方法与技术，涉及传质传热、固体力学、高分子材料熔体流变学等基本工程原理。

高分子材料成型加工是整个高分子工业中的一个重要环节，与树脂合成工业、高分子材料改性工业、模具及塑料机械工业密不可分。树脂合成工业提供各种合成树脂原料;高分子材料改性工业提供塑料用各种添加剂及改性塑料;模具及塑料机械工业提供各种成型模具和成型设备;高分子材料成型加工则进行各种塑料制品的制造。四大行业相互依存、相互发展,缺一不可。高分子材料成型加工技术的发展与塑料机械工业的进步息息相关,同时也与树脂和改性材料的升级换代一脉相连。

所有的高分子材料,无论是高端的柔性屏,还是日常生活中用到的塑料瓶,它们的价值都是以制品为载体实现的,因此高分子材料成型加工是体现和提升高分子材料价值的重要途径,也是高分子工业最重要的一环。

二、高分子材料成型加工技术分类

高分子材料应用领域广泛,成型方法也很多,按成型类别可分为一次成型技术、二次成型技术和二次加工技术。

一次成型技术是指将高分子材料加热到黏流温度或熔融温度以上借助熔体的黏流态实现造型。一次成型能将塑料原材料转变成具有一定形状和尺寸要求的制品或半成品,目前生产上广泛采用的挤出、注射、压延、压制、浇铸、涂覆等均为一次成型。一次成型所用原料称为成型物料,通常为粉料、粒料、纤维增强粒料、片料、糊料、碎屑料等。

二次成型技术是指将一次成型半成品作为原料,借助高分子材料的高弹态实现塑料制品的再次成型或变形的技术。二次成型既能改变一次成型所得塑料半成品(如型材和坯件等)的形状和尺寸,又不会使其整体性能受到破坏。目前,生产上采用的双轴拉伸成型、中空吹塑成型和热成型等均为二次成型技术。

二次加工技术是在保持一次成型或二次成型产物固态不变的条件下,为改变其形状、尺寸和表观性质所进行的各种工艺操作,也称为"后加工技术"。二次加工技术大致可分为机械加工、连接加工和修饰加工三类方法。

第二节 我国塑料工业和橡胶工业的发展

自 1872 年酚醛树脂(PF)问世以来,高分子工业经历了起步和快速发展阶段。在人类使用的四大主要材料(木材、水泥、金属材料和高分子材料)中,高分子材料的发展速度最快,在 20 世纪 90 年代高分子材料的用量就已超过金属材料,且目前依然处于快速发展中。

高分子材料经历了通用塑料、工程塑料和特种工程塑料的发展阶段,目前已发展出了导电高分子材料和生物医用高分子材料,不断满足人们对便捷生活的新需求,为人类文明的进步不断添砖加瓦。

一、我国塑料工业的发展

随着经济增长及工业技术的快速发展,我国塑料工业取得了巨大的进展与成就。新中国成立前,我国合成树脂总产量不足 300t,只有赛璐珞和酚醛树脂两个品种,塑料制品也仅有千吨左右。新中国成立 70 多年间,我国合成树脂总产量增长迅速,2019 年 1～5 月合成树脂产量达 3785.7 万吨,塑料制品总产量达 2886.5 万吨。根据新中国成立 70 多年来塑料的发展变化,结合社会及经济发展,可将我国塑料工业的发展分为五个阶段:诞生阶段(1949～1957

年）、发展阶段（1959~1978 年）、高速发展阶段（1979~2000 年）、跨越式发展阶段（2001~
2010 年）、战略发展阶段（2011 年至今），具体介绍如下。

诞生阶段（1949~1957 年）。20 世纪初，我国上海已开始生产塑料制品，但由于当时国
内社会环境动荡，塑料工业并未得到充分发展，因此将国内塑料工业的诞生阶段从新中国成
立之日算起。新中国成立初期，百废待兴，塑料产量非常少。1949 年，我国合成树脂产量不
足 300t，塑料制品仅有千吨，且合成树脂的原料也比较单一，主要是乙醇和煤焦油，树脂品
种主要是热固性酚醛树脂，还有一些氨基树脂、有机硅、赛璐珞、醋酸纤维素、硝酸纤维素、
有机玻璃和酪素树脂等，塑料加工制品也只是一些电器开关、文教用品和塑料玩具等，工厂
多集中在上海、天津、广州等地，规模都很小，基本无塑料助剂生产，但开始有工厂生产塑
料机械和一些简单的模具。截至 1957 年，国内合成树脂产量为 1.3 万吨，塑料制品产量为 1.4
万吨。

发展阶段（1958~1978 年）。1958 年，PVC 树脂在锦西投产，标志着我国塑料工业进入
新的阶段。继 PVC 树脂投产后，低密度聚乙烯（LDPE）、丙烯腈-丁二烯-苯乙烯共聚物（ABS）、
PS 等热塑性树脂相继投产，并且国内也开始研究和试生产部分热塑性工程塑料，如聚酰胺
（PA）、聚甲醛（POM）、聚碳酸酯（PC）等，树脂品种也逐步由热固性树脂向热塑性树脂转
变，生产的原料虽然仍是乙醇和煤焦油居多，但已经开始向石油转变。生产基地新增了北京、
上海、辽宁三大石化基地，塑料的产量也有了显著的增长，截至 1978 年，我国合成树脂年产
量达 67.85 万吨，塑料制品产量达 92.26 万吨，实现了跨越式增长。与此同时，塑料制品的品
种也得以丰富，如板、管、丝、膜等大宗塑料制品均得到生产应用，并且可以生产一些通用
的塑料助剂，如增塑剂邻苯二甲酸酯、稳定剂三盐基硫酸铅、发泡剂偶氮二甲酰胺，国内也
有专业的生产塑料模具的工厂，这个阶段初步奠定了我国塑料工业的基础。

高速发展阶段（1979~2000 年）。自 1978 年实施改革开放政策以后，国内开始大规模地
从国外进口乙烯制备装置，20 世纪 80 年代，大庆、齐鲁、扬子、上海石化引进了 4 套 30 万
吨的乙烯制备装置，并以此为主体形成了兰州、上海金山、上海高桥、北京燕山、辽宁辽阳、
吉林、黑龙江大庆、山东齐鲁、南京扬子、广东茂名等十大石化基地；1995 年，国内石化基
地继续扩大，独山子、天津、广东茂名、中原等石化基地崛起，另外北京燕山、黑龙江大庆、
山东齐鲁、南京扬子工程扩建，中国石化产业发展空前繁盛。随着石化产业的飞速发展，国
内塑料制品产量也以每年 12%的增速高速增长，截至 1996 年，我国塑料制品产量超过 1500
万吨，跃居世界第二位。1990~1999 年的十年间，国内合成树脂平均增长率高达 15.34%。
在这个阶段，国内塑料加工业也通过引进欧、美、日等地区和国家的先进加工设备和生产线，
提高了加工能力、机械化水平及塑料制品的质量档次，提升了制品的开发能力。

跨越式发展阶段（2001~2010 年）。进入 21 世纪，我国塑料工业规模持续扩大，2000~
2005 年，合成树脂年均增长 11.8%，约为世界年均增长的 3 倍，2005 年我国合成树脂产量创
新高，达 2142 万吨，超预期完成"十五"计划。"十一五"时期（2006~2010 年）是我国
塑料工业史上综合实力发展较快、发展成效显著、技术进步大为提升的五年，全行业共有 9.5
万多家企业，塑料制品业规模以上企业工业总产值从 2006 年的 6853.36 亿元增长到 2010 年
的 1.42 万亿元，年均增长 20.06%；塑料制品产量从 2006 年的 2801 万吨增长到 2010 年的
5830.38 万吨，年均增长 20.1%。这十年间塑料制品产量实现了翻番的增长，与此同时，塑料
制品业的产业规模、主要经济指标、技术水平、从业人数均得到了长足的发展。相应地，我

国塑料制品出口及塑料机械出口能力不断提升，2010 年塑料制品出口量及出口额分别达到 1462 万吨及 359 亿美元。

战略发展阶段（2011 年至今）。自党的十八大以来，我国塑料工业开始从量的高速增长期向质的飞跃期过渡，进入调整优化结构、转变发展方式、提升产业素质的战略性调整阶段。在"十二五"期间，我国塑料制品产销量都位居全球首位，其中塑料制品产量约占世界总产量的 20%，塑料加工业规模以上企业由 2011 年的 12963 家增加到 2016 年的 15000 家，同期，规模以上企业主营业务收入从 15583.74 亿元增长至 22855.10 亿元，年复合增长率为 7.96%。

然而，随着塑料行业的大发展，其污染环境的弊端逐渐显现，为了加强塑料行业的可持续发展，近几年，我国发布了多项塑料行业的法律法规，如 2017 年的"国门利剑 2017"联合专项行动，2018 年的环保税、《废塑料综合利用行业规范条件》以及 2015 年吉林省"禁塑令"，2019 年上海强制垃圾分类正式施行与"无废城市"试点工作的开展等。从这些政策都可以看出，我国对塑料行业的监管正在逐步收紧，塑料行业生产逐步向绿色低碳化、环境友好化、规范化转变，塑料产品将向可降解、无害化转变。

随着"工业 4.0"的提出，全球以高度数字化、网络化、机器自组织为标志的第四次工业革命正式拉开，一轮产业革命的浪潮即将来袭。十九大报告中明确指出，加快发展先进制造业，推动互联网、大数据、人工智能和实体经济的深度融合，支持传统产业优化升级。目前已经有一批塑料企业先行，在人工智能、物联网、大数据等方面进行了有力的探索和实践。

通过 70 多年的不断努力，我国塑料工业已跻身于世界塑料强国的行列，整体优势在不断增强。新时期，塑料工业的发展将结合新技术、新产业和新业态，不断加大科研投入，加大力度开发推广可循环回收、可降解的替代品，寻求在制品、原料、助剂、塑料加工设备、塑料加工模具等领域的全新突破，注重品质、品种、品牌及精品制造，争取部分产品达到国际领先水平，部分技术达到世界领先水平，实现主要产品及配件能够满足国民经济和社会发展尤其是高端领域的需求。全力推进塑料加工业科技创新引领产业链协同高质量发展，完成产业强国的目标。

二、我国橡胶工业的发展

橡胶工业是国民经济的重要基础产业之一。它不但为人们提供了日常生活不可或缺的日用橡胶、医用橡胶等轻工橡胶产品，而且向采掘、交通、建筑、机械、电子等重工业和新兴产业提供了各种橡胶制品生产设备或橡胶部件。可见，橡胶产品的种类繁多，产业十分广阔。近几年来，橡胶行业得到不少发展，已有细分行业稳中有升，新生橡胶细分行业飞速发展，但同时橡胶行业也在环境、资源、创新等方面存在问题。

1904 年，当时的云南省干崖土司刀安仁从新加坡购买了巴西三叶橡胶树苗 8000 余株，运到云南省盈江县新城凤凰山的东南坡种植，开始了中国的橡胶种植。1915 年，邓凤墀、陈玉波在广州创办广东兄弟创制树胶公司，专制橡胶鞋，这是国内第一家橡胶企业。1928 年，华侨余芝卿和橡胶工业专家薛福基在上海成立大中华橡胶厂，这是中国早期最大的橡胶工业企业。到新中国成立初期，中国有橡胶厂 263 家，拥有炼胶机（开放式）1009 台，月生胶加工能力 4000～5000t。但这些工厂多为作坊式工厂，且由于原料短缺等诸多因素，基本处于停产、半停产状态。

新中国成立后，我国橡胶行业攻克技术、设备、原材料和资金等重重难关，全力扶持国有、私营企业恢复和扩大生产，完成了各项生产恢复任务。1952 年，全国生产轮胎 42 万条，胶鞋 6169 万双。橡胶工业的振兴为建设新中国、改善人民生活发挥了重要作用。

从 1953 年起，我国经济建设开始实施五年计划。国家对橡胶工业实行统一领导、分级管理，并提出集中力量、重点建设的发展方针，培育出一批像上海正泰橡胶厂、大中华橡胶厂等这样的大厂，建设起了上海、青岛、天津、广州、重庆及东北等橡胶工业基地。之后，通过老厂内迁、三线建设，如桦林橡胶厂部分内迁建设的河南轮胎厂等，以及国家投资、几家厂院共同参与建设的东风轮胎厂等，实现了橡胶工业的合理布局，扩大了产能。从新中国成立到改革开放前夕，我国初步建成了产品门类较为齐全，科技、设计、生产、原材料供应、设备制造，以及废旧产品综合利用等一套相对完整的橡胶工业体系，主导产品实现了持续稳定增长。但是由于当时国情所限，国内生产的几乎全是低附加值产品，与发达国家存在明显差距。

自改革开放以来，我国橡胶工业步入了全新的发展阶段。"七五"伊始，化工部橡胶司提出，以子午线轮胎、高强力和难燃输送带、中高档胶鞋，以及汽车和工程建设等的橡胶配件为重点，着力推动橡胶产品升级换代，推动全行业整体技术进步。橡胶工业以产品更新为主导的大发展帷幕从此拉开。40 多年来，我国橡胶工业通过引进吸收国外先进技术和自主创新发展，取得了巨大的成就。到 2018 年，打造出了密不可分的橡胶工业全球产业链和价值链，包括橡胶材料、炭黑、助剂、骨架材料、技术、装备、市场机构等。

近年来，我国橡胶工业经济结构实现重大变革，科技成果大量涌现，绿色发展理念深入人心，智能化、国际化发展绽放精彩。如今，我国是世界第一大轮胎生产和消费国，年产轮胎 8.16 亿条，相当于美国、日本、德国三国的总和。我国轮胎产品约 40%出口到全球 200 多个国家和地区。2018 年，全国形成了中策、玲珑、三角、赛轮、双星、风神、双钱、万力等八大企业集团。我国轮胎技术从多年的追跑，开始进入齐跑、领跑的新阶段。

第二章　高分子材料成型的理论基础

高分子材料的成型加工是将高分子原材料转化为最终产品的过程，不仅涉及熔融塑化、成型冷却，还存在混合和化学反应等过程，因此需要掌握成型过程的基本理论，才能深入理解成型过程对最终制品的影响，及时有效地调整成型工艺，消除成型缺陷，提高成型效率，最终得到高性能的制品。

高分子材料成型过程所涉及的基本理论主要包括 3 个部分：①高分子材料熔体的特性，即熔体的黏弹行为；②熔体在冷却过程中分子链构象转变的松弛程度和分子链最终的凝聚态结构，即结晶与取向；③成型过程中的混合过程及化学反应。

第一节　高分子材料熔体的流变特性

除极少数工艺外，高分子材料大多数成型过程中都要求材料处于黏流状态（塑化状态），因为高分子材料熔体易流动且易变形，这给高分子材料的输送和成型都带来极大的方便。

高分子材料熔体或溶液的流动和变形都是在应力作用下得以实现的，常见的应力有剪切应力、拉伸应力和压缩应力三种。其中，剪切应力对高分子材料的成型最为重要，成型时聚合物熔体或分散体在设备和模具中流动的压力降、所需功率及制品的质量等都受到剪切应力的制约。拉伸应力在成型中经常与剪切应力同时出现，如吹塑中型坯的拉伸、吹塑薄膜时膜管的膨胀、塑料熔体在锥形流道内的流动及单丝的生产等。压缩应力不是很重要，通常可以忽略不计，但这种应力对聚合物的其他性能有一定的影响，如熔体黏度等，因此在某些情况下应给予考虑。

流体在平直管内受剪切应力作用而发生流动的形式有层流和湍流两种。层流时，流体的流动按彼此平行的流层进行，同一流层之间的各点速度彼此相同，但各层之间的速度却不一定相等，而且各层之间也无明显相互干扰。当流动速度增大且超过临界值时，流动则转变为湍流。湍流时，流体各点速度的大小和方向都随时间变化，此时流体内出现扰动。层流和湍流的区分以雷诺数（Re）为依据。雷诺数由式（2-1）定义：

$$Re = \frac{D\bar{v}\rho}{\eta} \tag{2-1}$$

式中，D 为管道直径；$\bar{v}$ 为流体流动的平均速度；ρ 为流体的密度；η 为流体的剪切黏度。对于低黏度流体，当 $Re < 2000$ 时，流动为层流；当 $Re > 4000$ 时，流动为湍流；Re 介于 2000～4000 时，为过渡流。但是高分子熔体的黏度远大于普通流体，其在成型中只有当 $Re < 10$ 时才为层流流动。在少数情况下，由于应力过大可能出现弹性湍流，此时不仅要根据雷诺数，还要根据弹性雷诺数来判断流动类型。

流体为层流流动时，层与层之间的剪切应力（τ）与黏度（η）和剪切速率（$\dot{\gamma}$）有关，即

$$\tau = \frac{\mathrm{d}\nu}{\mathrm{d}r} \cdot \eta = \dot{\gamma} \cdot \eta \tag{2-2}$$

如果剪切应力随剪切速率的增加呈线性增加，即流体黏度不随剪切速率的变化而变化，为恒定常数，则这种流体称为牛顿流体。对于牛顿流体，其特征流动曲线是通过原点的直线，该直线与 $\dot{\gamma}$ 轴夹角 θ 的正切值是牛顿黏度值，如图 2-1 中曲线 1 所示。

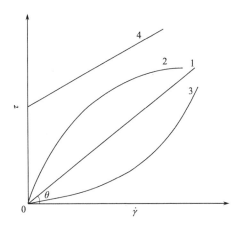

图 2-1　四种流体的剪切应力-剪切速率的关系曲线
1. 牛顿流体；2. 假塑性流体；3. 膨胀性流体；4. 宾汉流体

绝大部分的高分子熔体或溶液都不属于牛顿流体，而是表现出非牛顿流体的特征，即流体的黏度随剪切速率的变化而变化。按黏度与剪切速率的关系，非牛顿流体可分为假塑性流体、膨胀性流体和宾汉流体，其流变特征曲线分别如图 2-1 中曲线 2、曲线 3 和曲线 4 所示。

绝大部分的高分子熔体或溶液都呈现出假塑性流体的特征，也就是黏度随剪切速率增加而下降，即剪切变稀。对于高分子熔体出现剪切变稀的原因，一般解释如下：随着剪切速率的增加，聚合物分子链沿流动方向伸展取向，出现规则排列；同时剪切应力促进聚合物链间的缠结解开，分子间的相对迁移变得容易，因而表观剪切黏度随 $\dot{\gamma}$ 的增加而下降。

一、流动性的表征

在实际应用中，表征高分子熔体或溶液流动性的基本参数有两个：表观黏度和熔体流动速率。正确了解高分子熔体的流变曲线，有利于选择合适的成型加工设备和成型加工条件。

1. 表观黏度

表观黏度是表征高分子熔体或溶液流动性的基本参数，它是实际测量出来的，具有一定的表观性。它反映熔体流动中流层之间的摩擦阻力，可定义为

$$\eta_{\mathrm{a}} = \tau / \dot{\gamma} \tag{2-3}$$

影响表观黏度的主要因素有分子量、温度、剪切速率、压力等。

在实际成型加工过程中，熔体往往经历不同的压力、温度和剪切速率的变化过程，要有效分析加工条件的变化对熔体流动性质的影响，就必须知道在各种条件（温度、压力、剪切速率）下材料的特性数据。虽然能够测量一定条件下的这些数据，但无法测量所有条件下的数据，解决的途径是建立能描述一般条件下材料特性的黏度模型。一旦模型建立起来，便可

以从有限的实验数据中确定模型参数，计算在其他加工条件下的黏度。

2. 熔体流动速率

熔体流动速率（MFR）是在一定的温度和载荷下，熔体每 10min 从标准的测定仪挤出的物料质量，单位为 g/10min，测试标准见 ASTM D1238—2010 或 GB/T 3682.1—2018。同种材料在相同条件下，MFR 越大，流动性越好。不同材料或选择的条件不同，不能用 MFR 的大小来比较它们之间的流动性好坏。在塑料加工中，MFR 不同，其加工条件和用途也不同。一般情况下，MFR 大的材料可采用注塑成型加工，MFR 小的材料可采用吹塑成型加工，介于二者之间的材料适于挤出成型。

表观黏度（η_a）与 MFR、熔体密度（ρ）、载荷（F）的关系可近似表示为

$$\eta_a = \frac{4.86 \rho F}{\text{MFR}} \tag{2-4}$$

从式（2-4）可以看出，η_a 与 MFR 成反比，高 MFR 对应于低黏度熔体。例如，当塑料的 MFR = 0.2g/10min，密度 ρ=1.0g/cm^3，在测试条件（F = 21.6N、温度为 190℃）下，塑料熔体的表观黏度近似为 52.49kPa·s，剪切速率为 0.37s^{-1}。在相同条件下，如果 MFR = 20g/10min，塑料熔体的表观黏度近似为 525Pa·s，剪切速率为 37s^{-1}。

MFR 实际上是测量低剪切速率下的熔体黏度，虽然比实际加工时的剪切速率低得多，但对表征高聚物在一定条件下的流动性仍具有重要意义，而且实验方法简单，得到了普遍应用。

3. 拉伸黏度

高分子熔体流动场基本可以分为两类：剪切流动场和拉伸流动场，对高分子熔体而言，除了有剪切黏度外，还有拉伸黏度。剪切流动场的特点是速度梯度方向垂直于流动方向，而拉伸流动场的速度梯度方向与流动方向一致。

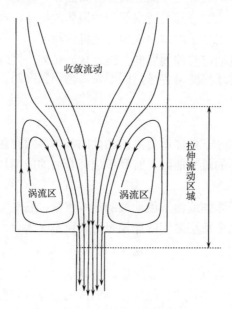

图 2-2 LDPE 在毛细管区域的流动

如图 2-2 所示，当熔体通过收敛流动进入毛细管后，由于流动场截面积迅速变小，毛细管内的流速迅速增加，导致流体沿流动方向上出现速度梯度，前部流速快的熔体对后部流速慢的熔体产生拉伸应力。因此，可以认为凡是有流线收敛的流动就有拉伸流动分量。例如，纺丝、混炼、薄膜压延、注塑、瓶子和薄膜的吹塑等成型工艺中都涉及拉伸流动。根据拉伸流动中流体的受力方式，拉伸流动可分为单轴拉伸、双轴拉伸和平面单轴拉伸。例如，纺丝过程中，在接近毛细管式喷丝板的入口区和出毛细管后的纤维卷绕过程中都有单轴拉伸流动，在瓶子和薄膜的吹塑成型中有双轴拉伸流动。

实验中难以形成稳定的拉伸流动场，拉伸黏度很难测定，目前多采用等温纺丝法。

对于假塑性的高分子熔体，熔体的剪切黏度随剪切应力的增加而下降。拉伸黏度则无此规律，拉伸黏度受拉伸应力的影响可分为三类：①拉伸黏度与拉伸应力无关，如聚丙烯酸酯类、尼龙 66（PA66）和 POM 等；②拉伸黏度随拉伸应力增加而下降，如乙丙共聚物、高密度聚乙烯（HDPE）等；③拉伸黏度随拉伸应力增加而上升，如 LDPE、PE，如图 2-3 所示。

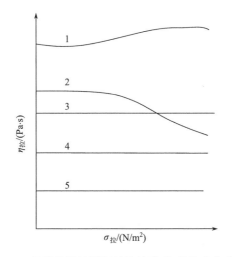

图 2-3　几种热塑性塑料的拉伸黏度-拉伸应力曲线

1. 挤出级 LDPE（170℃）；2. 挤出级乙丙共聚物（230℃）；3. 注塑级聚丙烯酸酯（230℃）；

4. 注塑级共聚缩醛（200℃）；5. 注塑级 PA66（285℃）

如果拉伸黏度随拉伸应变速率的增大而增大，可使纤维的纺丝过程或薄膜的拉制过程变得较为容易和稳定。因为如果在纺丝过程中纤维上产生了一个薄弱点，则该薄弱点就会因截面积的减小而导致拉伸应变速率增大，而拉伸应变速率的增大又会引起拉伸黏度的增加，从而阻碍薄弱点的进一步拉伸。相反，如果拉伸黏度随拉伸应变速率的增大而减小，则局部薄弱点在拉伸过程中将会发生熔体的局部破裂，从而影响成型工艺。

二、影响黏度的因素

1. 分子量对熔体黏度的影响

由于高分子材料的分子链很长，因此其熔体的黏度都较大，且黏度会随着分子量增大而增大。当分子量较低时，黏度随分子量增加而变大，为 1.5～2 次方的关系；当分子量达到某一值（临界分子量）时，黏度随分子量增大急剧增大，为 3～4 次方的关系。分子量对黏度影响的主要原因是高分子链段缠结。几种聚合物的临界分子量见表 2-1。

表 2-1　几种聚合物的临界分子量

聚合物	临界分子量 M_c
低密度聚乙烯	4000
聚苯乙烯	35000
尼龙 6	5000
天然橡胶	5000
聚异丁烯	17000
聚乙酸乙烯酯	25000
聚甲基丙烯酸甲酯	10400

黏度与塑料成型加工密切相关，不同分子量决定了其材料的不同成型方法和用途，如纺丝黏度不能太大，要求分子量低一些；注塑成型对流动性要求较高，需要分子量低一些；吹塑和挤出成型的分子量可以相对高一些。表 2-2 为聚乙烯加工方法与分子量之间的关系。

表 2-2　聚乙烯加工方法与分子量之间的关系

成型方法	注塑	吹塑	挤出
数均分子量 M_n	$3 \times 10^4 \sim 4 \times 10^4$	$5.5 \times 10^4 \sim 8.5 \times 10^4$	$6.5 \times 10^4 \sim 1.2 \times 10^5$

当聚合物的平均分子量相同时，分子量分布宽的呈现非牛顿性流动的剪切速率比分子量分布窄的低，如图 2-4 所示。当 $\dot{\gamma}$ 较低时，分子量分布宽的熔体的黏度较高，因为平均分子量相同而分布宽的聚合物中常含有较多的高分子量级分，它对 η_a 的贡献较大。当 $\dot{\gamma}$ 增大时，分子量分布宽的聚合物熔体呈现表观黏度下降。分子量分布宽的聚合物在较高剪切速率加工时流动性较好。

2. 剪切速率对熔体黏度的影响

聚合物熔体的剪切黏度与剪切速率的关系如图 2-5 所示。该曲线可分为三个区域：当 $\dot{\gamma}$ 很低时，剪切黏度几乎不变，称为第一牛顿区，对应的黏度称为零剪切黏度 η_0；当 $\dot{\gamma}$ 很高时，剪切黏度也几乎不变，称为第二牛顿区，此时的黏度称为无穷剪切黏度 η_∞，η_∞ 比 η_0 低 2～3 个数量级；两区之间的过渡区为非牛顿区，在非牛顿区，熔体剪切黏度随剪切速率增加而下降。而非牛顿区正好是高分子材料成型加工时剪切速率的主要区间。

对于聚合物熔体出现上述流动曲线的原因，一般解释如下：在 $\dot{\gamma}$ 很低时，流动对聚合物线团的影响很小，熔体中聚合物链的构象分布基本不变，表现为剪切黏度恒定的牛顿流体。当 $\dot{\gamma}$ 较大时，聚合物链沿流动方向伸展取向，聚合物链间的缠结解开，分子间的相对迁移变得更容易，因而表现为剪切黏度随 $\dot{\gamma}$ 的增加而下降。当 $\dot{\gamma}$ 很高时，聚合物链的伸展取向已达到极限状态，不再随 $\dot{\gamma}$ 变化，因此再度表现为剪切黏度不变的牛顿流体。但是，大多数聚合物熔体很难达到第二牛顿区，因为在未达到这个区域的 $\dot{\gamma}$ 值之前，熔体就已出现了不稳定流动。

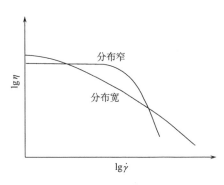

图 2-4　分子量分布对材料切敏性的影响

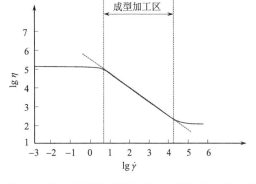

图 2-5　聚合物熔体的剪切黏度与剪切速率的关系

在各种塑料成型加工方法中熔体所受的剪切应力大小不同，流动中剪切速率的变化很大（表 2-3）。熔体的剪切黏度随剪切速率的变化规律对了解和控制成型加工过程非常重要。

表 2-3　塑料成型中剪切速率的变化范围

成型方法	剪切速率/s^{-1}	成型方法	剪切速率/s^{-1}
模压	1～10	纺丝	$1 \times 10^3 \sim 1 \times 10^5$
挤出	10～100	注塑	$1 \times 10^3 \sim 1 \times 10^5$

塑料熔体的黏度随剪切速率的改变有特殊的规律，图 2-5 为典型的塑料熔体 $\lg \dot{\gamma}$-$\lg \eta$ 图。从图 2-5 中可以看出，当剪切速率很低（<1s^{-1}）或很高（>1×10^5s^{-1}）时，黏度基本不随剪切速率的变化而变化。在实际的成型剪切速率范围内（1～1×10^5s^{-1}），大部分塑料熔体的剪切黏度随着剪切速率增大而减小，表现出"剪切变稀"的流变特性。虽然目前尚无确切反映塑料熔体本质的流变学公式，但可用一些简化模型来表征，其中最简单的是幂律模型：

$$\eta = m \cdot \dot{\gamma}^{n-1} \tag{2-5}$$

式中，m 为指前常数；n 为幂律指数，它反映了 η 随 $\dot{\gamma}$ 增加时降低的程度。对于剪切变稀的高分子熔体，n 为 0～1，当 n 为 0.8～1.0 时，熔体近似于牛顿流体；当 n<0.5 时，熔体表现出非常强的非牛顿流体特性。表 2-4 给出了常见塑料的幂律指数。

表 2-4　常见塑料的幂律指数

材料	幂律指数 n	材料	幂律指数 n
PS	0.30	SAN	0.30
PVC	0.30	ABS	0.25
PMMA	0.25	PC	0.70
LDPE	0.35	PP	0.35
LLDPE	0.60	PA6	0.70
HDPE	0.50	PET	0.60

注：PMMA，聚甲基丙烯酸甲酯；LLDPE，线型低密度聚乙烯；SAN，苯乙烯和丙烯腈的无规共聚物。

常见的塑料如聚乙烯、聚丙烯、聚氯乙烯等都属于对剪切速率敏感的塑料。在塑料加工中，通过调整剪切速率改变熔体黏度，显然只有黏度对剪切速率敏感的塑料才有较好的效果。对剪切速率不敏感的塑料，可通过调节其他敏感的因素（如温度）来改变熔体黏度。

对加工过程来说，如果塑料熔体的黏度在很宽的剪切速率范围内都很敏感，则需严格控制剪切速率，因为此时剪切速率的波动会造成产品质量的显著差异，产品质量的均匀性难以保证。

3. 温度对熔体黏度的影响

温度对高分子熔体黏度的影响很复杂，总体上讲，随着温度升高，聚合物分子链的热运动增加，黏度会随着温度升高而降低。利用这一特性，在较高的温度或尽可能的高温下进行成型，温度对黏度的影响也成了成型加工中至关重要的因素。

对于大多数高分子材料，在考虑温度效应时，可以通过转换因子来分析黏度对温度的依赖性，它的幂律关系式可以写成：

$$\eta = m \cdot \alpha_T \cdot \dot{\gamma}^{n-1} \tag{2-6}$$

式中，α_T 为转换因子，对于聚烯烃塑料，α_T 可由下式得到：

$$\alpha_T = \exp\left[\frac{E}{R}\left(\frac{1}{T} - \frac{1}{T_0}\right)\right] \tag{2-7}$$

式中，E、R 分别为活化能和摩尔气体常量；T 为热力学温度。这个关系式可以应用到结晶聚合物和温度超过玻璃化温度（T_g）100℃时的非晶聚合物。从中可以看出，作为高分子材料重要的流变参数，活化能表征了高分子材料的黏度对温度的敏感性。对于活化能较高的塑料材料，提高加工温度会增加材料的流动性；而对于活化能较低，即黏度对温度敏感性较小的塑料材料，通过升温提高物料流动性的效果甚微。

对于非晶聚合物，常采用 WLF（Williams-Landel-Ferry）方程定义转换因子：

$$\alpha_T = \exp\left[\frac{-C_1(T - T_r)}{-C_2 + (T - T_r)}\right] \tag{2-8}$$

式中，C_1、C_2 为材料常数，对于大多数非晶聚合物，$C_1=8.86$，$C_2=101.6$；参考温度 T_r 一般取 $T_g+43℃$。

尽管聚合物对温度的敏感程度变化很大，但总体上讲，非晶聚合物（如 PMMA、PVC）对温度的依赖性较强，成型温度越接近它的玻璃化温度，黏度对温度的敏感程度就越高；当成型温度大于 $T_g+150℃$ 时，温度对黏度的影响相对很小。而结晶聚合物（如 PP、PE）对温度的依赖性不是很大。一些常见塑料的黏度随温度的变化特性见表 2-5。

4. 压力对熔体黏度的影响

聚合物熔体在注塑时，无论是预塑阶段，还是注射阶段，熔体都受到内部静压力和外部动压力的联合作用。在保压补料阶段，聚合物一般要经受 1500～2000kgf/cm²（1kgf/cm²= 9.80665×10⁴Pa）的压力作用，精密成型可高达 4000kgf/cm²，在如此高的压力下，分子链段间的自由体积受到压缩。分子链间自由体积减小，大分子链段的靠近使分子间作用力加强即表现黏度增大。

表 2-5　常见塑料的黏度随温度的变化特性

材料	黏度随温度变化 $\left(\frac{1}{\eta}\frac{\partial \eta}{\partial T}\right)$	材料	黏度随温度变化 $\left(\frac{1}{\eta}\frac{\partial \eta}{\partial T}\right)$
PS	0.08	SAN	0.20
PVC	0.20	ABS	0.20
PMMA	0.20	PC	0.05
LDPE	0.03	PP	0.02
HDPE	0.02	PET	0.03

在加工温度一定时，聚合物熔体的压缩性比一般液体的压缩性大，对黏度影响也较大。由于聚合物的压缩率不同，因此黏度对压力的敏感性也不同，压缩率大的聚合物敏感性大。

聚合物的黏度也由于压力升高而增加，与降低熔体温度具有等效作用。

第二节　离模膨胀与熔体破裂

一、离模膨胀

1. 离模膨胀的概念

离模膨胀是由美国生物学家巴勒斯（Barus）于 1893 年提出的，也称为巴勒斯效应或挤出胀大。熔体挤出口模后，若挤出物未受进一步拉伸，则挤出物的截面积将会超过口模出口的截面积，这一现象称为离模膨胀。通常，圆形口模挤出物的直径比挤出模孔的直径大 1～2 倍。如果口模截面为圆形，挤出胀大现象可用挤出胀大比 B 来表征。B 定义为挤出物直径的最大值 $D_{\max}$ 与口模直径 D_0 的比值，如图 2-6 所示。

$$B = \frac{D_{\max}}{D_0} \tag{2-9}$$

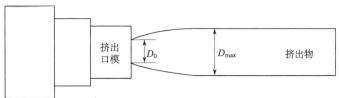

图 2-6　高分子熔体挤出时的离模膨胀现象

高分子熔体的离模膨胀现象是其熔体弹性的表现，其本质上是由分子链在口模中的弹性形变在离开口模时来不及松弛所引起的。分子链在流动过程中受到强剪切场的作用，使分子链舒展和取向，但因为在口模停留时间短，来不及松弛和解取向，直到离开口模后才解取向，恢复收缩，因而胀大。这种恢复收缩是非常慢的，不是一出口模就马上恢复，而是需要一段时间，在出口一段距离后挤出物截面才变大。综上所述，形成离模膨胀的原因有 2 个，即聚合物分子链离开口模后的弹性变形回复和分子链的解取向。

弹性变形回复由 2 个因素构成：①入口效应；②剪切流动。入口效应指的是聚合物熔体在外力的作用下进入口模，在口模入口处会形成流线收敛，从而在流动方向上形成速度梯度，分子链受到拉伸力而产生拉伸弹性形变，这种形变在经过口模时还来不及完全松弛，在熔体离开口模后，外力对分子链的作用解除，分子链从之前的伸展状态回缩成卷曲状态，形成回复，导致离模膨胀，这一部分的弹性回复是沿流动方向上的速度梯度产生的形变部分的弹性回复。剪切流动则是指垂直于流动方向上的速度梯度。熔体在口模内流动时，由于剪切应力的作用而产生法向应力效应，法向应力差使聚合物分子链产生弹性形变，分子链的这种弹性形变会在离开口模后回复，因而发生离模膨胀。当口模的长径比 L/D 较小时，入口效应是主要的；当口模的长径比 L/D 较大时，剪切流动是主要的。熔体在口模内的流动处于强剪切场内，分子链沿流动方向取向，离开口模后发生解取向，这种解取向破坏了分子链的紧密排列，使分子链间的空隙变大，因而宏观上表现出离模膨胀行为。

弹性形变在外力去除后的松弛速度与熔体的松弛时间有关。如果形变的时间尺度 t 比熔体的松弛时间 τ 大很多，则形变主要反映黏性流动，弹性形变在此时间内几乎完成松弛。反之，如果形变的时间尺度 t 比熔体的松弛时间 τ 小很多，则形变主要反映弹性，此时黏性流动产生的形变很小。与剪切黏度相比，聚合物熔体的剪切模量对温度、压力和分子量并不敏感，但都显著地依赖于聚合物的分子量分布。分子量大、分布宽时，熔体的弹性表现十分显著。因为分子量大，熔体黏度大，松弛时间长，弹性形变松弛慢；分子量分布宽，剪切模量低，松弛时间分布也宽，熔体的弹性表现特别显著。

2. 离模膨胀的影响因素

聚合物离模膨胀现象使挤出物与口模尺寸不一致，严重时会影响挤出制品的质量。尤其是异型材的口模通常采用逆向工程设计，由于在生产中，当原材料、成型工艺等因素发生变化时，逆向工程设计不能适当补偿由熔体离模膨胀所产生的尺寸变化，因此制品尺寸的精确性受到极大的影响。

熔体的剪切速率、温度、聚合物分子量和分子量分布、支化程度等都会影响熔体的挤出胀大比 B。一般来说，B 值随剪切速率的增加而显著增大。在同一剪切速率下，B 值随 L/D 的增大而减小，并逐渐趋于稳定。温度升高，聚合物熔体的弹性减小，B 值也随之下降。聚合物分子量变大，分布变宽，B 值增大，这是因为分子量大，松弛时间长。此外，支化程度对 B 值也有影响，长支链增加，B 值增加，而短支链对 B 值的影响则不确定。

在配方体系中加入填料，特别是刚性填料，能显著减小聚合物的离模膨胀。

在一定的温度下，$\dot{\gamma}$ 越高，B 值越大。这是因为 $\dot{\gamma}$ 增加，熔体通过口模的时间缩短，可用于弹性松弛的时间缩短，因而 B 值增大。同时，挤出速度越大，熔体的弹性变形也越大，故 B 值越大。

不同的聚合物，其挤出胀大程度不一样，如尼龙、聚碳酸酯的挤出胀大程度较小；而聚丙烯、低密度聚乙烯的挤出胀大程度较大。

针对由入口效应引起的弹性回复，当口模入口角小于 30° 时，熔体沿流动方向上的速度梯度较小，因此对离模膨胀的贡献也较小；当口模入口角为 45°～120° 时，离模膨胀现象明显增强，但在这个圆锥口模入口角范围内，入口角的变化对离模膨胀影响很小。

二、熔体破裂

聚合物通过口模挤出，当挤出速度超过某一值时，挤出物不再光滑，而出现有规律的花纹，甚至是完全无规则的形状，如竹节状、鲨鱼皮状、无规则破裂等，这一现象称为熔体破裂，如图 2-7 所示。熔体破裂后不仅表面不光滑，而且物理性能大幅度下降。

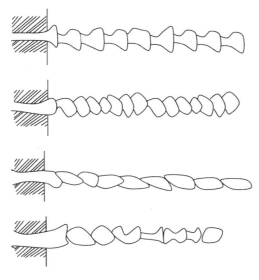

图 2-7　熔体破裂现象

衡量聚合物熔体是否会发生熔体破裂的临界条件是临界黏度，即随剪切速率的增加，当熔体黏度下降至熔体零剪切黏度（η_0）的 2.5%时，会发生熔体破裂，这一黏度即为熔体破裂的临界黏度（η_{mf}）。对于任何聚合物，只要知道了 η_0，就可以求出 η_{mf}。

对于熔体破裂的形成原因有多种观点，一般认为熔体破裂是湍流的一种表现，形成湍流的地方是口模入口处、口模内壁和口模出口处。

在口模入口处，经涡流的物料混入未经涡流的物料流出以后，由松弛行为不同造成无规则畸变，即在口模入口处存在涡流区，这个涡流区的大小是脉动的，当挤出速度继续增大时，涡流区的流体会脉动地卷入口模，这部分流体与非涡流区的流体的热历史和松弛历史不一样，使口模内的流动产生周期性不稳定流动，挤出物产生畸变，在外观上呈现出从表面粗糙到肉眼可见的不规则螺旋状。

熔体在入口附近呈流线分布，流动时应力集中效应主要发生在入口内壁附近，而不是在入口处。低剪切速率时熔体流过入口内壁，无滑移，挤出正常。当剪切速率高到某一程度时，壁面处的应力集中越来越显著，导致熔体通过周期性的滑移来释放应力，产生有规则的畸变，如竹节状或呈套锥形等。

对于小分子流体，在较高的雷诺数下才会出现湍流；聚合物熔体在成型过程中，雷诺数一般都小于 10，不应该出现湍流，但由于聚合物熔体黏度高，黏滞阻力大，在剪切力的作用下，熔体的弹性形变增大，当弹性形变的储能达到或超过克服黏滞阻力的流动能量时，流动单元就不会被限制在一个流动层内，从而引起湍流，产生熔体破裂现象。因此，把这种聚合物熔体的弹性形变储能引起的湍流称为弹性湍流，或称为高弹湍流。这种弹性湍流直至形成一种周期性的湍流，最终表现为熔体破裂现象。

影响熔体破裂行为的主要因素有口模形状与尺寸、工艺条件及物料性质等。口模的入口角对无规畸变影响最大，适当减小入口角可提高发生熔体破裂的临界剪切速率。口模定型段长度对不同的破裂行为影响不一，对于无规畸变，定型段长度越长，松弛越多，破裂程度就越轻；而对于有规破裂，定型段长度越长，挤出物外观反而不好。提高挤出温度，黏度下降，松弛时间缩短，挤出物外观变好。

第三节　成型加工中的结晶、取向与内应力

聚合物加工过程伴随加热、冷却和加压等作用，会强烈地影响结晶聚合物的形态和最终产品的性能。因为结晶聚合物的形态结构不仅与材料本身的分子结构有关，还与其热历程和加工条件密切相关。加工过程中诸多条件对聚合物的最终结晶结构和取向结构有重要影响，控制最终制品的性能。

在成型加工过程中，常将高聚物分为有结晶倾向和无结晶倾向的两类材料。两类高聚物虽然可用同一种方法成型，但其具体控制工艺却不一样，清楚其区别对提高产品质量非常必要。

一、结晶

（一）高聚物的结晶能力

决定高聚物能否结晶和结晶能力大小的重要因素是其分子空间排列的规整性，如聚乙烯、聚偏二氯乙烯（PVDC）、聚四氟乙烯（PTFE）等都具有很强的结晶能力。从理论上讲，凡具有规整的重复空间结构的高聚物通常都能结晶，但这并不是说分子链必须具备高度的对称性，许多结构对称性不强而空间排列规整的高聚物同样也能结晶。

这里所说的规整并不是要求分子链段全部都是规整排列，而是允许其中有若干部分存在不规整（如有支链、交联或结构上的其他不规整性），但总体上规整序列应占绝大多数。

化学结构的规整性有利于高聚物结晶。反之，任何破坏结构规整性的因素如支化、共聚、交联，都会导致高聚物难结晶甚至不结晶。例如，将乙烯与丙烯进行共聚，得到乙丙共聚物，其化学结构相当于在大分子链上引入甲基支链，大分子结构的规整性被破坏，其结晶度也降低。

分子链节小和柔顺性适中有利于结晶。链节小易于形成晶核；柔顺性适中，一方面不容易缠结，另一方面使其具有适当的构象才能排入晶格形成一定的晶体结构。

如果说分子空间排列的规整性是高聚物结晶的必要条件，那么大分子间的次价力（如偶极力、诱导偶极力、范德华力和氢键等）则是其结晶的充分条件。前者只能说明大分子能够排成整齐的阵列，但不能保证这种阵列在分子热运动作用下不会混乱。后者保证了分子链段之间具有足够克服分子热运动的吸力，以确保这种规整的阵列不乱。分子间作用力越强，结晶结构越稳定，结晶度和熔点越高。具备以上结晶因素的高聚物只有在外因即适宜的外界条件的促使下才能结晶。这就是具有结晶倾向的高聚物既可以是晶型的，也可以是非晶型的原因。

（二）高聚物的结晶度

不管采用哪种结晶方式，到目前为止高聚物都未曾取得具有完全晶型阵列的晶体。由于

结晶不完全，在结晶高聚物中通常包含晶区和非晶区两部分，对这种状态作定量描述的物理量是结晶度，结晶度定义为不完全结晶的高聚物中晶相所占的质量分数（或体积分数）。

高聚物不能完全结晶的原因是复杂的，其中大分子链上支链或端基的存在可能是不能完全结晶的一个比较重要的因素。由于结晶不完全，结晶高聚物就不可能像小分子结晶化合物那样具有明晰的熔点，它的熔融是在一个比较大的温度范围内完成的，熔融温度范围（或称熔限）随晶度的不同而不同，结晶度高的高聚物熔融温度偏高。

高聚物所能达到的最大结晶度随高聚物品种及所采用的成型工艺的不同而有所差异，如HDPE 和 PTFE 的最大结晶度可达 90%或更大，没经过拉伸处理的 PA 和 PET 则只能达到 60%左右（经高度拉伸定向的 PET 纤维可达 80%）。当以上高聚物在成型过程中经过熔融、冷却、再结晶时，其结晶度将明显下降。以 HDPE 和 PTFE 为例，成型后其结晶度只能达到 50%～60%，即便改善外在的结晶条件，其结晶度也只能增至 80%左右，而始终达不到原有的程度。主要原因是分子链在生成过程中的混乱和卷曲程度不大，这对晶体的生长比较有利，故结晶度较高。但在熔融、冷却、再结晶的过程中，分子热运动的推动使混乱和卷曲的程度上升，妨碍了晶体的生长，最终造成结晶度下降。

（三）成型过程对结晶的影响

具有结晶能力的高分子材料在成型后的制品中是否出现结晶，结晶度多大，制品各部分的结晶情况是否一致，这些问题在很大程度上取决于成型工艺，特别是拉伸和冷却速度的控制情况。

1. 温度及冷却速度对结晶的影响

结晶有一个热历程，必然与温度有关，当聚合物熔体温度高于熔融温度时，大分子链的热运动显著增加，到大于分子的内聚力时，分子就难以形成有序排列而不易结晶；当温度过低时，分子链段热运动能力很低，甚至处于冻结状态，也不易结晶，所以结晶的温度范围是在玻璃化温度和熔融温度之间。在高温区（接近熔融温度），晶核不稳定，单位时间成核数量少，而在低温区（接近玻璃化温度），自由能低，结晶时间长，结晶速度慢，不能为成核创造条件。这样在熔融温度和玻璃化温度之间存在一个最高的结晶速度和相应的结晶温度。

温度是聚合物结晶过程最敏感的因素，温度相差 1℃，结晶速度可能相差很多倍。聚合物从熔融温度以上降到玻璃化温度以下，这一过程的速度称为冷却速度，它是决定晶核存在或生长的条件。

冷却速度快，则高聚物的结晶时间短，结晶度低；冷却速度慢，生产周期长，结晶度高，制品易发脆。熔融温度高和熔融时间长，结晶速度慢，结晶尺寸大，力学性能降低；相反，熔融温度低，熔融时间短，结晶速度快，晶体尺寸小而均匀，有利于提高制品的力学性能和热变形温度。

注塑时，冷却速度取决于熔体温度和模具温度之差，称为过冷度。根据过冷度可分为以下三区。

（1）等温冷却区。当模具温度接近于最大结晶速度温度时，过冷度小，冷却速度慢，结晶几乎在静态等温条件下进行，这时分子链自由能大，晶核不易生成，结晶缓慢，冷却周期延长，形成较大的球晶。

（2）快速冷却区。当模具温度低于结晶温度时，过冷度增大，冷却速度很快，结晶在非等温条件下进行，大分子链段来不及折叠形成晶片，这时高分子松弛过程滞后于温度变化的速度，于是分子链在骤冷下形成体积松散的来不及结晶的无定形区。例如，当模具型腔表面温度过低时，制品表层就会出现这种情况，而在制品中心部由于温度梯度的关系，过冷度小，冷却速度慢就形成了具有微晶结构的结晶区。

（3）中速冷却区。如果把冷却模温控制在熔体最大结晶速度温度与玻璃化温度之间，这时接近表层的区域最早生成结晶，由于模温较高，有利于制品内部晶核生成和球晶长大，结晶也比较完整。在这一温度区选择模温对成型制品是有利的，因为这时结晶速度通常较大，模温较低，制品易脱模，注塑周期短。例如，建议 PET 的模温控制在 100～140℃，PA6、PA66 的模温控制在 70～120℃，PP 的模温控制在 30～80℃，这有助于提高结晶能力。在注塑中，选择的模温应能使结晶度尽可能达到最接近于平衡位置。模温过低或过高都会使制品结构不稳定，后期温度升高时结晶过程会发生变化，引起制品结构发生变化。

2. 熔体应力作用

应力、压力及成型中熔体受力方式等也将影响制品结晶的情况。

熔体压力的提高、剪切作用的加强都会加速结晶过程。这是因为应力作用会使链段沿受力方向而取向，形成有序区，容易诱导出许多晶坯，使晶核数量增加，生成结晶时间缩短，加速了结晶作用。

压力加大还会影响球晶的尺寸和形状，低压下容易生成大而完整的球晶，高压下容易生成小而不规则的球晶。球晶的大小和形状除与力的大小有关外，还与力的形式有关。在均匀剪切作用下易生成均匀的微晶结构，在直接的压力作用下易生成直径小而不均匀的球晶。用螺杆式注塑机加工时，熔体受到很大的剪切作用，大球晶被粉碎成微细的晶核，形成均匀微晶，与塞式注塑机相反。球晶的生成和发展与注塑工艺及设备条件有关。通过调节温度和剪切速率都能控制结晶能力。

在高剪切速率下得到的 PP 制品冷却后具有高结晶度的结构，而且 PP 受剪切作用生成球晶的时间比无剪切作用在静态熔体中生成球晶的时间要减少一半。

对结晶聚合物来说，结晶和取向作用密切相关，因此结晶和剪切应力也有关联；剪切作用将通过取向和结晶两方面的途径来影响熔体的黏度，从而影响熔体在喷嘴、流道、浇口、型腔中的流动。根据聚合物取向作用可提前结晶的原理，在注塑中通过采用提高注射压力和注射速度而降低熔体黏度的办法为结晶创造条件，当然应以熔体不发生破裂为前提。

在注塑模具中发生的结晶过程的重要特点是它的非等温性。熔体进入模具时，在表面层先生成小球晶，内层生成大球晶；浇口附近温度高，受热时间长，结晶度高，远离浇口处因冷却快，结晶度低，所以造成制品性能上的不均匀性。

结晶度影响制品的性能，在实际生产中为改善具有结晶倾向的高聚物所制产品的性能，常通过热处理的方法使非晶区转变为晶区，来提高结晶度。在此应当指明的是，适当的热处理可以提高高聚物的性能，但是在热处理中，由于晶粒趋于完善粗大，其结果往往使高聚物变脆，性能反而变差。另外，热处理不仅在高聚物的结晶方面具有作用，还能摧毁制品中的分子取向作用，解除冻结应力，这些对改善制品性能也有益处。

（四）结晶对性能的影响

结晶对高聚物性能的影响只能根据结晶度的不同进行相对比较，因为百分之百结晶或无定形的试样很难制得。结晶使结晶高聚物的某些物理力学性能发生了变化，如硬度、密度、拉伸强度等随着结晶度的增加而增大；冲击强度和断裂伸长率则随之降低。同时，结晶度增大还会使材料变脆。有关同一种材料（聚乙烯）不同结晶度对性能影响的具体数值见表 2-6。

表 2-6　不同结晶度聚乙烯的性能比较

性能参数	结晶度/%			
	65	75	85	95
相对密度	0.91	0.93	0.94	0.96
熔点/℃	105	120	125	130
拉伸强度/MPa	14	18	25	40
断裂伸长率/%	500	300	100	20
冲击强度/（kJ/m²）	54	27	21	16
硬度/GPa	1.3	2.3	3.6	7.0

结晶对高聚物的光学性能有直接的影响，结晶与非晶两相并存的高聚物呈乳白色、不透明，如聚乙烯、尼龙等。当结晶度减小时，透明度增加。完全非结晶的高聚物通常是透明的，如有机玻璃、聚苯乙烯等。应当指出的是，并不是所有的结晶高聚物都不透明，如聚 4-甲基-1-戊烯就是透明的，ABS 虽为非晶塑料，却不透明。

随着高聚物结晶度的增加，材料的使用温度将会提高，同时还会影响其他一系列的性能，如耐溶剂性、化学反应活性及对气体和液体的渗透性等。

二、取向

（一）分子链的取向机理

高分子链段和某些纤维状填料在成型过程中由于受到剪切流动（剪切应力）或受力拉伸时而沿受力方向做平行排列的现象，称为取向。取向分为单轴取向和双轴取向。

高聚物大分子的取向有链段取向和大分子链取向两种类型，见图 2-8。链段取向可以通过单键的内旋转使链段运动来完成，当温度超过高分子材料的玻璃化温度时即可发生；整个大分子链的取向需要大分子各链段的协同运动才能实现，只能在黏流态下进行。取向过程是链段运动的过程，在外力作用下最早发生的是链段的取向，进一步才发展成大分子链的取向。

取向过程是大分子链或链段的有序化过程，而热运动却使大分子趋向紊乱无序即解取向过程。取向需要在外力作用下实现，而解取向是一个自发过程。取向态在热力学上是一种非平衡态，外力一旦消失，链段或大分子链便会自发解取向而恢复原状。因此，当为满足制品的某些性能而欲获得取向材料时，必须在取向后迅速将制品降温到玻璃化温度以下，将分子链或链段的运动冻结起来。但这种冻结只有相对的稳定性，随着时间的延续，特别是外界环境温度的升高或高聚物被溶剂溶胀时，依然会发生解取向。

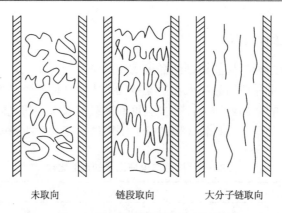

未取向　　　　链段取向　　　　大分子链取向

图 2-8　非晶高聚物的取向示意图

按取向机理不同，取向可分为流动取向和拉伸取向。流动取向是大分子链、链段和纤维填料在剪切流动过程中沿流动方向的取向；拉伸取向是大分子链、链段等结构单元在拉伸应力作用下沿受力方向的取向。

（二）流动取向

流动取向是高聚物熔体或浓溶液伴随流动而产生的取向，下面通过热塑性塑料的注塑成型来说明流动取向。

图 2-9 是注塑成型一矩形制品时采用双折射法实测的取向分布规律。结果表明，在矩形试样的横向，取向度由中心向四周递增，但取向最大处不是模壁的表层而是介于中心与表层之间的次表层。在矩形试样的纵向，取向度从浇口起顺着料流方向逐渐升高，达到最大点（靠近浇口一侧）后又逐渐减小。

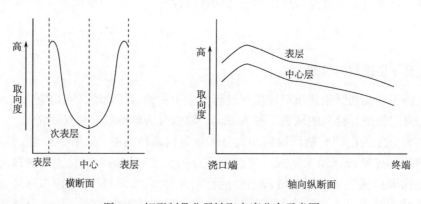

图 2-9　矩形制品分子链取向度分布示意图

如前所述，流动取向与剪切应力的作用密不可分，当外力消失或减弱时，分子的取向被分子热运动所摧毁，高聚物大分子的取向在各点的差异是这两种对立效应的净结果。当高分子熔体从浇口进入模腔时，与模壁接触的最外表层因模温较低而马上冻结。从横向看，剪切应力的横向分布规律是靠模壁处最大，中心处最小，其取向程度的分布本应在靠模壁处最大，中心处最小，但由于取向程度低的前锋料遇到模壁时被迅速冷却，形成取向度较小的冻结层，使横向取向程度最大处不在表层而在次表层。

从纵向看，熔体压力在入模处最高，在料流的前锋最低，由压力梯度所决定的剪切应力必将诱导大分子的取向度在模腔纵向呈递减分布。取向最大处不在浇口的四周，而在距浇口不远的位置上，因为熔体进入模腔后最先充满此处，有较长的冷却时间，冻结层形成后，大分子在这里受到的剪切应力也最大，取向程度最高。

为了改善制品的性能，通常在高分子材料中加入一些纤维状或粉状填料。关于纤维状填料的取向问题，可通过成型扇形片状物为例来说明，见图2-10。经测试表明，扇形试样在切向方向上的抗拉强度总是大于径向方向上，而在切向方向上的收缩率和后收缩率又往往小于径向。基于实际测量和显微分析的结果，可推断出填料在成型过程中的位置变化情况是按图2-10中1~6的顺序进行。含有纤维状填料的高分子熔体经浇口进入模腔后马上沿半径方向散开，在模腔的中心部分流速最大，当熔体前沿遇到阻力如模壁后，其流动方向改变为与阻力方向垂直，最后纤维状填料形成同心环似的排列。由此，可以认为含有纤维状填料的高聚物在采用注塑成型或挤出成型时，纤维状填料的长轴方向总是与料流的流动方向完全相同并沿此方向取向。在设计模具时应注意制品在使用中受力方向应该与塑料熔体在模内流动的方向相同，也就是设法保证纤维状填料的取向方向与制品的受力方向一致。因为纤维状填料在制品中的取向是无法在制品制成后消除或改变的。

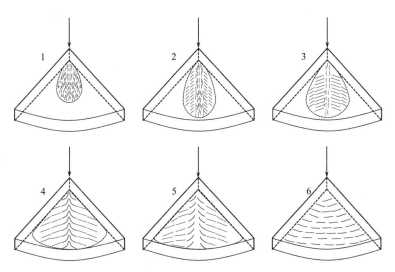

图2-10　注塑成型时高聚物熔体中纤维状填料在扇形制件中的流动取向过程示意图

（三）拉伸取向

拉伸取向通常发生在薄膜或单丝生产的过程中，如果将没有取向的中间产品（薄膜和单丝）在玻璃化温度与熔点的温度区域内，沿着一个方向拉伸到原来长度的几倍时，则其中的分子链将在很大程度上顺着拉伸方向做整齐地排列，这种现象即为拉伸取向。对薄膜来说，拉伸如果是在一个方向上进行的，则这种方法称为单轴拉伸（或单向拉伸）；如果是在横纵两个方向上进行的，则称为双轴拉伸（或双向拉伸）。将拉伸取向后的产品迅速冷却至室温，产品在拉伸方向上的抗张强度、抗冲击强度和透明性等都有很大的提高。例如，聚苯乙烯薄膜的抗张强度可由34MPa增至82MPa。拉伸后的薄膜或单丝在重新加热时，将会沿拉伸取向的方向发生较大的收缩。为了改善这一状况，可将拉伸后的薄膜或单丝在张力的作用下进行热处理，即在高于拉伸温度而低于熔点的温度区域内某一适宜的温度下烘若干时间（通常为几秒），而后急冷至室温，这样得到的薄膜或单丝的收缩率就降低很多。

拉伸取向之所以要在高聚物的玻璃化温度和熔点之间进行，是因为分子链段在高于玻璃化温度时才具有足够的运动能力，在拉伸力的作用下，分子链才能从无规线团中被拉伸应力拉开、拉直以及大分子彼此之间发生移动。事实上，高分子在拉伸取向过程中的变形可分为三个部分：

（1）瞬时弹性变形：是由分子键角的扭变和键长的伸长造成的。当拉伸应力解除时，这部分变形能全部恢复。

（2）分子排直变形：是大分子无规线团解开的结果，排直的方向与拉伸应力的方向相同。这部分变形即为分子链或链段取向部分，它在制品的温度降到玻璃化温度以下后即被冻结，是不能恢复的。

（3）黏性变形：这部分变形与液体的变形一样，是分子链间的滑移，也是不可恢复形变部分。

拉伸过程是一个动态的过程，一方面有分子被拉直（即分子无规线团被解开），另一方面也有分子聚集成无规线团。

（四）影响取向的因素

高分子材料的结晶度不能达到 100%，同样也不可能达到完全取向。影响分子链或链段取向的因素包括成型条件（如温度、应力、时间、骤冷度、拉伸比、拉伸速度等）、高聚物的组成及模具的形状等。

1. 成型条件对取向的影响

温度对材料分子链的取向和解取向有着相互矛盾的作用。当温度升高时，大分子的热运动加剧，有利于取向结构形成；但同时又会缩短大分子的松弛时间，加快解取向的进程。因此，高聚物最终的有效取向取决于两个过程的平衡条件。

当温度高于黏流温度（或熔点）时，高聚物处于黏流态，流动取向（如高分子熔体在注塑模腔中的流动取向）和黏流拉伸取向均发生在这一温度区间。在玻璃化温度到黏流温度之间，材料可通过热拉伸而取向，这个温度段是材料取向的最佳温度段。取向结构最终能否被保存下来，主要取决于冷却速度，冷却速度快或骤冷则利于取向结构的冻结。

不管是流动取向还是拉伸取向，都是在有应力作用的情况下发生的，通常情况下，应力越大，作用的时间越长，制品的取向程度越高。

2. 高聚物的结构和添加物对取向的影响

高分子材料的本征结构对取向程度也有显著影响。一般来说，大分子的结构简单、柔性大、平均分子量低，则取向比较容易；反之，则取向困难。通常取向容易的，解取向也容易，除非这种高聚物能够结晶。结晶高聚物比非晶高聚物在取向时需要更大的应力，但取向结构稳定，如聚甲醛、高密度聚乙烯等。取向困难的，因需要在较大外力作用下取向，故其解取向也困难，所以取向结构稳定，如聚碳酸酯等。

由于成型和性能的需要，在高聚物中常加入一些低分子物质（如增塑剂、溶剂等）来降低高聚物的玻璃化温度，缩短松弛时间，降低黏度，有利于加速形变，易于取向；但解取向速度也同时增大，取向后去除溶剂或使高聚物形成凝胶都有利于保持取向结构。

纤维状填料的取向虽不会像大分子那样因分子热运动的加剧而解取向，但温度也通过高聚物黏度的改变而对纤维状填料的取向产生影响。

3. 模具对取向的影响

模具对取向的影响可归纳为以下几点。

（1）随着模具温度、制品厚度（即型腔的深度）、熔体温度的增加，分子链或链段的取向程度有下降的趋势。

（2）增加浇口长度、成型压力和充模时间，大分子取向的程度也随之增加。

（3）大分子取向程度与浇口的位置和形状有很大关系，当把浇口设在型腔深度较大的部位时，有利于减小大分子的取向。

（五）取向对高聚物性能的影响

分子链或链段取向对材料的性能有较大影响，它会在制品中产生各向异性。由于非结晶聚合物的取向是大分子链在应力作用方向上的取向，因此在取向方向的力学性能明显增加，而垂直于取向方向的力学性能却又明显降低；在取向方向的拉伸强度、断裂伸长率随取向度增加而增大。

双轴取向的制品其力学性能具有各向异性并与两个方向拉伸倍数有关。在通常注塑条件下，注塑制品在流动方向上的拉伸强度是垂直方向的1～2.9倍，冲击强度为1～10倍，说明垂直于流动方向上的冲击强度降低很多。

由于在制品中存在一定的高弹形变，一定温度下已取向的分子链段要产生松弛作用，非结晶聚合物的分子链要重新卷曲，结晶度与取向度成正比，因此收缩程度是取向程度的反映。线膨胀系数也将随取向度变化而变化，在垂直于流动方向的线膨胀系数高于流动方向的线膨胀系数。取向后的大分子被拉长，分子之间的作用力增加，发生"应力硬化"现象，表现出注塑制品模量增大的现象。取向程度越大，越容易发生应力松弛，制品的收缩率也越大，因此制品收缩率在一定程度上反映了取向程度。

表2-7列出了几种塑料在取向前后的抗张强度和断裂伸长率。

各向异性（取向）对某些制品的使用性能是有益的，有时需在制品中特意形成，如制造取向薄膜与单丝等。但在制造许多厚度较大的制品时（特别是模塑制品），又需消除各向异性，这是因为这类制品通常结构都比较复杂，制品中不仅取向方向不一致，而且在制品中各部分的取向程度也有差异，其结果是给制品带来翘曲、变形甚至开裂等恶劣影响。

表 2-7　某些塑料试样在横向（未取向）、纵向（取向）上的机械性能比较

塑料品种	抗张强度/MPa		断裂伸长率/%	
	横向	纵向	横向	纵向
聚苯乙烯	20.0	45.0	0.9	1.6
高冲击聚苯乙烯	21.0	23.0	3.0	17.0
高密度聚乙烯	29.0	30.0	30.0	72.0
聚碳酸酯	65.0	66.5	—	—

三、内应力

制品内应力是指在熔融加工过程中受到大分子链的取向和冷却收缩等因素影响而产生的一种内在应力。

内应力的实质是大分子链在熔融加工过程中形成的亚稳态构象，这种亚稳态构象在冷却固化时不能立即恢复到与环境条件相适应的平衡构象，这种亚稳态构象实质是一种可逆的高弹形变，而冻结的高弹形变平时以位能形式储存在塑料制品中，在适宜的条件下，这种被迫的不稳定构象将向自由的稳定构象转化，位能转变为动能而释放。当大分子链间的作用力和相互缠结力承受不住这种动能时，内应力平衡即遭到破坏，塑料制品就会产生应力开裂及翘曲变形等现象。

几乎所有塑料制品都会不同程度地存在内应力，尤其是塑料注塑制品的内应力更为明显。内应力的存在不仅使塑料制品在储存和使用过程中出现应力开裂和翘曲变形，也影响塑料制品的力学性能、光学性能、电学性能及外观质量等。例如，聚碳酸酯的注塑制品如果不经过热处理，其内应力非常明显，甚至可使制品在无外力时自主开裂，因此聚碳酸酯的注塑制品必须在 100~120℃下退火 0.5~2h。

必须找出内应力产生的原因及消除内应力的办法，最大限度地降低塑料制品内部的应力，使残余内应力在塑料制品上尽可能均匀地分布，避免产生内应力集中现象，从而改善塑料制品的力学和热学等性能。

在塑料制品中，各处局部应力状态是不同的，制品变形程度取决于应力分布。如果制品在冷却时存在明显的温度梯度，容易发展成内应力，因此这类应力又称为"成型应力"。

对于注塑成型，其制品的内应力包含两种：一种是制品成型应力，另一种是温度应力。当熔体进入温度较低的模具时，靠近模腔壁的熔体迅速冷却而固化，于是分子链段被冻结。凝固的聚合物层导热性很差，在制品厚度方向上产生较大的温度梯度。制品内部凝固相当缓慢，以至于当浇口封闭时，制品中心的熔体单元还未凝固，这时注塑机又无法对冷却收缩进行补料。这时制品内部收缩作用与硬皮层作用方向是相反的，中心部处于静态拉伸，表层则处于静态压缩。

在熔体充模流动时，除了有体积收缩效应引起的应力外，还有因流道、浇口的出口膨胀效应而引起的应力；前一种效应引起的应力与熔体流动方向有关，后者由于出口膨胀效应将引起在垂直于流动方向的应力作用。

第四节　成型过程中的化学反应

高分子材料成型经过了高温、高压和降温的过程，以物理变化为主，但在成型过程中化学反应也不可避免。按化学反应对高分子材料的影响进行分类，成型过程中的化学反应主要可以分为降解反应、交联反应和接枝反应。事实上，成型过程中的化学反应可能是一种，也可能是两种或三种同时存在。

例如，PVC 的成型过程几乎只有降解反应；采用过氧化物交联 LDPE 时，以交联反应为主，降解反应也同步存在，但强度很弱；在制备 PP-*g*-MAH 时，马来酸酐（MAH）的接枝反应占主导，同时 PP 存在较强的降解反应。此外，在热固性塑料成型和橡胶的硫化成型过程中，也存在大量且剧烈的缩聚反应和交联反应。总体来说，在塑料的成型过程中以降解反应为主，在橡胶硫化成型中以交联反应为主。

一、降解反应

几乎所有的高分子材料成型过程中都会发生降解反应，无论是热塑性塑料，还是热固性塑料或橡胶，它们的成型过程都伴随着降解反应。但在热固性塑料和橡胶成型时，存在剧烈的缩聚反应或交联反应，在其成型过程中的降解反应一般没有被深入讨论，但降解反应确实存在，有时甚至会影响成型工艺的制定。

对于大部分的热塑性塑料，降解反应的程度对制品外观性能和使用性能有巨大的影响，如材料降解后可能在表面出现污渍、斑点、变色、焦烧等，也会降低材料的拉伸强度、弯曲强度、剪切强度、冲击强度、断裂伸长率、应力松弛等力学性能，因此有必要了解热塑性塑料成型过程中的降解反应。在大部分情况下，高分子材料降解会导致其使用寿命缩短，影响其应用的经济性、环保性和适用性，有时还涉及安全性问题（如燃烧）。

降解反应指的是高分子材料在热、力、氧、水、光、超声波和核辐射等作用下发生的降低材料分子量的化学反应，因此降解的本质是降低高分子材料的分子量。按照降解形式的不同，降解反应可以分为 5 种：①断链；②交联；③分子链结构的改变；④侧基的改变；⑤以上 4 种作用的综合。

事实上，高分子材料成型过程中热降解反应居多，特别是热和氧的综合作用形成的热氧降解更是成型过程中的主要降解反应，由力、氧和水引起的降解居次要地位，而光、超声波和核辐射的降解则更少。

显然，影响热降解强弱的是温度，温度的高低、氧、水和力等与材料的降解有密切关系，如温度高时，氧或水对聚合物降解反应的影响会加强，力对降解反应的影响会减弱，因为温度高时聚合物的黏度小。

1. 热降解

高分子材料成型过程中的热降解是指单纯由热引起的降解。虽然热降解没有热和氧共同引起的热氧降解普遍，但也具有重要的意义。这是因为热塑性塑料成型加工通常是在隔绝氧气或氧气极少的设备中进行的，其降解主要是热降解。早期对热降解的研究主要是为了解决 PVC 的热塑性加工问题，PVC 树脂对热特别敏感，若不能有效抑制其热降解，根本无法进行加工。

高分子材料是否容易发生热降解，应从其分子结构和有无痕量杂质（能对聚合物分解速度和活化能的大小起敏感作用）来判断。但大部分的热降解特性都来自前者，聚合物的热降解首先是从分子中最弱的化学键开始的，一般认为化学键的强弱次序为

$$C—Cl < C—C < C—H < C—F$$

PVC 中含有大量的 C—Cl 键，极易发生热降解反应。PVC 分子链发生侧基消除反应，生成小分子产物，在降解的初期聚合物主链并不断裂，但当小分子消除反应进行到主链薄弱点较多时，也会发生主链断裂，导致全面降解。从失重的角度来看，在降解初期，聚合物失重较少，但当到某一临界值时，聚合物的失重会迅速增加。小分子消除反应可能从端基开始，也可能是无规消除反应，反应如下：

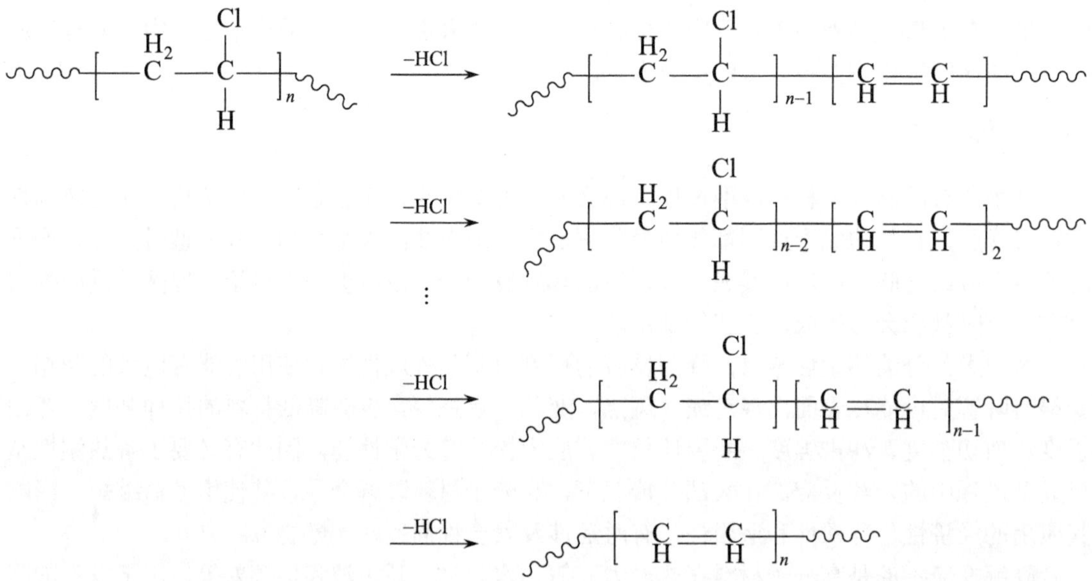

$\xrightarrow{-\text{HCl}}$

$\xrightarrow{-\text{HCl}}$

$\vdots$

$\xrightarrow{-\text{HCl}}$

$\xrightarrow{-\text{HCl}}$

共轭多烯结构是一个有色基团，当共轭双键数大于 6 时，开始显色，随着共轭双键数进一步增加，颜色随之加深。因此，PVC 发生降解时，制品外观会有颜色变化。

应该注意的是，实际上许多塑料热降解时所发生的并非上述单一类型的降解反应，而是不同反应交织进行的综合结果。

聚合物分子中的化学键解离能越高，聚合物热稳定性越强，热降解越困难。常见聚合物化学键的解离能见表 2-8。

表 2-8　常见聚合物的化学键解离能

键型	解离能/（kJ/mol）
C—C（脂-脂）	347.5
C—O（脂-氧）	389.4
C—N（脂-氮）	343.3
C—H（脂-氢）	410.3
C—F（脂-氟）	485.7
C—C（芳-芳）	418.7
C—C（芳-脂）	389.4
C—O（芳-氧）	460.5
C—N（芳-氮）	460.5
C—H（芳-氢）	430.2

根据表 2-8 的数据，含芳-芳型和芳-杂型化学键的聚合物应具有较高的热稳定性。例如，聚酰亚胺的分子链中苯环结构的热稳定性特别高，因此其初始热分解温度超过 360℃。

2. 力降解

高分子材料在成型过程中常因粉碎、研磨、高速搅拌、混炼、挤压、注射等受到剪切应力和拉伸应力。这些应力在条件适当的情况下可以使聚合物分子链发生断裂反应，引发降解。

这种断裂反应的难易不仅与聚合物的化学结构有关，也与聚合物所处的物理状态有关。此外，断裂反应通常会放热，如果不及时排除，热降解将同时发生。在塑料成型时，一般都不希望发生力降解，因为力降解会使制品性能下降，由力降解产生的断裂链段通常都带有自由基，这种自由基通过再结合、链的歧化、链传递以及与自由受体的作用而失去活性。

一般来说，聚合物分子量越大，越容易发生力降解；施加的应力越大，降解速率也越大，最终的分子链段也越短；一定大小的应力只能使分子链降解到一定的长度，延长时间也不会继续降解；提高温度或添加增塑剂，可减少力降解的发生。

3. 氧化降解

大多数高分子材料在常温下都能与氧气发生氧化反应，但速率非常缓慢，几乎可以忽略不计。只有在热、紫外辐射等的联合作用下，氧化作用才比较显著。其降解历程很复杂，反应性质和反应历程与高分子链本征特性有很大关系。在大多数情况下，氧化降解是以链式反应进行的，聚合物首先通过热或其他能量引发形成自由基，然后自由基与氧结合形成过氧化自由基，并进一步与高分子链形成氧氢化合物和一个新的自由基，即形成了链传递作用。

经氧化形成的产物（如酮、醛、过氧化物等），电性能常比原聚合物的差，且容易发生光降解。当这些化合物进一步发生化学作用时，将引起断链、交联和支化等作用，从而降低或增高分子量。就最后制品来说，凡经过氧化作用的必会变色、变脆，拉伸强度和断裂伸长率下降，熔体的黏度发生变化，甚至还会放出气味，但是由于化学过程十分复杂，目前一些比较常用的聚合物如聚氯乙烯，其氧化降解历程也只能给出定性的概念。

总之，任何降解作用的速率在氧气存在下总是加快，而且反应的类型增多，如图 2-11 所示。

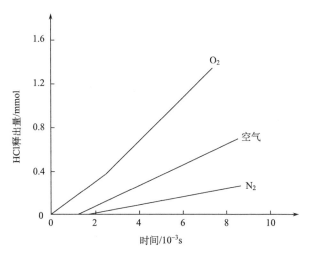

图 2-11　PVC 在氧气、空气和氮气中的热降解（190℃）

4. 水解

如果聚合物的分子链中存在可水解的基团，如酰胺基（—C—N—）、酯基（—C—O—）等，在成型加工时都可能发生水解反应，使聚合物分子量降低。

二、交联反应

　　尽管热塑性塑料（如 LDPE）在成型过程中可能存在交联反应，但高分子材料成型过程的交联反应主要存在于热固性塑料的交联和橡胶的硫化中。

　　热固性塑料在尚未成型时，其主要成分是线型或带有支链的低聚物，这些低聚物分子链中都带有反应性基团（如羟甲基等）或反应活性点（如不饱和键等），成型时这些反应性基团或反应活性点在交联剂的作用下发生交联反应。已发生交联反应的反应性基团或反应活性点对原有反应性基团或反应活性点的比值称为交联度。

　　交联反应很难达到 100%，主要有两个原因：①随着交联反应进程的提升，体系黏度增加，链段运动能力下降，使未发生反应的活性基团难以接触到交联剂，甚至不可能相遇；②交联反应形成的小分子气体没有及时排出，从而阻止交联反应的进行。

　　在成型工业中，交联常用硬化来表示，但硬化完全并不表示交联完全，硬化完全指的是在此交联度下，制品机械性能达到最优的程度，此时的交联度为硬化程度100%。如果进一步交联，则硬化程度超过100%，称为"过熟"。因此，硬化程度可以超过100%，但交联度不可能超过100%。

　　橡胶在成型过程中也会在硫化剂的作用下发生交联反应，俗称硫化反应。其交联反应的性质与热固性塑料的交联反应类似，但橡胶的硫化反应无小分子气体生成，因此无需排出小分子气体。

习　　题

　　1. 怎样表征高分子材料的流动特性？

　　2. 什么是剪切变稀？高分子熔体为什么会表现出剪切变稀的特征？

　　3. 影响剪切变稀的因素有哪些？怎样影响？

　　4. 什么是离模膨胀？高分子熔体为什么会有离模膨胀行为？

　　5. 影响离模膨胀的因素有哪些？怎样影响？

　　6. 什么是熔体破裂？为什么会出现熔体破裂现象？

　　7. 高分子材料的结晶行为对制品性能有什么影响？

　　8. 高分子材料的取向行为对制品性能有什么影响？

　　9. 高分子材料的成型过程怎样影响其结晶与取向？

　　10. 取向可分为哪两种？有什么区别？

　　11. 拉伸温度怎样影响拉伸取向？

　　12. 什么是内应力？什么是应力开裂？

　　13. 怎样避免应力开裂？

　　14. 高分子材料成型过程中可能存在哪些化学反应？

　　15. 高分子材料成型过程中的降解反应可能有哪些形式？

　　16. 橡胶的交联反应对成型过程有什么影响？

第三章　高分子材料与配方设计

　　高分子材料是成型加工的基础，不同的材料具有不同的使用性能和加工性能，高分子材料和配方的选择对成型工艺有巨大的影响。目前，高分子材料的品种有 400 多个，其中常用的高分子材料品种有 40 多个，在实际应用中，最常用的塑料有近 20 种，有些品种的塑料性能非常接近，在选用时需十分慎重。按照塑料的使用范围和用途可分为通用塑料和工程塑料。通用塑料是指产量特别大、用途广、价格低的一类塑料，主要包括聚乙烯（PE）、聚丙烯（PP）、聚氯乙烯（PVC）、聚苯乙烯（PS）、丙烯腈-苯乙烯-丁二烯共聚物（ABS）和酚醛树脂（PF）六个品种，约占塑料总产量的 80%，其中酚醛树脂为热固性塑料。

第一节　热塑性通用塑料

一、聚乙烯

（一）聚乙烯的结构

　　聚乙烯是由乙烯单体聚合而成的聚合物，分子式为 $+\!CH_2\!-\!CH_2\,]_n$。聚乙烯的合成原料为石油，乙烯单体是通过石油裂解得到的。由于地球上石油资源非常丰富，聚乙烯的产量自 20 世纪 60 年代中期以来一直高居首位，约占全世界塑料总量的 30%。

　　聚乙烯是一种质量轻、无毒，具有优良的耐化学腐蚀性、优良的电绝缘性及耐低温性的热塑性聚合物，而且易于加工成型，被广泛地应用于电气工业、化学工业、食品工业、机器制造业及农业等方面。

　　按合成方法，聚乙烯可分为高压法聚乙烯和低压法聚乙烯。高压法聚乙烯就是通常所说的低密度聚乙烯（LDPE），最早由英国帝国化学工业公司在 1939 年开始工业化生产；1953 年德国化学家齐格勒（Ziegler）用低压法合成了高密度聚乙烯（HDPE），并于 1957 年投入工业化生产。此后，聚乙烯家族不断有新品种问世，如超高分子量聚乙烯（UHMWPE）、交联聚乙烯（CPE）和线型低密度聚乙烯（LLDPE）等，并已经得到不同程度的开发和应用。这些品种具有各自不同的结构，在性能和应用方面具有明显的差异。

　　由于合成方法不同，LDPE 与 HDPE 在性能上存在巨大差异，HDPE 在合成时采用了齐氏催化剂，聚合过程属于配位聚合，HDPE 分子链具有很高的结构规整性，支链数量较少且相对规整。LDPE 的支链数量较多且无规，甚至支链上还有支链。因此，一般认为 HDPE 是线型聚乙烯，而 LDPE 是非线型聚乙烯，LLDPE 也是线型聚乙烯。LDPE 和 HDPE 的分子链结构示意图如图 3-1 所示。

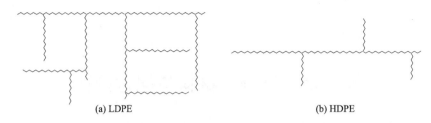

(a) LDPE　　　　　　　　　　　　(b) HDPE

图 3-1　LDPE 和 HDPE 的分子链结构示意图

（二）聚乙烯的性能

LDPE 和 HDPE 存在上述分子链结构的差异，使其分子链的凝聚态结构也有很大的差异。HDPE 分子链结构规整，HDPE 的结晶能力远高于 LDPE，由此导致它们的表观性能有很大差异。例如，LDPE 在柔软性、延伸性、透明性和耐寒性等方面优于 HDPE，但其最高使用温度、耐热性能、拉伸强度、硬度、耐老化性能等都较差，如 LDPE 的拉伸强度一般为 10MPa 左右，而 HDPE 的拉伸强度可达 25MPa 左右。

高压法和低压法的聚乙烯在聚合时都很容易形成双键，虽然含量非常低（约 0.1%），但这些微量的双键会影响材料的耐老化性能和其他化学性能。此外，LDPE 分子链上还会存在少量羰基与醚键。

目前，HDPE、LLDPE 和 LDPE 是最常用的聚乙烯品种，三者的主要性能如表 3-1 所示。

表 3-1　三种聚乙烯的结构与性能

性能	HDPE	LLDPE	LDPE
密度/（g/cm³）	0.93～0.97	0.92～0.95	0.91～0.93
短链支化度/（个/1000 个碳原子）	<5	10～30	10～30
长链支化度/（个/1000 个碳原子）	0	0	约 30
熔融温度/℃	125～135	120～125	105～115
结晶度/%	80～95	70～85	55～65
最高使用温度/℃	110～130	90～105	80～95
拉伸强度/MPa	21～40	15～25	7～15
断裂伸长率/%	>500	>800	>650
耐环境应力开裂性能	差	好	介于 HDPE 与 LLDPE 两者之间

1. 聚乙烯的力学性能

根据拉伸时的应力-应变曲线形状，可以看出聚乙烯是典型的软而韧的聚合物。力学性能各项指标中，除冲击强度较高外，聚乙烯的其他力学性能绝对值在塑料材料中都是较低的。这是由于聚乙烯分子链是柔性链，又无极性基团存在，分子链之间吸引力小，在室温下聚乙烯分子链的无定形部分处于高弹态，本应不具备承载能力，但由于聚乙烯是结晶度较高的聚合物，结晶部分的结晶结构（即分子链的紧密堆砌）赋予材料一定的抗张能力。

影响聚乙烯力学性能的因素中最关键的是结晶度。结晶度增大，除韧性以外的力学性能均提高，包括硬度和刚度。聚乙烯的结晶度还与分子链的支化程度密切相关，支化程度又取决于聚合方法。因此，归根结底，LDPE 由于支化度大、结晶度低、密度小，各项力学性能较差，但韧性良好。HDPE 则正好相反，支化度小、结晶度高、密度大，各项力学性能均较好，但韧性较差。影响聚乙烯力学性能的另一因素是分子量。分子量增大，分子链间作用力相应增大，所有力学性能包括韧性也都增强。

2. 聚乙烯的热性能

对于聚乙烯的玻璃化温度，报道的数据有很多，如–20℃、–30℃、–48℃、–65℃、–77℃、–81℃、–93℃、–105℃、–120℃、–125℃、–130℃等，这可能是由于试样的分子链支化度不同，因而结晶度和密度不同。因为不同试样的晶区和非晶区比例相差较大，其非晶区部分链长差别很大，从而得到差别很大的结果。但一般来说，认为聚乙烯的 T_g 低于–30℃，在塑料材料中也是很低的，这就决定了聚乙烯具有优良的耐寒性。它的脆化温度（T_b）为–50～–70℃，随分子量增大，脆化温度降低。

对于结晶塑料而言，熔融温度（T_m）是比 T_g 更重要的温度参数。影响熔融温度的主要因素是支化度，支化度增大，密度降低，熔融温度降低。LDPE 的熔融温度为 105～115℃，HDPE 的熔融温度为 125～135℃。分子量对聚乙烯的熔融温度基本无影响。

聚乙烯的热变形温度在塑料材料中是很低的，不同聚乙烯的热变形温度也有差别，LDPE 为 38～50℃（0.45MPa），HDPE 为 60～100℃。但聚乙烯的最高连续使用温度并不低，LDPE 为 80～95℃，HDPE 为 110～130℃，均高于聚苯乙烯和聚氯乙烯。聚乙烯的热稳定性较好，在惰性气体中，其热分解温度超过 300℃。

聚乙烯的比热容较大，HDPE 为 1900～2300J/（kg·K），LDPE 为 2200～2300J/（kg·K）。聚乙烯热导率在塑料中也较大，约为 0.33W/（m·K），不宜作为绝热材料。聚乙烯乃至聚烯烃类塑料都具有较大的线膨胀系数，聚乙烯的线膨胀系数为（15～30）×10⁻⁵K⁻¹，其制品尺寸随温度改变变化较大。

3. 聚乙烯的电性能

聚乙烯本身无极性，决定了它有优异的介电及电绝缘性。它的吸水性很小，小于 0.01%，使它的电性能不受环境湿度的改变影响。聚乙烯介电常数小，为 2.25～2.35；介质损耗因数也很小，为（2～5）×10⁴；体积电阻率高，大于 10¹⁵Ω·m。LDPE 介电强度为 18.1～27.6kV/mm，HDPE 介电强度可达 35kV/mm。由于是非极性材料，其介电性能不受电场频率影响。

尽管聚乙烯具有优异的介电和电绝缘性，但由于耐热性不够高，作为绝缘材料使用，只能达到 Y 级（工作温度≤90℃）。

（三）聚乙烯的成型加工性能

1. 加工性能

（1）聚乙烯的吸水性极小，小于 0.01%，无论采用何种成型方法，皆不需要先对粒料进行干燥。

（2）聚乙烯分子链柔性好，链间作用力小，熔体黏度低，成型时无须太高的成型压力，很容易成型薄壁长流程制品，也适用于多种成型工艺，可成型出多种形状和尺寸的制品。

（3）聚乙烯熔体的非牛顿性明显，剪切速率的改变（成型工艺中往往是通过改变成型压力）对黏度影响大，聚乙烯熔体黏度受温度影响也较大。

（4）聚乙烯的比热容较大，尽管它的熔点并不高，塑化时仍需消耗较多热能，要求塑化装置应有较大的加热功率。

（5）聚乙烯的结晶能力强，成型工艺参数，特别是模具温度及其分布对制品结晶度影响很大，因而对制品性能影响很大。

（6）聚乙烯的收缩率绝对值及其变化范围都很大，在塑料材料中很突出，低密度聚乙烯收缩率为 1.5%～5.0%，高密度聚乙烯为 2.5%～6.0%，这是由其具有较高的结晶度及结晶度会在很大范围内变化所决定的。

（7）聚乙烯熔体容易氧化，成型加工中应尽可能避免熔体与氧直接接触。

（8）聚乙烯的品级、牌号极多，应按熔融指数大小选取适当的成型工艺。

2. 加工工艺

聚乙烯可采用多种成型工艺加工，如注塑、挤出、中空吹塑、薄膜吹塑、薄膜压延、大型中空制品滚塑、发泡成型等，中、高密度聚乙烯还可以热成型。聚乙烯型材可以进行机械加工、焊接等。

聚乙烯的成型加工都是在熔融状态下进行的，成型时的熔体温度一般约高出聚乙烯熔融温度 30～50℃。不同成型工艺对材料的熔体流动性有不同要求，注塑和薄膜吹塑应选用熔融指数较大的材料，型材挤出和中空吹塑应选用熔融指数较小的材料。

低密度聚乙烯与高密度聚乙烯皆具有良好的注塑成型工艺性，其典型的成型工艺条件列于表 3-2。

表 3-2 聚乙烯的注塑成型工艺

工艺参数	低密度聚乙烯	高密度聚乙烯
料筒温度（后部）/℃	140～160	140～160
料筒温度（中部）/℃	160～170	180～190
料筒温度（前部）/℃	170～200	180～220
喷嘴温度/℃	170～180	180～190
模具温度/℃	30～60	30～60
注射压力/MPa	50～100	70～100
螺杆转速/（r/min）	<80	30～60

注塑成型用于制备承载性制品时，应选用注塑用品级中熔融指数较小的材料，若用于制备薄壁长流程制品或非承载性制品，可选用熔融指数较高的材料。

聚乙烯可以挤出成型为板材、管材、棒材等各种型材，最常用于管材挤出。表 3-3 为聚乙烯管材挤出成型的典型工艺条件。

高密度聚乙烯与低密度聚乙烯挤出时，型材在离开口模时的冷却速度应有所不同。低密度聚乙烯型材应缓冷，若骤冷会使制品表面失去光泽，并产生较大内应力，使强度下降。高密度聚乙烯则需要迅速冷却才能保证型材的良好外观和强度。

表 3-3　聚乙烯管材挤出成型工艺条件

工艺参数	低密度聚乙烯	高密度聚乙烯
料筒温度（后部）/℃	90～100	100～110
料筒温度（中部）/℃	110～120	120～140
料筒温度（前部）/℃	120～135	150～170
机头温度/℃	130～135	155～165
口模温度/℃	130～140	150～160

中空吹塑是先从挤出机中挤出管形型坯，再将型坯置于模具中通气吹至要求的形状，成为封闭的中空容器。表 3-4 为高密度聚乙烯浮筒的中空吹塑工艺条件。

表 3-4　聚乙烯浮筒中空吹塑工艺条件

工艺参数	料筒温度/℃		机头温度/℃	口模温度/℃	螺杆转速/（r/min）	充气压力/MPa	吹胀比
	后部	前部					
取值范围	140～150	155～160	160	160	22	0.3～0.4	2.5∶1

中空吹塑一般采用熔融指数为 0.2～0.4g/10min 的高密度聚乙烯。若采用掺入低密度聚乙烯的共混料，则低密度聚乙烯的熔融指数应为 0.3～1.0g/10min。

（四）聚乙烯的应用

聚乙烯是产量最大、应用最广的塑料品种。聚乙烯最初专用于高频绝缘，现在除用于高频绝缘外，主要用途还包括以下几个方面：

（1）挤出或压延成型各种薄膜。聚乙烯的最大应用领域是农用，如育苗用地膜、蔬菜大棚膜、园艺用各种薄膜、各种包装薄膜、出版物的塑膜封皮等。除聚乙烯自身的单层膜外，还可与其他材料层叠成复合薄膜。

（2）中空吹塑成各种容器。各种工业用和日用容器，如油桶、涂料桶、饮料瓶、奶瓶、药品包装瓶、洗涤剂瓶以及其他各种形状和大小的包装容器，多用聚乙烯制备。

（3）挤出成各种型材、单丝。聚乙烯可挤出成板材、片材、棒材，特别是管材，可供化工厂、建筑行业和日常生活用，如输气管、下水管道、农田灌溉管、医用输液管等。聚乙烯还可挤出成单丝用于制造绳索、渔网、纱窗等。

（4）注塑成各种工业用品及日常用品。聚乙烯可注塑成各种生活用品，如水桶、各种大小的盆和碗、灯罩、瓶壳、茶盘、梳子、淘米箩、玩具、文具、娱乐用品等，也可制备自行车、汽车、仪器仪表中的某些零件。

（5）挤出成型电线电缆包皮（一般需要进行改性）、高频绝缘结构件（常用交联品级）、Y 级电绝缘制品。

（6）各种设备、装置的防腐涂层（采用喷涂方法）。

（7）泡沫制品，如具有防腐要求的防震、保温、吸音材料，防震缓冲包装材料，家具制品，体育用品如软垫、头盔内衬等。

二、聚丙烯

　　继齐格勒之后，纳塔（Natta）很快发现用改进的齐氏催化剂可制得高分子量的聚丙烯，而在此之前采用自由基聚合只能得到无商品价值的低分子量聚丙烯，并于 1957 年实现聚丙烯的工业化生产。此后，聚丙烯迅速成为一种用途广泛的塑料材料，成为继聚乙烯之后聚烯烃塑料的另一个重要品种。

（一）聚丙烯的结构

　　按结构不同，聚丙烯可分为等规聚丙烯（iPP）、间规聚丙烯（sPP）及无规聚丙烯（aPP）三类，目前主要应用的是等规聚丙烯，用量占到 90% 以上。工业上生产的聚丙烯是以上三种异构体的混合物，但以等规异构体占绝对优势。聚合物中等规异构体所占比例称为等规指数，又称等规度。工业化聚丙烯的等规指数为 90%～95%。在工业化生产的聚丙烯中，间规、无规两种异构体可以以一个完整的分子链出现，也可以以嵌段形式同在一个大分子链上出现。等规异构体结构最规整，极易结晶，间规异构体结晶能力较差，无规异构体是无定形结构。一般可用聚丙烯在正庚烷中不溶解的百分数作为聚丙烯等规指数的依据。图 3-2 为三种聚丙烯的结构式。

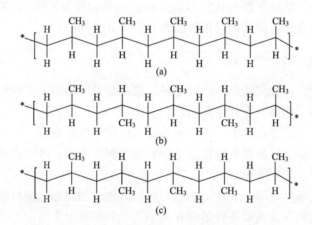

图 3-2　等规聚丙烯（a）、间规聚丙烯（b）及无规聚丙烯（c）的结构式

　　无规聚丙烯不能用于塑料，常用于改性载体。间规聚丙烯为低结晶聚合物，用茂金属催化剂生产，最早开发于 1988 年，属于高弹性热塑材料，具有透明性、韧性和柔性，但刚性和硬度只有等规聚丙烯的一半；间规聚丙烯可像乙丙橡胶那样硫化，是较好的弹性体，但价格高于等规聚丙烯。

　　如图 3-2 所示，与聚乙烯的结构相比，聚丙烯的结构单元多了一个侧甲基，侧甲基的存在使聚丙烯分子链变得比聚乙烯分子链刚硬，也使分子链的规整性降低。分子链变刚使聚丙烯结晶温度和熔融温度升高，但分子链规整性降低又使结晶温度和熔融温度下降，两种影响的综合结果使聚丙烯的熔融温度比 HDPE 的熔融温度高 30～40℃，同时其力学强度比 HDPE 高，可达到 35MPa 左右。

（二）聚丙烯的性能

聚丙烯树脂是白色蜡状固体，它的密度很低，为 0.89～0.91g/cm³，是塑料中除聚（4-甲基-1-戊烯）（P4MP）之外最轻的品种，也是常用塑料中最轻的品种。聚丙烯的晶区与非晶区的密度差别较小，即分子链晶区和非晶区排列的致密性差异较小，使聚丙烯的透光性略高于聚乙烯。聚丙烯综合性能良好，原料来源丰富，易于加工成型，其通用性能如表 3-5 所示。

表 3-5　聚丙烯的通用性能

性能	数据	性能	数据
相对密度	0.89～0.91	热变形温度（1.82MPa）/℃	102
吸水率/%	0.01	脆化温度/℃	−8～8
成型收缩率/%	1～2.5	线膨胀系数/（×10⁻⁵K⁻¹）	6～10
拉伸强度/MPa	30～35	热导率/[W/（m·K）]	0.15～0.24
断裂伸长率/%	200～700	体积电阻率/（Ω·cm）	10^{19}
弯曲强度/MPa	50～58.8	介电常数/（10^6Hz）	2.15
压缩强度/MPa	45	介电损耗角正切/（10^5Hz）	0.0008
缺口冲击强度/（kg/m²）	0.5～10	介电强度/（kV/mm）	24.6
洛氏硬度（R）	80～110	耐电弧性/s	135～180
摩擦系数	0.51	氧指数/%	18
磨痕宽度/mm	10.4		

1. 聚丙烯的力学性能

与聚乙烯相比，聚丙烯的分子链含有一个甲基为侧基，使分子链刚性增加，因此聚丙烯的强度、刚度和硬度都比聚乙烯高，但在塑料中仍属于偏低的。聚丙烯的等规指数增大，结晶度就增大，熔融温度增高，耐热性也增强，弹性模量、硬度、拉伸强度、弯曲强度、压缩强度等都提高，而韧性下降。图 3-3 是等规指数对聚丙烯拉伸性能的影响。

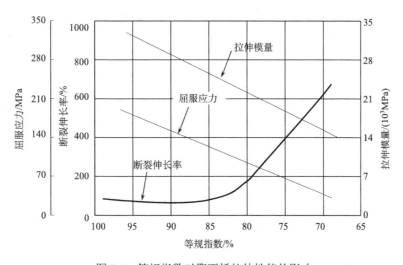

图 3-3　等规指数对聚丙烯拉伸性能的影响

聚丙烯的冲击强度对温度非常敏感，因此它的低温冲击性能很差。聚丙烯有优良的抗弯曲疲劳性，其制品在常温下可弯折 10^6 次而不损坏，称为百折胶。

2. 聚丙烯的热性能

与聚乙烯一样，聚丙烯非常容易结晶，结晶度高，且聚丙烯晶体的熔融温度比聚乙烯高，达到 170℃左右，因此聚丙烯有良好的耐热性能。聚丙烯可在 100℃下长期使用，轻载荷条件下的连续使用温度可达到 120℃，短期使用温度则达到 150℃，是通用塑料中使用温度最高的材料。聚丙烯制品耐沸水、耐蒸气性能良好，在 135℃的高压锅内可蒸煮 1000h 不被破坏，特别适用于制备医用高压消毒制品。聚丙烯的热导率低于聚乙烯，为 0.15～0.24W/（m·K）。

3. 聚丙烯的电性能

聚丙烯是非极性高分子材料，具有优异的电绝缘性能，且其电性能基本不受环境温度和电场频率的影响，是优异的介电材料和电绝缘材料，也可作为高频绝缘材料使用。但由于聚丙烯的低温脆性，其在绝缘领域的应用不如聚乙烯和聚氯乙烯。聚丙烯的耐电弧性为 135～180s，在塑料中属于较高水平。

4. 聚丙烯的耐化学药品性

作为一种非极性的结晶高分子材料，聚丙烯具有很好的耐化学腐蚀性，在室温下不溶于任何溶剂，但可在某些溶剂中发生溶胀。聚丙烯具有良好的耐环境应力开裂性能，但芳香烃、氯代烃会使其溶胀。例如，聚丙烯在高温下可溶于四氢化萘、十氢化萘和1,2,4-三氯代苯等。

（三）聚丙烯的成型加工性能

（1）聚丙烯的吸水率很低，因此加工前不需要对粒料进行干燥处理。

（2）聚丙烯的熔体为非牛顿流体，黏度对剪切速率和温度都比较敏感，提高剪切速率或升高温度都可改善聚丙烯的熔体流动性，但提高剪切速率的效果更为明显。

（3）由于聚丙烯为结晶聚合物，因此成型收缩率比较大，一般为 1%～2.5%，且具有较明显的后收缩性。在加工过程中易产生取向，在设计模具和确定工艺参数时要充分考虑以上因素。工艺参数对制品结晶度有较大影响，对制品性能和尺寸变化也有较大影响。

（4）聚丙烯受热时容易氧化降解，在高温下对氧特别敏感，为防止加工中发生热降解，一般在树脂合成时即加入抗氧剂。此外，还应尽量缩短受热时间，并避免受热时与氧接触。

（5）聚丙烯一次成型性优良，几乎所有的成型加工方法都适用，其中最常采用的是注塑成型和挤出成型。

（四）聚丙烯的应用

聚丙烯可制备下列用途的制品：

（1）医疗器具，如注射器、盒、输液袋、输血工具、患者用具（盒、杯、壶等）。

（2）一般用途机械零件中的轻载结构件，如壳、罩、手柄、手轮，特别适用于制备反复受力的铰链、活页、法兰、接头、阀门、泵叶轮、风扇叶轮等。

（3）汽车零部件。聚丙烯和增强聚丙烯可以制备汽车方向盘、蓄电池壳、空气过滤器壳、启动脚踏板、发动机舱、车厢、通风采暖系统、灯罩、工具箱、消声器等。

（4）家用电器零件和一般家用件，如窗门框架、小折叠椅、盥洗室水槽、箱子与盒子的整体活页、卡扣等。

（5）化工方面。可制备耐热、耐腐蚀容器、管道、设备衬里、涂层等。

（6）包装方面。可制备拉伸薄膜、叠层薄膜、单丝、绳索、编织袋等。

（7）电气绝缘薄膜。

三、聚氯乙烯

聚氯乙烯是氯乙烯单体在过氧化物、偶氮化合物等引发剂的作用下，或在光、热作用下按自由基聚合反应的机理聚合而成的聚合物，是最早工业化的塑料品种之一。目前产量仅次于聚乙烯，位居第二位。PVC 是目前最便宜的塑料品种，因此在工农业和日常生活中获得了广泛的应用。PVC 的化学结构见图 3-4。

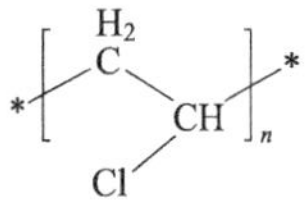

悬浮法 PVC 树脂型号及用途见表 3-6。

图 3-4　PVC 的化学结构

表 3-6　悬浮法 PVC 树脂型号及用途

型号	级别	黏度/（kPa·s）	平均聚合度 K	主要用途
PVSG-SG1	一级 A	144～154	1650～1800	高级电绝缘材料
PVSG-SG2	一级 A	136～143	1500～1650	电绝缘材料、薄膜
	一级 B、二级			一般软材料
PVSG-SG3	一级 A	127～135	1350～1500	电绝缘材料、农用薄膜、人造革
	一级 B、二级			全塑凉鞋
PVSG-SG4	一级 A	118～126	1200～1350	工业和农用薄膜
	一级 B、二级			软管、人造革、高强度管材
PVSG-SG5	一级 A	107～117	1000～1150	透明制品
	一级 B、二级			硬管、硬片、单丝、型材、套管
PVSG-SG6	一级 A	96～106	850～950	唱片、透明制品
	一级 B、二级			硬板、焊条、纤维
PVSG-SG7	一级 A	85～95	750～850	瓶子、透明片
	一级 B、二级			硬质注塑管件、过氧乙烯树脂

（一）聚氯乙烯的结构

与聚丙烯相比，PVC 分子链侧基中强极性的氯原子使其成为强极性高分子材料，且分子间作用力很大，PVC 分子链排列紧密，因此 PVC 制品刚性、硬度、力学性能均较高，其含有大量的氯元素，阻燃性能优异。PVC 分子链中相邻碳原子之间会有氯原子和氢原子，形成强氢键，这种强氢键会削弱 C—H 键的稳定性，使 PVC 容易脱去氯化氢，同时 PVC 树脂中含有残留的少量双键、支链和其他杂质，使得 PVC 极易发生降解。因此，若不添加热稳定助剂，PVC 受热时在熔融前就会产生明显的分解。PVC 的分解从脱去氯化氢开始，形成大量的双键，这种双键在形成共轭体系时会显色，使 PVC 制品的外观发生显著变化。

PVC 制品结晶度低，一般被认为是非晶聚合物。

（二）聚氯乙烯的性能

PVC 树脂是白色或淡黄色的坚硬粉末，密度为 $1.35\sim1.45\text{g/cm}^3$，是通用塑料中密度最大的品种之一。氯原子的密度很大，且 PVC 分子链排列很紧密，因而其密度特别大。PVC 的综合性能如表 3-7 所示。

表 3-7　PVC 的综合性能

性能	硬质 PVC	软质 PVC	性能	硬质 PVC	软质 PVC
密度/（g/cm^3）	140	1.24	悬臂梁缺口冲击强度/（kJ/m^2）	5	不断裂
邵氏硬度	D75～85	A50～95	热变形温度（1.82MPa）/℃	70	−22
成型收缩率/%	0.3	1.0～1.5	体积电阻率/（Ω·cm）	>10^{16}	10^{13}
拉伸屈服强度/MPa	65	—	介电常数/（10^{6}Hz）	3.02	约 4
拉伸屈服伸长率/%	2	—	透水率（25μm）/[g/（m^2·24h）]	5	20
拉伸断裂强度/MPa	45	23	吸水率/%	0.1	0.4
拉伸断裂伸长率/%	150	360	热损失（120℃，120h）/%	<1	5
拉伸弹性模量/MPa	3000	30	燃烧状态	自熄性	延迟燃烧性
弯曲强度/MPa	110	—	氧指数/%	47	26.5

1. 力学性能

氯原子的存在使 PVC 分子链极性很强，因此分子链之间的相互作用力很强，其拉伸强度很高，硬质 PVC 的抗拉强度可以超过 60MPa。

2. 热性能

PVC 分子链刚性强，且分子链排列紧密，分子链间的自由体积较小，因而 PVC 的 T_g 较高，可达 80℃，大约在 85℃开始软化，完全熔融的温度达到 160℃，但 PVC 在 140℃时就已开始分解。PVC 的热稳定性极差，还没完全熔融就已分解，因此 PVC 在成型加工时必须添加热稳定剂，同时还需加入一定量的增塑剂，以提高 PVC 的可塑性。按增塑剂含量不同，PVC 可分为硬质 PVC 和软质 PVC。增塑剂含量低于 10%的称为硬质 PVC，增塑剂含量超过 40%的称为软质 PVC，介于 10%～40%的称为半硬质 PVC。硬质 PVC 的最高连续使用温度可达 65～80℃。

3. 电性能

由于 PVC 属于强极性高分子材料，分子链中存在大量的偶极子，因此它的电绝缘性和介电性能都不如非极性的聚烯烃材料。又由于 PVC 的电性能受温度、频率和湿度的影响都比较大，耐电晕性也不好，因此 PVC 一般只适用于制作中低压及低频绝缘材料。此外，PVC 的合成方法及加入的增塑剂和稳定剂都会影响 PVC 材料的电性能。

4. 耐化学药品性能

PVC 能耐许多化学药品，除了浓硫酸、浓硝酸对它有损害外，其他大多数的无机酸、无机碱、多数有机溶剂、无机盐类及过氧化物对 PVC 均无损害，因此其适合作为化工防腐材料。PVC 在酯、酮、芳香烃及卤代烃中会溶胀或溶解，环己酮和四氢呋喃是 PVC 的良溶剂。加入增塑剂的 PVC 制品耐化学药品性一般都差，而且随使用温度的升高其耐化学稳定性降低。

（三）聚氯乙烯的成型加工性能

PVC 加工过程特别需要注意的是 PVC 的受热分解，PVC 分解温度低于其完全熔融温度，在加工过程中需要特别注意选择合适的热稳定剂并隔绝氧气，否则氧气会加快 PVC 的热分解。在加工过程中要严格控制熔体温度，避免 PVC 熔体在成型设备中长时间停留。

PVC 熔体的黏度较高，加工流动性差，因此在成型过程中还需加入适量的润滑剂以减小 PVC 分子链间的内外摩擦力，改善 PVC 熔体的加工性能。PVC 在加工时易产生熔体破裂，使制品表面粗糙，因此在注塑成型时不宜采用高速注射，一般采用中速注射或低速注射。

（四）聚氯乙烯的应用

聚氯乙烯在建筑材料、工业制品、日用品、地板革、地板砖、人造革、管材、电线电缆、包装膜、发泡材料、密封材料、纤维等方面均有广泛应用。

型材和异型材是我国 PVC 消费量最大的领域，占 PVC 总消费量的 25%左右，主要用于制作门窗和节能材料。管材是 PVC 的第二大消费领域，约占总消费量的 20%，如各种口径的硬管、异型管、波纹管、下水管、电线套管和楼梯扶手等。PVC 膜占 PVC 总消费量的 15%左右，可利用三辊或四辊压延机制备透明或彩色薄膜，也可以通过剪裁、热合加工包装袋、雨衣、桌布、窗帘、充气玩具等。宽幅的透明薄膜可用于温室、塑料大棚及地膜。经双向拉伸的 PVC 薄膜具有热收缩的特性，可用于收缩包装。PVC 膜可用于与其他聚合物一起生产成本低且具有良好阻隔性的多层透明制品。板材和片材占 PVC 总消费量的 15%左右，板材可以切割成所需的形状，然后利用 PVC 焊条用热空气焊接成各种耐化学腐蚀的储槽、风道及容器等。此外，PVC 还可用于生产泡沫制品、包装制品、日用消费品等。

2017 年 10 月 27 日，世界卫生组织国际癌症研究机构公布的致癌物清单初步整理参考，将 PVC 列为三类致癌物，即对人体致癌性尚未归类的物质，对人体致癌性的证据不充分，对动物致癌性证据不充分或有限，或者有充分的实验性证据和充分的理论机理表明其对动物有致癌性，但对人体没有同样的致癌性。

四、聚苯乙烯

聚苯乙烯在 20 世纪 30 年代首先实现工业化生产，目前主要的生产工艺是悬浮聚合和本体聚合。目前国内 PS 树脂包括 3 种基本产品：通用级聚苯乙烯（GPPS）、可发性聚苯乙烯（EPS）和高抗冲聚苯乙烯（HIPS）。其中，GPPS 一般是通过高温悬浮聚合工艺制得，俗称透苯，通常是粒径为 3mm 左右的颗粒，GPPS 的透明度高、刚度大、玻璃化温度高、性脆；EPS 通过在普通 PS 中浸渍低沸点的物理发泡剂制成，加工过程中受热发泡，专用于制作泡沫塑料产品；HIPS 为苯乙烯和丁二烯的共聚物，丁二烯为分散相，HIPS 的冲击强度较高，但产品不透明，可在部分领域代替 ABS。

此外，还有全同立构 PS 和间同立构 PS，全同立构 PS 具有高度结晶性。间同立构 PS 采用茂金属催化剂并利用齐格勒-纳塔连续聚合方法制备，是近年来发展的新品种，机械性能接近于部分工程塑料，而且具有潜在的价格优势。

（一）聚苯乙烯的结构与性能

PS 为无色透明、硬且脆的玻璃状非结晶塑料，敲击其制品有清脆的金属响声，无毒、无臭、易燃烧，燃烧时有黄色的浓烟且带有松油气味，若吹熄可拉成长丝。PS 的密度为 1.04～1.07g/cm³，其在高分子材料中是最接近 1g/cm³ 的材料，因此注塑成型时常用 PS 的注射质量来表示注射体积。PS 的吸水率为 0.02%～0.05%，虽然略大于 PE，但对制品的强度和尺寸稳定性影响不大。

图 3-5　PS 结构式

与 PE 相比，PS 结构单元中含有一个较大的苯环侧基，且多为无规结构，这使 PS 完全不结晶，制品透明性极好，其结构式如图 3-5 所示。

PS 的拉伸强度和弯曲强度是通用塑料中比较大的，拉伸强度可达 60MPa。PS 是硬而脆的材料，无延伸性，拉伸至屈服点附近时会断裂，并且其冲击强度很小，因此不能做工程塑料。

透明性好是 PS 的最大优点，由于 PS 完全不结晶，其密度和折射率均一，在可见光波段内没有特殊的吸收选择，因而具有很强的透光性，透光率可达 88%～92%。它与 PC 和 PMMA 属于优质的透明塑料，三者合称为三大透明塑料。PS 的折射率为 1.59～1.60，其制品具有良好的表面光泽，但由于 PS 结构单元中含有苯环，侧苯基可使主链骨架上 α 位置的氢原子活化，脱氢后形成的双链易与苯环共轭，其制品在使用过程中会出现变黄的现象，同时由于其双折射较大，因此 PS 不能用于高档的光学仪器。

PS 分子链虽是刚性链，但由于是无定形结构，超过玻璃化温度即开始软化，因此 PS 的耐热性能不好。PS 的 T_g 约为 100℃，其热变形温度为 70～90℃，最高连续使用温度仅为 60～80℃。对聚苯乙烯进行退火处理，不仅可提高力学强度，也可提高热变形温度。例如，在 77℃下退火 150min，可使热变形温度达 85℃；退火 1000min，可达 90℃。一般采用的退火温度低于实际的热变形温度 5～6℃。PS 的热导率较小且与温度无关，为 0.05～0.15W/(m·K)，是优良的绝热、保温、冷冻包装材料。聚苯乙烯泡沫是应用广泛的优质绝热保温材料。

虽然 PS 分子链含有共轭的苯环侧基，但 PS 仍然属于非极性的烃类高分子材料，有低吸水性和良好的介电性能，特别是高频下电性能优异。其表面电阻率、体积电阻率都较高，相对介电常数和介电损耗因子小，几乎不受温度、湿度和频率的影响，因此它在高湿度条件下也能耐电击穿。

PS 的耐溶剂性能不如 PE 和 PP，常温下能溶于芳香烃类（甲苯、乙苯、苯、二甲苯等）、酯类（乙酸甲酯、乙酸乙酯、乙酸丁酯等）、氯代烃类（二氯乙烷、氯仿等）、甲乙酮等溶剂。因此，可以利用这些溶剂对 PS 制件进行粘接。一些非溶剂的烷烃、煤烟油、高级醇等能促使 PS 制品产生裂纹、开裂等不良现象，因此 PS 的耐溶剂性能还受内应力、溶剂接触时间、温度及外力作用等因素影响。在大部分情况下，通过退火降低 PS 制品的内应力可减小溶剂对 PS 制品的侵蚀程度。PS 的具体性能指标见表 3-8。

表 3-8　PS 的具体性能指标

性能	数值	性能	数值
密度/（g/cm³）	1.04～1.07	断裂伸长率/%	2
吸水率/%	0.02～0.05	弯曲强度/MPa	105
成型收缩率/%	0.2～0.7	压缩强度/MPa	115
透光率/%	88～92	弯曲弹性模量/GPa	3200
折射率/%	1.59～1.60	无缺口冲击强度/（kJ/m²）	16
拉伸强度/MPa	60	洛氏硬度（R）	65～90

（二）聚苯乙烯的成型加工性能

PS 在 200℃即完全熔融，直到 300℃才开始分解，且 PS 黏度小，流动性好，加工温度范围很宽，极易成型加工。常规的热塑性成型加工方法，如挤出成型、注塑成型、吹塑成型、发泡及二次加工等方法均可用于 PS 的成型加工。

PS 挤出成型的温度为 180～220℃，注塑成型的温度则可上升到 280℃以提高注射速度。PS 分子链在注塑成型过程中极易取向，但在制品冷却定型时，取向的分子链尚未松弛完成，易使制品产生内应力。因此，加工时除了选择合适的工艺条件及合理的模具结构外，还需对制品进行热处理，热处理的条件一般为 60～80℃下处理 1～2h。PS 的成型收缩率较低，一般为 0.2%～0.7%，这种低收缩率有利于成型尺寸精度较高及尺寸稳定的制品。

（三）聚苯乙烯的应用

PS 具有成本低、刚性大、透明度好、电性能不受频率影响等特点，因此可广泛地应用于仪表外壳、汽车灯罩、照明制品、各种容器、高频电容器、高频绝缘用品、光导纤维、包装材料等。EPS 由于其质量轻、热导率低、吸水性小、抗冲击性好等优点，广泛地应用于建筑、运输、冷藏、化工设备的保温、绝热和减震材料等方面。

五、丙烯腈-丁二烯-苯乙烯共聚物

丙烯腈-丁二烯-苯乙烯共聚物是丙烯腈（acrylonitrile，A）、丁二烯（butadiene，B）和苯乙烯（styrene，S）三元共聚物，也被认为是 PS 的一个重要的改性品种。实际上，ABS 树脂是一种复杂的聚合物体系，它是由接枝共聚物（以聚丁二烯为主链，以苯乙烯、丙烯腈为支链）、苯乙烯和丙烯腈的无规共聚物（SAN）以及未接枝的游离基丁二烯三种成分构成。ABS 具有复杂的两相结构，即由 SAN 为连续相、接枝共聚物为分散相以及两相过渡层构成。通常橡胶相的粒径从 0.1μm 到几微米不等。橡胶相粒径的大小及其分布对聚合物性能的整体均衡性，包括强度、韧性、外观质量有重要的影响。粒径增大，韧性增加，但光滑度下降。

ABS 的制备方法不同，对两相结构有很大的影响，目前最常用的是乳液法，如乳液-悬浮法、乳液-本体法等。其中乳液-悬浮法吸取了乳液接枝掺合法和本体-悬浮聚合法的优点，同时避免了它们的不足之处。当前最有前景的方法是乳液接枝掺合法。ABS 通过改变三种单体的比例和采用不同的聚合方法，可制得各种规格的产品，如高抗冲 ABS、耐热 ABS、高光泽 ABS 等。ABS 结构有以弹性体为主链的接枝共聚物和以树脂为主链的接枝共聚物，一般三种单体的比例为丙烯腈 25%～35%、丁二烯 25%～30%和苯乙烯 40%～50%。

（一）ABS 的结构与性能

虽然 ABS 树脂与 PS 一样，是完全非晶材料，但由于 ABS 是典型的两相结构，两相的折射率不一样，因此 ABS 是不透明材料，呈浅象牙色，无毒无味，密度约为 1.05g/cm³。ABS 不透水，但水蒸气可缓慢透过，在室温下的平衡吸水率低于 1%，且吸水后物理性能几乎不变。

ABS 将聚丁二烯、聚丙烯腈、聚苯乙烯三种材料的性能有机地统一起来，兼具"坚韧、质硬、刚性"相均衡的优良力学性能。丙烯腈能使聚合物耐化学腐蚀，且有一定的表面强度；丁二烯使聚合物呈现橡胶状韧性；苯乙烯使聚合物显现热塑性塑料的加工特性，即较好的流动性。ABS 树脂较聚苯乙烯更具有耐热、冲击强度高、表面硬度高、尺寸稳定、耐化学药品性及电性能良好等特点。

ABS 树脂具有很高的光泽度，与其他高分子材料的结合性好，易于表面印刷、涂层。ABS 树脂还有很好的电镀性能，是极好的非金属电镀材料。在常用塑料中最易电镀的材料是 ABS 和聚碳酸酯（PC），因此需要电镀的制件都需选用 ABS 或 PC，或是 PC/ABS 合金。

ABS 具有优良的力学性能，其突出特点是冲击强度高、可在极低的温度下使用，这主要是由于 ABS 中橡胶组分对外界冲击能的吸收和对银纹发展的抑制。ABS 属于硬而韧的材料，拉伸强度较高，一般为 35～62MPa，比 PE 和 PP 高，但低于 PS 和 PVC。另外，ABS 的拉伸强度受温度影响特别大。ABS 树脂有良好的耐磨性、耐油性，尺寸稳定性好，可用于制作轴承。

ABS 的耐热性能不够好，热变形温度为 80～110℃，制品经退火处理后还可提高 10℃左右，但 ABS 树脂的最高连续使用温度仅为 60～80℃，与某些聚合物混合后可使其最高连续使用温度提高。例如，与 PC 共混后，最高连续使用温度可提高至 95～105℃。ABS 树脂具有很好的耐寒性，在–40℃时具有相当高的冲击强度，表现出良好的韧性。因此，ABS 可在 –40～100℃使用。ABS 的线膨胀系数较小，其值为（6.7～10.0）×10⁻⁵K⁻¹。

ABS 树脂燃烧缓慢，氧指数约为 20%，未改性时燃烧速率为 30～40mm/min，火焰明亮呈黄色有黑烟，有特殊气味，无熔融滴落，离火后仍然继续燃烧。工业上加入无机阻燃剂或其他难燃的高聚物（如 PVC）来提高其阻燃性，目前有工业化的阻燃型 ABS，其不燃烧，离火自熄。ABS 树脂的综合性能见表 3-9。

表 3-9　ABS 树脂的综合性能

性能	高抗冲型	耐热型	中抗冲型
相对密度	1.02～1.05	1.06～1.08	1.05～1.07
吸水率/%	0.2～0.45	0.2～0.45	0.2～0.45
成型收缩率/%	0.3～0.8	0.3～0.8	0.3～0.8
拉伸强度/MPa	35～44	44～57	42～62
断裂伸长率/%	5～60	3～20	5～25
弯曲强度/MPa	52～81	70～85	69～72
压缩强度/MPa	49～64	65～71	73～88

续表

性能	高抗冲型	耐热型	中抗冲型
洛氏硬度（R）	65～109	105～155	108～115
热变形温度（1.82MPa）/℃	99～107	94～110	102～107
线膨胀系数/($10^{-5}K^{-1}$)	9.5～10.0	6.7～9.2	7.9～9.9
最高连续使用温度/℃	60～75	60～75	60～75
热导率/[W/(m·K)]	0.16～0.29	0.16～0.29	0.16～0.29
体积电阻率/（Ω·cm）	$(1～4.8)×10^{16}$	$(1～5)×10^{16}$	$2.70×10^{16}$
介电常数/（10^6Hz）	2.4～3.8	2.4～3.8	2.4～3.8
介电损耗角正切/（10^6Hz）	0.009	0.009	0.009
介电强度/（kV/mm）	13～20	13～20	13～20
耐电弧性/s	66～82	66～82	66～82
氧指数/%	20	20	20

（二）ABS 的成型加工性能

ABS 树脂是非晶聚合物，具有和 PS 一样优良的加工性能，可采用常用的成型方法如挤出、压延、注塑、吹塑、真空成型等加工，还可进行二次加工，如粘接、机械加工、焊接、电镀等。ABS 树脂吸水率低，可不经干燥即成型加工，物料中含有水分虽不影响成型，但会降低制品的表面光泽度。

ABS 的 MFR 值一般为 0.2～10g/10min（200℃，5kg）。一般来说，MFR 小于 1g/10min 的适合挤出成型，大于 1g/10min 的适合注塑成型。

ABS 是非晶聚合物，无明显熔点，完全熔融温度为 210～230℃，分解温度高于 250℃。ABS 熔体有很好的流动性，属于切敏性塑料，因此无须通过升高温度降低黏度，并且要防止过热分解。

（三）ABS 的应用

ABS 优良的综合性能使其制品的应用范围很广。例如，应用在机械工业中可作为结构材料使用；可用来制造齿轮、轴承、泵叶轮、电机外壳、仪表盘、冰箱外壳、蓄电池槽等；在汽车工业中，可制作手柄、挡泥板、加热器、灯罩、热空气调节导管等；在航空工业中，可用来制作机舱装饰材料、窗柜、隔音材料等。此外，ABS 还可用来制造纺织器材，计算机零部件，建筑用板材、管材，以及生活日用品等。

第二节　热塑性工程塑料

工程塑料是指物理机械性能及热性能比较好，可以作为结构材料，在较宽的温度范围内承受机械应力，在较为苛刻的化学物理环境中使用的高性能的高分子材料。工程塑料具有优异的力学性能、化学性能、电性能、尺寸稳定性、耐热性、耐磨性、耐老化性能等。因此，通常可应用于电子、电气、机械、交通、航空航天等领域。

在工程塑料中，通常把使用量大、长期使用温度在 100～150℃、可作为结构材料使用的塑料称为通用工程塑料，如聚酰胺、聚甲醛、聚碳酸酯、聚苯醚、热塑性聚酯及其改性制品等；而将使用量较小、价格高、长期使用温度在 150℃ 以上的塑料称为特种工程塑料，如聚酰亚胺、聚砜、聚苯硫醚、聚醚醚酮、液晶聚合物等。

一、聚酰胺

聚酰胺（polyamide，PA）又称尼龙（nylon），是品种最多、应用最广泛的工程塑料类别之一。聚酰胺的特征是分子链中含有交替出现的酰胺基。聚酰胺可由二元羧酸与二元胺两种单体缩聚或内酰胺开环聚合得到。聚酰胺按主链组成可以是脂肪族聚酰胺，也可以是芳香族聚酰胺或脂环族聚酰胺、含杂环的聚酰胺等。最重要的聚酰胺品种是聚己内酰胺（尼龙 6，PA6）和聚己二酸己二胺（尼龙 66，PA66）。

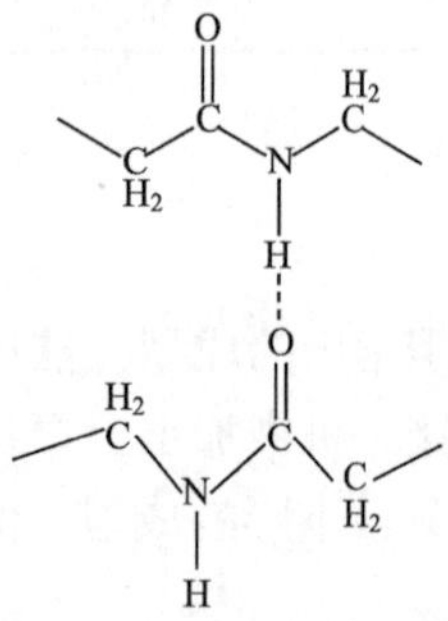

图 3-6　聚酰胺分子链间的氢键

聚酰胺分子中重复出现的酰胺基团是极性基团，这个基团上的氢能够与另一个分子中酰胺基团上的羰基上的氧结合形成相当强大的氢键，如图 3-6 所示。

氢键的形成使聚酰胺的结构易发生结晶化，而且分子间的作用力较大，使聚酰胺有较高的力学强度和高的熔点。另外，聚酰胺分子中亚甲基的存在使分子链比较柔顺，因而具有较高的韧性。聚酰胺由于结构不同，其性能也有所差异，但耐磨性和耐化学药品性是其共同的特点。聚酰胺具有良好的力学性能、耐油性、热稳定性。它的主要缺点是亲水性强，吸水后尺寸稳定性差，主要原因是酰胺基团具有吸水性，其吸水性的大小取决于酰胺基团之间亚甲基链节的长短，即取决于分子链中 $CH_2/CONH$ 的比值。例如，PA6（$CH_2/CONH=5：1$）的吸水性比 PA1010（$CH_2/CONH=9：1$）的吸水性大。

（一）聚酰胺的结构与性能

结晶能力对 PA 的性能有关键性影响，而 PA 的结晶能力主要受其结构的影响。分子链结构越简单越容易结晶，分子链对称性越好越容易结晶，分子链中亚甲基数量为偶数比奇数更容易结晶。PA46 的分子链结构中每个酰胺基团两侧都有 4 个亚甲基对称排列，具有很好的规整性，因此结晶能力最强。PA66 的分子链结构中酰胺基团两侧分别有 6 个和 4 个亚甲基，虽然对称性不如 PA6，但 PA66 中的亚甲基数量为偶数，因而 PA66 的结晶能力略强于 PA6。虽然 PA66 中 $CH_2/CONH$ 的比值和 PA6 中 $CH_2/CONH$ 的比值一样，但由于 PA66 的结晶度略高，而吸水率主要是由非晶区贡献的，因此 PA66 的吸水率比 PA6 略低。几种主要聚酰胺的性能见表 3-10。

表 3-10　几种主要聚酰胺的性能

性能	PA6	PA66	PA610	PA1010	PA11	PA12
密度/（g/cm³）	1.13～1.45	1.14～1.15	1.8	1.04～1.06	1.04	1.09
吸水率/%	1.9	1.5	0.4～0.5	0.39	0.4～1.0	0.6～1.5
拉伸强度/MPa	74～78	83	60	52～55	47～58	45～50

续表

性能	PA6	PA66	PA610	PA1010	PA11	PA12
断裂伸长率/%	150	60	85	100~250	60~230	230~240
弯曲强度/MPa	100	100~110	—	89	76	86~92
缺口冲击强度/（kg/m²）	3.1	3.9	3.5~5.5	4~5	3.5~4.8	10~11.5
压缩强度/MPa	90	120	90	79	80~100	—
洛氏硬度（R）	114	118	111	—	108	106
熔点/℃	215	250~265	210~220	—	—	—
热变形温度（1.82MPa）/℃	55~58	66~68	51~56	—	55	51~55
脆化温度/℃	−70~−30	−30~−25	−20	−60	−60	−70
线膨胀系数/（$10^{-5}K^{-1}$）	7.9~8.7	9.0~10	9~12	10.5	11.4~12.4	10.0
燃烧性	自熄	自熄	自熄	自熄	自熄	自熄至缓慢燃烧
介电常数/（60Hz）	4.1	4.0	3.9	2.5~3.6	3.7	—
电击穿强度/（kV/mm）	22	15~19	28.5	>20	29.5	16~19
介电损耗角正切/（60Hz）	0.01	0.014	0.04	0.020~0.026	0.06	0.04

脂肪族聚酰胺分子链由亚甲基和酰胺基组成。按单体类型不同，脂肪族聚酰胺又分为 P 型和 mP 型。

（二）聚酰胺的成型加工性能

聚酰胺有明显的熔融温度，熔程较窄（大约为 10℃），在料筒内时间较长（超过 30min）时极易分解，制品会出现气泡，强度下降，特别是 PA66 易于分解，产品发脆，加工中要注意严格控制温度。

聚酰胺分子结构中含有亲水的酰胺基，易吸水，吸水后的树脂在加工过程中水解，会使熔体黏度急剧下降，制品表面会出现气泡、银纹等缺陷，而且所得制品的力学性能也明显下降。PA 在加工前必须进行干燥，且其容易在高温下发生热氧化，建议真空干燥。如果采用常压热风干燥，干燥温度不能超过 90℃，干燥时间为 15~20h。

PA 熔体黏度低、流动性好，熔体黏度对温度敏感，温度升高，熔体黏度下降明显。特别是 PA66 和 PA6 更为突出，它们有利于成型形状复杂、薄壁的制品。聚酰胺结晶度为 20%~30%，随着结晶度升高，拉伸强度、耐磨性能、硬度和润滑性等各项性能提升，线膨胀系数和吸水率下降，但对透明性和耐冲击性能不利。

聚酰胺制品收缩率大，为 1%~2.5%，制品尺寸稳定性差。

（三）聚酰胺的应用

聚酰胺广泛用于成型机械，如轴承、轴瓦、凸轮、滑块、涡轮、接线柱、滑轮、导轨、脚轮、螺栓、螺母等，以及汽车、电子电气、精密仪器等的零部件，医疗器械和日用品等。

二、热塑性聚酯

热塑性聚酯指的是由饱和二元羧酸与饱和二元醇缩聚得到的线型聚合物。按重复单元的结构可分为脂肪族聚酯、芳香族聚酯和芳香族-脂肪族共聚酯。目前使用量最大的是聚对苯二甲酸乙二酯（PET）和聚对苯二甲酸丁二酯（PBT）两种。

（一）PET 和 PBT 的结构与性能

PET 和 PBT 的结构非常相似，都含有刚性的对苯甲酯基团，其结构式如图 3-7 所示。

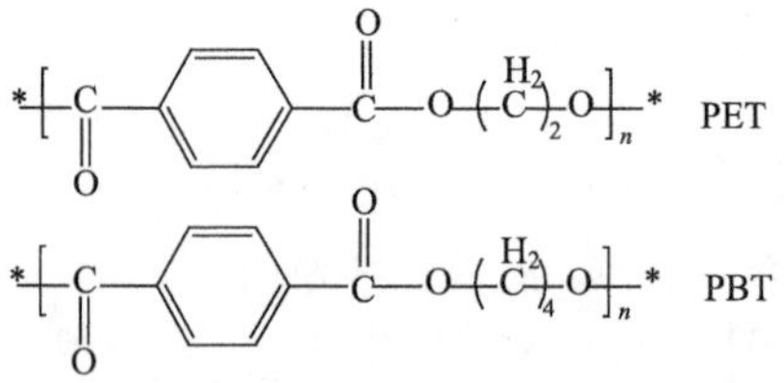

图 3-7 PET 和 PBT 的结构式

对苯甲酯基团是由苯撑基团与极性的酯基形成的大共轭体系，是刚性结构单元，阻碍分子链自由旋转；同时 PET 和 PBT 中还含有不同数量的亚甲基单元，赋予分子链一定的柔性，但其影响小于对苯甲酯基团刚性的影响，所以 PET 和 PBT 总体上表现出较大的刚性。PET 和 PBT 具有较高的玻璃化温度和较高的熔融温度，结构单元中极性的酯基基团可以增大分子链之间的引力，但苯撑基团的存在会使分子链间引力减小。从图 3-7 中可以看出，PBT 结构单元中的亚甲基的数量比 PET 结构单元中的亚甲基多 2 个，因此 PBT 分子链的运动能力比 PET 分子链的运动能力强，这一区别也是 PET 和 PBT 结晶性能、热性能等性能差异的根源。从表观来看，由于 PBT 比 PET 分子链柔性强，因此 PBT 的玻璃化温度和熔融温度都比 PET 低；熔体冷却到凝固状态时，PBT 由于分子链的运动能力较强，故结晶速度要远高于 PET 的结晶速度，因此 PBT 能达到的结晶度也比 PET 高。

1. 力学性能

PET 是无色透明（非晶型）或乳白色不透明（结晶型）固体，密度变化范围较大，非晶型 PET 的密度为 $1.33g/cm^3$，结晶型 PET 的密度为 $1.33\sim1.38g/cm^3$，在特殊条件下得到的全晶型 PET 密度为 $1.45g/cm^3$。非晶型 PET 的折射率为 1.655，对波长 400nm 以上光线透光率为 90%，不能透过波长 315nm 以下的光线。

PET 具有较突出的韧性，未增强 PET 的主要应用领域是薄膜和饮料瓶，其薄膜的拉伸强度 3 倍于聚碳酸酯薄膜，9 倍于聚乙烯薄膜，可以与铝膜媲美，拉伸强度可达到 $175\sim176MPa$，拉伸模量可达 3870MPa，如果经过拉伸定向，拉伸强度可进一步增大到 280MPa，拉伸模量增大到 6630MPa。PET 薄膜的冲击强度是其他塑料薄膜的 $3\sim5$ 倍。

PBT 为乳白色结晶固体，无味、无臭、无毒，密度为 $1.30\sim1.31g/cm^3$，制品表面有良好的光泽，由于结晶速度快，除薄膜制品外，很难取得完全非晶型的制品。

未增强 PBT 的力学性能在工程塑料中并不突出，只是摩擦因数较低，磨耗性较小。但经过玻璃纤维（GF）增强后力学性能提高幅度很大，增强效果超过许多工程塑料。例如，未增强 PBT 的缺口冲击强度为 60J/m，拉伸强度仅为 55MPa；而用 30%玻璃纤维增强后其缺口冲击强度可达 100J/m，拉伸强度可达 130MPa，且屈服强度和弯曲强度都会明显提高，综合力学性能已超过 30%玻璃纤维增强聚苯醚，因此 PBT 制品大多为 GF 增强改性品种。

2. 热性能

PET 的玻璃化温度为 67～80℃，熔融温度为 250～260℃，结晶型 PET 最高连续使用温度为 120℃，非晶型 PET 的热变形温度仅约 63℃（1.82MPa）。但经玻璃纤维增强后的 PET 耐热性有很大提高，热变形温度可达 220～240℃，随温度升高，力学性能下降幅度较小，在高低温交替作用下，力学性能变化小。

PBT 由于其分子链比 PET 分子链刚性小，因此其玻璃化温度比 PET 更低，为 50℃左右，熔融温度也低于 PET，为 224～230℃，与双酚 A 型聚碳酸酯接近。未增强的 PBT 热变形温度仅为 55～70℃，但经玻璃纤维增强后的 PBT 热变形温度大幅度升高，可达到 210～220℃，且 PBT/GF 增强料的线膨胀系数是常见热塑性工程塑料中最小的。

3. 电性能

PET 和 PBT 分子链上都含有极性酯基，对材料电性能有一定的不利影响，但 PBT 分子链中酯基的分布密度比 PET 小，故对电性能的不利影响应比对 PET 的影响稍小些，宏观上 PET 和 PBT 都具有良好的电性能。表 3-11 是 PET 和 PBT 在未增强和增强时的电性能。

常温下 PET 和 PBT 分子链中的酯基处于不活动状态，因此常温下电性能测试数据有较高值。随温度升高，电性能略有降低。表 3-12 为温度对 PET 电性能的影响。电场频率改变对 PET 和 PBT 介电性能影响不大。

表 3-11　PET 和 PBT 的电性能

电性能	PET	增强 PET	PBT	增强 PBT
介电常数/（10^6Hz）	2.8～3.2	3.8～4.2	3.1～3.3	3.3～3.7
tanδ（数量级）	10^{-2}	10^{-2}	10^{-2}	10^{-2}
介电强度/（kV/mm）	30	30	20	20
体积电阻率（数量级）/（$\Omega\cdot$m）	$>10^{14}$	$>5\times10^{14}$	10^{15}	10^{15}

表 3-12　温度对 PET 电性能的影响

电性能	温度		
	2℃	100℃	140℃
tanδ（数量级）	10^{-2}	10^{-2}	10^{-2}
体积电阻率（数量级）/（$\Omega\cdot$m）	10^{14}	10^{14}	10^{12}

4. 耐化学试剂与耐溶剂性

由于 PET 和 PBT 均含有酯基，因此强酸、强碱都会引起分解。

PET 遇浓碱在室温下即引起水解，水蒸气也可引起水解，稀碱溶液在较高温度下也可引起水解，氨水对它的破坏更甚。但 PET 对氢氟酸、有机酸稳定。PET 对非极性溶剂如烃类、汽油、煤油、润滑油等都很稳定，对极性溶剂在室温下也较稳定，如室温下不受丙酮、氯仿、三氯乙烯、乙酸、甲醇、乙酸乙酯等的影响；苯甲醇、硝基苯、三甲酚可以使该聚合物溶解；四氯乙烷-甲酚（苯酚）混合液、苯酚-四氯化碳混合液、苯酚-氯苯混合液也可以使它溶解。

PBT 对脂肪烃类、醇类、醚类、大部分酯类、弱酸、弱碱、盐类都具有稳定性，但可在芳香烃、乙酸、乙酸乙酯中溶胀，在二氯乙烷中溶胀更明显。PBT 对一般的有机溶剂都具有很好的耐环境应力开裂性。强酸、强碱和苯酚等可以破坏 PBT。在 50℃ 以下的热水中，PBT 基本不受影响，但水温进一步升高可引起 PBT 水解而使力学性能下降。图 3-8 是在 95℃ 热水中 PBT 拉伸强度随浸泡时间的下降曲线。

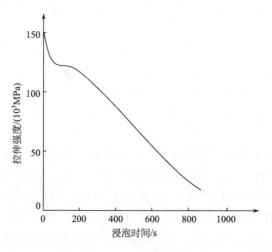

图 3-8　95℃ 热水中 PBT 拉伸强度随浸泡时间的变化曲线

5. 其他性能

PET 具有优良的耐候性，室外暴露 6 年，拉伸、弯曲等力学性能可保持初始值的 80%。该聚合物具有缓慢的燃烧性，必须加入阻燃剂才能防止燃烧。

（二）PET 和 PBT 的成型加工性能

PET 和 PBT 最常用的加工方法是注塑成型和挤出成型。

与聚酰胺材料一样，PET 和 PBT 的分子量都不高，因此 PET 和 PBT 都具有很好的加工流动性，即使是玻璃纤维增强后依然有很好的流动性，可以制备厚度较薄的制品，而且熔体黏度随剪切速率的增加而显著下降。由于它们具有很好的流动性，因此在注塑成型时为了避免熔体溢出喷嘴，应采用自锁式喷嘴和回流阻止器，料筒和回流阻止器间的间隙应不大于 0.6mm。此外，PET 的熔融温度高达 260℃，喷嘴极易堵塞，需安装大功率的加热器。

PET 和 PBT 分子链中含易吸水且易水解的酯基，在加工前需干燥处理，干燥条件为 120℃ 下热处理 3～5h，控制含水率低于 0.02%。PET 和 PBT 在不同方向的成型收缩率差异较大，加入玻璃纤维增强后会明显降低，如要生产尺寸精度高的制品仍需进行后处理。

PET 的挤出成型主要用于双向拉伸 PET 膜的生产，即先进行纵向拉伸，后进行横向拉伸。双向拉伸 PET 膜的质量取决于拉伸温度、拉伸倍率、拉伸速率和冷却速度等。目前，拉伸温度一般为 85～90℃，拉伸速率（每分钟拉伸的倍数）应大于 400%，拉伸倍率为 2.5～3 倍，冷却速度为 70℃/min。为了减少薄膜中分子链松弛导致的热收缩，必须对薄膜进行热定型，热定型温度一般为 150～230℃。

PET 也常用吹塑法生产聚酯瓶。大多数采用两步法，即先制成瓶坯，然后用远红外光加热后进行双轴定向拉伸。

（三）PET 和 PBT 的应用

PET 在工程塑料领域的主要应用是薄膜和饮料瓶，同时在纺织领域也有大量应用，也就是俗称的涤纶，服装上标记的聚酯纤维多指 PET 纤维面料。

PBT 主要应用于制作电子电器、汽车、机械设备以及精密仪器的零部件，以取代铜、锌、铝及铁铸件等金属材料和酚醛树脂等热固性树脂。

（四）其他常用聚酯

除 PET 和 PBT 外，还有一些新型的聚酯，如聚对苯二甲酸丙二醇酯（PTT）、聚乳酸（PLA）、聚己二酸/对苯二甲酸丁二醇酯（PBAT）等。

与 PET 和 PBT 重复单元中偶数个亚甲基单元不同，PTT 的重复单元中存在 3 个亚甲基，形成"奇碳效应"，使苯环不能与 3 个亚甲基处在同一平面，邻近的 2 个羰基由于斥力不能呈 180°排列，只能以空间 120°错开排列，由此使 PTT 大分子链形成螺旋状排列，最终影响 PTT 的物理性能。PTT 在 1998 年被美国评为六大石化新产品之一，是 Shell 公司开发的一种性能优异的聚酯类新型纤维，它综合了尼龙的柔软性、腈纶的蓬松性、涤纶的抗污性，加上本身固有的弹性，以及能常温染色等特点，把各种纤维的优良性能集于一身，从而成为当前国际上最新开发的热门高分子新材料之一。但由于丙二醇价格过高，目前 PTT 的市场价格偏高，它只能在成本消化能力较强的产品和品种方面取得有限的应用，一旦能降到合适的价位水平，PTT 的市场开拓便将以人们难以预料的态势顺利发展。

一般来说，脂肪族聚酯在生物环境中易降解，而芳香族聚酯的降解速率则慢很多。在新兴的聚酯材料中，PLA 是完全的脂肪族聚酯，而 PBAT 则是芳香族-脂肪族共聚酯，PLA 和 PBAT 都是优良的生物降解材料。聚乳酸又名聚丙交酯，工业级的聚乳酸多是通过丙交酯开环聚合得到的，目前全球 PLA 的产能已接近 50 万吨，是最有潜力的生物降解高分子材料，最主要的应用领域是薄膜和包装材料。

PBAT 是己二酸丁二醇酯和对苯二甲酸丁二醇酯的共聚物，兼具聚己二酸丁二醇酯（PBA）和 PBT 的特性，既有较好的延展性和断裂伸长率，也有较好的耐热性和耐冲击性能；此外，还具有优良的生物降解性。PBAT 是目前使用量增长最快的生物降解材料。

三、聚碳酸酯

聚碳酸酯（PC）是分子链中含有碳酸酯基的高分子聚合物，根据酯基的结构可分为脂肪族、芳香族、脂肪族-芳香族等多种类型。其中由于脂肪族和脂肪族-芳香族聚碳酸酯的机械性能较低，从而限制了其在工程塑料方面的应用，仅有芳香族聚碳酸酯获得了工业化生产，已成为五大工程塑料中产量增长速度最快的通用工程塑料。目前最常用的 PC 是由双酚 A 和氧氯化碳（俗称光气）聚合得到的。

（一）聚碳酸酯的结构与性能

双酚 A 型聚碳酸酯具有对称结构，不存在空间异构现象。碳酸酯基具有极性，但由两个苯撑基和一个异丙撑基隔开，使 PC 总体上仅显示较弱的极性，使分子链之间的作用力增大，同时对电性能有不利影响，其结构为

$$* \left[O - \overset{}{\underset{}{\bigcirc}} - \overset{CH_3}{\underset{CH_3}{C}} - \bigcirc - O - \overset{}{\underset{O}{C}} \right]_n *$$

分子链上含有苯撑基限制了分子链的内旋转，导致分子链刚性增大，减小了聚碳酸酯在某些溶剂中的溶解性。分子链上醚键的存在赋予分子链一定柔性，可以使分子链绕醚键两端的单键旋转，决定了聚合物可以溶解于某些溶剂。概括而言，分子链上的苯撑基、酯基的影响大于醚键的影响，决定了分子链属于刚性链。因此，PC 具有较高的玻璃化温度和熔融温度，熔体黏度高，分子链在外力作用下不易滑移，抗变形性好（刚性好、蠕变小、尺寸稳定性优），力学性能也颇优。另一方面，限制了分子链的取向和结晶，而一旦取向，则不易松弛，内应力不易消除，容易产生内应力被冻结的现象，导致在某种应用条件下的应力开裂。

1. 力学性能

PC 是无色或微黄色透明的刚硬、坚韧固体，带微黄色的材料是由合成时双酚 A 纯度不高所致。PC 无臭、无味、无毒，密度约 $1.20g/cm^3$，具有高度的尺寸稳定性和低模塑收缩率及自熄性。

双酚 A 型 PC 是典型的硬而韧的聚合物，具有良好的综合力学性能，拉伸强度、压缩强度、弯曲强度均相当于 PA6 和 PA66，冲击强度高于所有脂肪族聚酰胺和大多数工程塑料，抗蠕变性也明显优于聚酰胺和聚甲醛等。PC 的主要缺点是易产生应力开裂、耐疲劳性较差、缺口敏感性高、不耐磨损等。PC 的综合性能见表 3-13。

2. 热性能

双酚 A 型 PC 具有良好的耐低温和耐高温性能。PC 的熔融温度略高于 PA6，但低于 PA66，它的玻璃化温度高达 140℃，因此其热变形温度可达 130～140℃，可于 120℃下长期使用。同时 PC 又具有良好的耐寒性，脆化温度为–100℃，可以在–70℃条件下长时间工作。PC 的热导率和比热容都不高，线膨胀系数也较小，阻燃性较好，具有自熄性。

表 3-13 PC 的综合性能

性能	数值	性能	数值
密度/（g/cm³）	1.20	流动温度/℃	220～230
吸水率/%	0.15	热变形温度（1.82MPa）/℃	130～140
断裂伸长率/%	70～120	维卡耐热温度/℃	165
拉伸强度/MPa	66～70	脆化温度/℃	–100
拉伸弹性模量/MPa	2200～2500	热导率/[W/（m·K）]	0.16～0.2
弯曲强度/MPa	106	线膨胀系数/（$10^{-5}K^{-1}$）	6～7
压缩强度/MPa	83～88	燃烧性	自熄
剪切强度/MPa	35	介电常数/（10^6Hz）	2.9
无缺口冲击强度/（kJ/m²）	不断	介电损耗角正切/（10^6Hz）	（6～7）×10^{-3}
缺口冲击强度/（kJ/m²）	45～60	介电强度/（kV/mm）	17～22
洛氏硬度（R）	75	体积电阻率/（Ω·cm）	3×10^{16}

3. 电性能

双酚 A 型 PC 是弱极性聚合物，虽然电绝缘性能不如聚烯烃，但也具有良好的电绝缘性能，特别是它的介电常数和介电损耗在 10～130℃变化不大，因此适用于制造电容器。PC 吸水性较小，环境湿度对其电性能无明显影响。

4. 耐化学试剂与耐溶剂性

PC 具有良好的耐化学试剂性，在常温下耐水、有机酸、氧化剂、盐、油、脂肪烃、醇类等，易受碱、胺、酮、酯、芳香烃的侵蚀，可溶解在三氯甲烷、二氯甲烷、甲酚等溶剂中，在四氯化碳中还会发生应力开裂现象。它的耐沸水性很差，仅可耐 60℃的水温，进一步升高水温，可因水解而失去韧性，若在沸水中反复煮沸，力学性能会急剧下降。

5. 其他性能

PC 的透光率可达 90%，折射率为 1.587，比 PMMA 高，因此可以作透镜光学材料。但作为透明材料，PC 的硬度不如 PMMA，耐划伤性能也不如 PMMA，但耐热性能优于 PMMA。

（二）聚碳酸酯的成型加工性能

PC 的熔体黏度比常规的热塑性塑料高，在加工温度下其黏度高达 10^4～10^5Pa·s，其熔体黏度呈明显的温敏性，剪切速率对 PC 熔体黏度的影响不大，近似于牛顿流体，多用升高温度的方法来降低熔体黏度。PC 的熔融温度仅为 220℃左右，其注塑成型温度通常可达 280～310℃。

PC 的吸水性不强，但在成型高温下 PC 对水极其敏感，极微量的水也会导致 PC 降解而放出二氧化碳等气体，使树脂变色，性能变差。因此 PC 在成型加工前必须进行严格的干燥处理，干燥条件为 120～130℃下热处理 4～6h，干燥好的物料必须直接进入料斗，不能与外界空气直接接触。

PC 分子链刚性很强，很容易产生内应力，必须进行退火处理。在注塑成型时，熔体中的分子链在高剪切速率下取向，进入模具型腔后，分子链很难及时解取向，最终凝聚态结构中形成大量的高度取向链段，被取向的链段有解取向的趋势，但是分子链节已被冻结，导致内应力的积聚，最终 PC 制品极易开裂，因此 PC 注塑件必须进行退火处理。退火处理的条件为 110～120℃下热处理 2h。可在室温下用冰醋酸或四氯化碳溶剂浸泡退火处理的 PC 注塑制品，从放入溶剂中到出现裂纹的时间记为应力开裂时间。应力开裂时间越长，说明退火效果越好。

PC 是非晶高分子材料，因此成型收缩率低，可用于生产尺寸精度高的产品。

（三）聚碳酸酯的应用

PC 主要用于制作工业制品，代替有色金属及其他合金，在机械工业中作耐冲击和高强度的零部件、防护罩、照相机壳、齿轮齿条、螺丝、螺杆、线圈框架、插头、插座、开关、旋钮。玻璃纤维增强聚碳酸酯具有类似金属的特性，可代替铜、锌、铝等压铸件；电子、电气工业用它制作电绝缘零件、电动工具外壳、把手、计算机部件、精密仪表零件、接插元件、高频头、印刷线路插座等。PC 与聚烯烃共混后适合于制作安全帽、纬纱管、餐具、电气零件及着色板材、管材等；与 ABS 共混后，适合制作高刚性、高冲击韧性的制件，如安全帽、泵叶轮、汽车部件、电气仪表零件、框架、壳体等。

四、聚甲醛

聚甲醛（POM）是热塑性结晶高分子材料，为乳白色不透明结晶性线型热塑性树脂，是一种没有侧基、高密度、高结晶的线型聚合物，具有优异的综合性能。其分子主链有 $-(CH_2O)-$ 重复单元，结构高度规整，分子结构规整和结晶性使其物理机械性能十分优异，有"超钢"或者"赛钢"之称，又称聚氧亚甲基。

通常甲醛聚合所得的聚合物聚合度不高，易受热解聚，因此 POM 是以三聚甲醛为单体聚合得到，这种完全以三聚甲醛为单体聚合得到的为均聚甲醛。

由于 POM 的结构极少有支链，高度规整，因此其结晶度很高，可达到 75%以上，晶体的熔融温度也相对较高，可达到 180℃，成型加工温度范围很窄，在加工时温度若控制不当，易分解。为了提高 POM 的成型加工性能，在聚合时加入少量的二氧五环单体，即得到共聚甲醛。POM 按其分子链中化学结构的不同可以分为均聚甲醛和共聚甲醛两种，两种聚甲醛的结构式如图 3-9 所示。

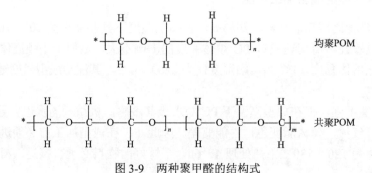

图 3-9　两种聚甲醛的结构式

在均聚甲醛中，POM 的分子链是由—C—O—键连续构成的，而共聚 POM 分子链的主链上则无规分布着少量的—C—C—键，—C—C—键比—C—O—键稳定，在 POM 的降解过程中，—C—C—键是降解的终点，从而阻止降解反应持续进行。因此，共聚 POM 的热稳定性要优于均聚 POM 的热稳定性。同时，共聚 POM 分子主链中含有少量的二氧五环结构单元，破坏了 POM 主链的规整性，共聚 POM 的结晶能力和结晶度都比均聚 POM 差，共聚 POM 的熔融温度也比均聚 POM 的熔融温度低 10℃左右，最终的结果是共聚 POM 的成型加工温度范围远比均聚 POM 的成型加工温度范围大，达到 50℃左右。表 3-14 为 POM 的综合性能。

POM 的密度高达 $1.4g/cm^3$ 左右，是常用塑料中密度最大的，这与其分子链中氧的含量高和分子链排列紧密有关。

五、聚苯醚

聚苯醚（PPO 或 PPE）是 21 世纪 60 年代发展起来的高强度工程塑料，化学名称为聚 2,6-二甲基-1,4-苯醚，又称为聚亚苯基氧化物或聚苯撑醚。

表 3-14　POM 的综合性能

性能	均聚甲醛	共聚甲醛	性能	均聚甲醛	共聚甲醛
密度/（g/cm³）	1.43	1.41	无缺口冲击强度/（kJ/m²）	108	95
成型收缩率/%	2.0～2.5	2.5～3.0	缺口冲击强度/（kJ/m²）	7.6	6.5
吸水率（24h）/%	0.25	0.22	介电常数/（10^6Hz）	3.7	3.8
拉伸强度/MPa	70	62	介电损耗角正切/（10^6Hz）	0.004	0.005
拉伸弹性模量/MPa	3160	2830	体积电阻率/（Ω·cm）	$6×10^{14}$	$1×10^{14}$
断裂伸长率/%	40	60	介电强度/（kV/mm）	18	18.6
压缩强度/MPa	127	113	线膨胀系数/（$10^{-5}K^{-1}$）	8.1	11
压缩弹性模量/MPa	—	3200	马丁耐热温度/℃	60～64	57～62
弯曲强度/MPa	98	91	最高连续使用温度/℃	85	104
弯曲弹性模量/MPa	2900	2600	热变形温度（1.82MPa）/℃	124	110
脆化温度/℃	—	−40			

PPO 是一种线型的非晶材料，其结构式为

PPO 具有优异的综合性能，特别是稳定的介电性能，PPO 的介电常数和介电损耗在工程塑料中是最小的，而且 PPO 的介电性能几乎不受温度、湿度的影响，可用于低、中、高频电场。此外，PPO 具有优良的耐蠕变性、耐水性、耐热性、尺寸稳定性等。PPO 具有很宽的使用温度范围，主要缺点是熔体流动性差，加工成型困难。

（一）PPO 的结构与性能

PPO 是白色或微黄色粉末，由于其加工非常困难，且黏度很高，因此在 PPO 中一般都加入一定量的稳定剂、增塑剂或增韧剂等。

PPO 分子主链含有大量的酚基芳香环，其分子链段内旋转困难，使 PPO 的熔融温度升高，熔体黏度增加，熔体流动性差，加工比较困难；同时分子链中的两个甲基代替了酚羟基的两个邻位活性点，使 PPO 的热稳定性、耐热性和耐化学腐蚀性提高，刚性增加。但 PPO 的端基是酚羟基，因此耐热氧化性能不好，如用异氰酸酯将端基封闭，则 PPO 的耐热氧化性可明显改善。

PPO 具有很好的耐热性能，其热变形温度可达 190℃以上，加入增塑剂或增韧剂后其热变形温度下降到 150℃以下。玻璃化温度为 210℃，熔融温度超过 260℃，热分解温度为 350℃，脆化温度为–170℃，长期使用温度为–125～120℃。PPO 的线膨胀系数在塑料中是最低的，与金属接近。PPO 也具有很好的阻燃性能，在未改性时其氧指数高达 29%，具有自熄性，且无熔滴。

PPO 的电性能是其最突出的性能，PPO 的介电常数和介电损耗都很小，而且在很宽的温度范围和频率内显示出优异的介电性能，不受温度和频率影响。

（二）PPO 的成型加工性能

纯 PPO 的熔体黏度很大，熔体流动性差，加工困难，应用受到很大限制，为了改善 PPO 的加工性能，需与其他高分子材料共混改性以改善其加工性能。主要的合金化品种有 PPO/PA 合金、PPO/PBT 合金、PPO/PO 合金、PPO/ABS 合金及弹性体增韧改性 PPO 等。改性后的 PPO 称为 MPPO 或 MPPE，增韧改性常用的弹性体包括 EPDM、SBS、SEBS 等。

MPPO 可通过注塑成型、挤出成型、压制成型、吹塑成型及机械加工等方法加工成各种制品，其中注塑成型是最常用的成型方法。

MPPO 最显著的应用是代替青铜或黄铜输水管道，其次是耐压管；在电子电气零部件、继电器盒、电视机部件、计算机传动齿轮等方面都有应用；在汽车工业中的一些精密仪器部件、壳体、加热系统部件等中也有应用。

第三节　其他常见的高分子材料

一、热固性塑料

热固性塑料指在一定条件（如加热、加压）下能通过化学反应固化成不熔、不溶性材料的塑料。常用的热固性塑料有酚醛树脂（PF）、氨基树脂、聚氨酯（PU）塑料、环氧塑料、不饱和聚酯（UP）塑料、呋喃塑料、有机硅树脂、丙烯基树脂等及以其改性树脂为基体制成的塑料。热固性塑料第一次加热时可以软化流动，加热到一定温度，发生化学反应交联固化而变硬，这种变化是不可逆的，此后再次加热已不能变软流动。热固性塑料在固化前是小分子或线型低聚物，固化后分子链之间形成化学键，成为三维的网状结构，不仅不能再熔融，在溶剂中也不能溶解。用于隔热、耐磨、绝缘、耐高压电等在恶劣环境中使用的塑料。

（一）酚醛树脂

酚醛树脂是以酚类单体和醛类单体经缩聚反应而制成的聚合物，酚类主要为苯酚，其次为甲酚和二甲酚；醛类主要为甲醛，也可用糠醛及乙醛，其中以苯酚与甲醛为原料缩聚而成的酚醛树脂最为常用。酚醛树脂也是人类历史上第一种工业化的由小分子合成制备的高分子材料。

酚醛树脂的合成和固化过程完全遵循体型缩聚反应的规律，控制不同的合成条件（如酚和醛的比例、所用催化剂的类型等）可以得到两类不同的酚醛树脂。

首先，苯酚与甲醛通过加成反应生成羟基酚或多羟基酚：

然后，羟基酚或多羟基酚之间发生脱水反应：

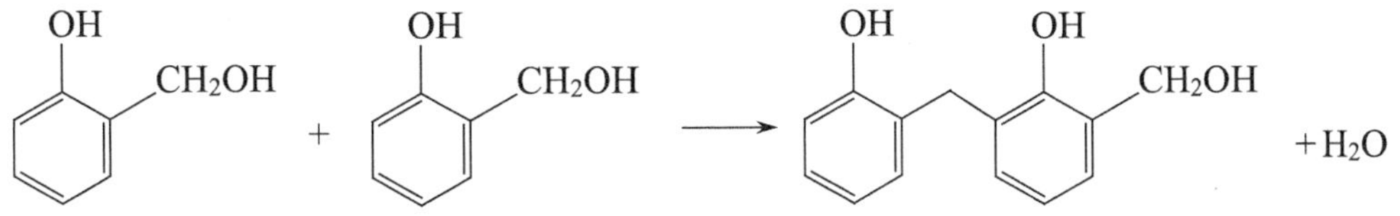

最后，得到网络结构的酚醛树脂（C 阶树脂）：

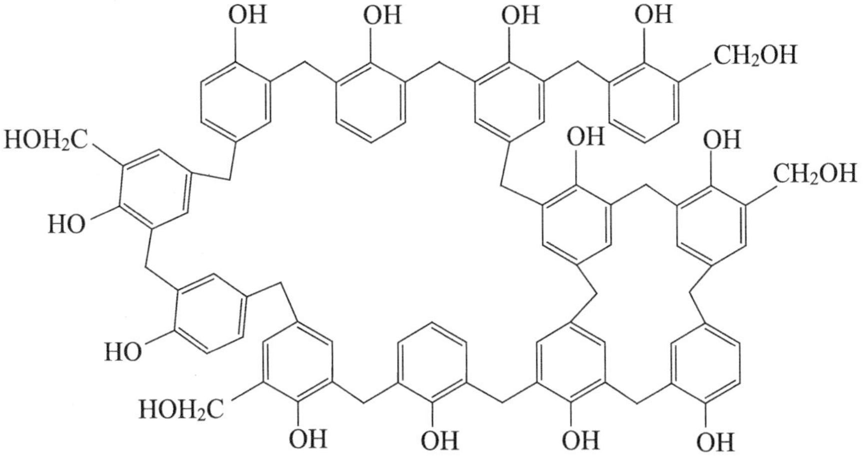

在羟基酚或多羟基酚之间的缩合反应中，影响缩合反应的关键因素是酚醛比（摩尔比）和反应体系的酸碱性。酚、醛反应存在一个中性点，即 pH=3.0～3.1 时，无论酚醛比如何变化，酚、醛都不会开始反应。

当酚醛比大于 1 时，在酸性条件下，可得到热塑性酚醛树脂，此时酚醛树脂的聚合度为10 左右，且自身并无反应性基团，加热也不会固化。但热塑性酚醛树脂在酸法固化剂（六亚甲基四胺）的作用下，可得到 C 阶热固性酚醛树脂。

当酚醛比小于 1 时，在碱性条件下可控制缩聚反应程度。若可控制在可溶、可熔阶段，则可得到 A 阶酚醛树脂；进一步加热可得到热固性的 B 阶酚醛树脂和 C 阶酚醛树脂。在酸性条件下的反应过于复杂，反应难以控制，目前无实用价值。

酚醛塑料因具有优异的耐热性和较好的性价比，至今仍具有其他通用塑料无法比拟的优势，其产量占塑料总产量的 5%，排第六位。

目前，我国酚醛塑料生产量已居世界前列，国内市场消费量占全球市场的 1/2。

（二）密胺树脂

热固性塑料中除酚醛树脂外，使用量最大的是氨基树脂。氨基树脂是以含有氨基或酰胺基的单体如脲、三聚氰胺及苯胺等与醛类单体如甲醛经缩聚反应而制成的聚合物，其中脲甲醛树脂（脲醛树脂，UF resin）和三聚氰胺甲醛树脂（密胺树脂，MF resin）最为常用。

三聚氰胺甲醛树脂是在弱碱条件下以三聚氰胺和甲醛经缩聚反应而制成的聚合物。三聚氰胺和甲醛缩聚反应历程如下：

（1）甲醛与三聚氰胺氨基中活泼的氢原子进行加成反应，形成三聚氰胺羟甲基衍生物（树脂初期产物）。1mol 三聚氰胺与 2～3mol 甲醛在介质为中性或弱碱性的条件（pH=7～9）下，经加热甲醛与三聚氰胺氨基的活泼氢原子进行加成反应，甲醛的双键打开与三聚氰胺氨基的活泼氢原子及氮原子相连，可形成一羟甲基三聚氰胺、二羟甲基三聚氰胺和三羟甲基三聚氰胺，如下所示：

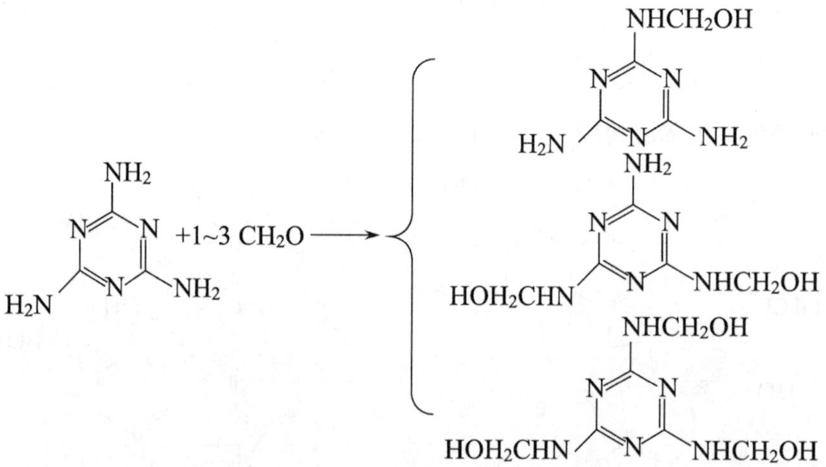

（2）上述初期产物羟甲基三聚氰胺衍生物在高温下继续缩聚，在完成树脂酯化过程中，由两个羟甲基相互连接，生成小分子水，形成醚键结合，获得各种程度的树脂，此阶段称为缩聚阶段，如下所示：

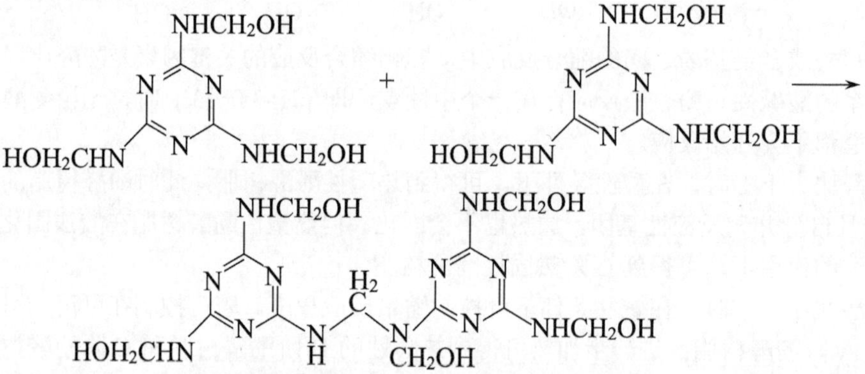

（3）在高温下进一步反应，形成具有不溶、不熔性质的体型三维网状结构热固性材料。

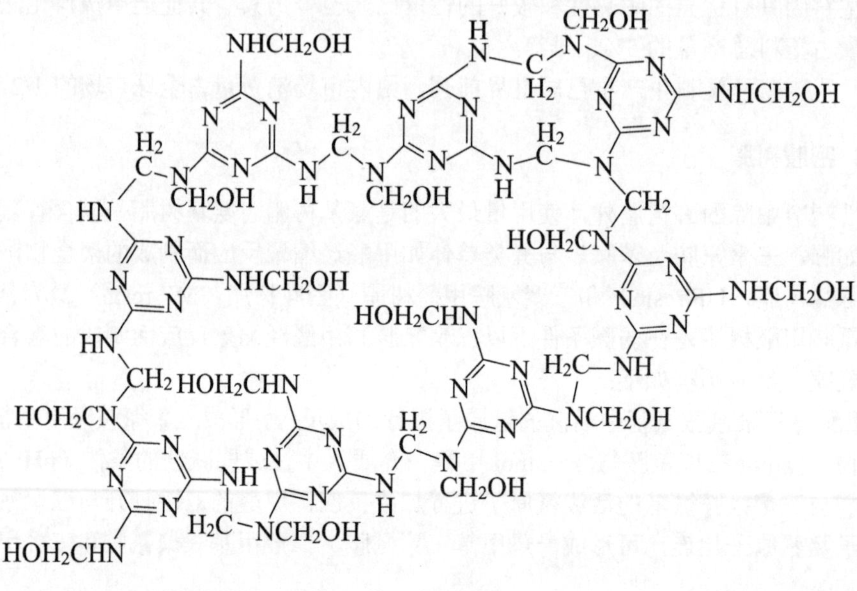

密胺树脂具有良好的耐碱性和介电性能，热变形温度高达 180℃，可在 100℃以上长期使用，在使用过程中释放氨气量极低，可忽略不计，不腐蚀金属或其他物质。密胺树脂阻燃性能优异，无熔滴，可达到 UL-94 V-0 级。密胺树脂未改性时为浅色，因此可自由着色，色彩鲜艳。其无臭、无味、无毒，可用于制备色彩鲜艳的塑料仿瓷餐具。目前，餐具制造约占密胺树脂消费量的 50%，其次用于制造电气零件及日用品，特别是耐电弧的电气制件如继电器壳体等。

密胺树脂可制成粉料和增强模塑料，再采用模压和注塑等方法制成制品。

（三）脲醛树脂

脲醛树脂是由尿素和甲醛按 1∶（1.5～1.6）的摩尔比，在其他固化剂和催化剂的作用下反应得到的。脲醛树脂最突出的特点是成本低廉，易于着色，能得到外观良好且色彩鲜艳的产品。但不耐水，特别是不耐沸水，长期在温度高的情况下易发生翘曲；超过 80℃时，会释放出氨气和甲醛，对人体有毒，还会腐蚀其他材料。

脲醛树脂模塑料的吸水性较大，成型前需干燥处理。

脲醛树脂主要应用于耐水性、耐热性和介电性能要求不高的制品，如电插头、开关、机器手柄、仪器外壳。

二、橡胶

橡胶是高分子材料的一个重要分支，是具有可逆形变的高弹性聚合物材料，在室温下富有弹性，在很小的外力作用下能产生较大形变，除去外力后能恢复原状。与塑料相比，未硫化的橡胶（生胶）的重复单元往往含有数量不等的碳碳双键，且橡胶分子量往往很大，大于几十万。而塑料的重复单元一般不含有碳碳双键，且绝大部分塑料的分子量都在 30 万以下。

按照分类方法不同，橡胶可以分成不同的类别。按照橡胶的来源和用途，可以分为天然橡胶和合成橡胶。最初橡胶工业使用的橡胶全是天然橡胶，它是从自然界的植物中采集出来的一种弹性体材料。合成橡胶是各种单体经聚合反应合成的高分子材料。此外，还可以按照橡胶的化学结构、形态和交联方式进行分类。分类情况见图 3-10。

（一）天然橡胶

天然橡胶（natural rubber，NR）是指从植物中获得的橡胶，这些植物包括巴西橡胶树（也称三叶橡胶树）、银菊、橡胶草、杜仲草等。巴西橡胶树含胶量多，质量最好，产量最高，采集最容易，目前世界天然橡胶总产量的 98% 以上来自巴西橡胶树，巴西橡胶树适于生长在热带和亚热带的高温地区。全世界天然橡胶总产量的 90% 以上产自东南亚地区，主要是马来西亚、印度尼西亚、斯里兰卡和泰国；其次是印度、新加坡、菲律宾、越南以及我国南部地区等。天然橡胶具有很好的综合性能，至今天然橡胶的消耗量仍约占橡胶总消耗量的 40%。

1. 天然橡胶的组成和结构

天然橡胶的主要成分是橡胶烃，另外还含有 5%～8% 的非橡胶烃成分，如蛋白质、丙酮抽出物、灰分、水分等，对 35 种烟胶片和 102 种皱胶片的组成分析，其结果如表 3-15 所示。

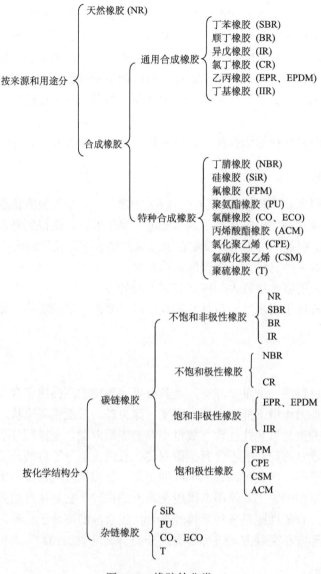

图 3-10　橡胶的分类

表 3-15　天然橡胶的化学组成（平均值）

品种	橡胶烃	丙酮抽出物	蛋白质	灰分	水分
烟胶片	93.30%	2.89%	2.82%	0.39%	0.61%
皱胶片	93.58%	2.88%	2.82%	0.30%	0.42%

　　天然橡胶中的非橡胶成分含量虽少，但对天然橡胶的加工和使用性能却有不可忽视的影响。蛋白质具有吸水性，会影响天然橡胶的电绝缘性和耐水性，但其分解产生的胺类物质又是天然橡胶的硫化促进剂和天然防老剂。丙酮抽出物主要是一些类脂物和分解物，它们在橡胶中有防老化作用，同时在硫化时也起活性剂作用。灰分主要是无机盐类及很少量的铜、锰、铁等金属的化合物，其中金属离子会加速天然橡胶的老化，必须严格控制其含量。1%以下的

少量水分在加工过程中可以挥发除去。

天然橡胶的主要成分橡胶烃是顺式-1,4-聚异戊二烯的线型高分子化合物,其结构式如下:

$$*\left[\!\begin{array}{c}\overset{\displaystyle CH_3}{\underset{}{}}\\ \overset{H_2}{C}\!-\!C\!=\!C\!-\!\overset{H_2}{C}\\ \overset{}{H}\end{array}\!\right]_n*$$

n 值平均为 5000～15000,分子量分布指数(M_w/M_n)范围很宽(2.8～10),且呈双峰分布,平均分子量为 40 万～80 万。因此,天然橡胶具有良好的物理机械性能和加工性能。天然橡胶在常温下是无定形的高弹态物质,但在较低的温度(-50～10℃)或应力条件下可以产生结晶,但极其缓慢。

2. 天然橡胶的应用

天然橡胶具有很好的弹性,在通用橡胶中仅次于顺丁橡胶。天然橡胶具有最好的综合力学性能和加工工艺性能,被广泛应用于制作轮胎、胶管、胶带及桥梁支座等各种工业橡胶制品,是用途最广的橡胶品种。它可以单独制成各种橡胶制品,如胎面、胎侧、输送带等,也可与其他橡胶并用以改进其他橡胶或自身的性能。

异戊橡胶的结构单元为异戊二烯,与天然橡胶相同,两者的结构、性质类似,但是也有差别。异戊橡胶的顺式含量低于天然橡胶;结晶能力比天然橡胶差;分子量分布窄,分布曲线为单峰。此外,异戊橡胶中不含有天然橡胶那么多的蛋白质和丙酮抽出物等非橡胶烃成分。

与天然橡胶相比,异戊橡胶具有塑炼时间短、混炼加工简便、膨胀和收缩小、流动性好等优点,并且质量均一、纯度高,外观无色透明,适用于制造浅色胶料和医用橡胶制品。异戊橡胶中不含脂肪酸和蛋白质等能在硫化中起活化作用的物质,其硫化速率比天然橡胶慢。为获得与天然橡胶相同的硫化速率,一般将异戊橡胶的促进剂用量相应地增加 10%～20%。天然橡胶中的非橡胶烃物质具有一定的防老化作用,因此异戊橡胶的耐老化性能比天然橡胶差。

(二)丁苯橡胶

丁苯橡胶是丁二烯和苯乙烯的共聚物,是最早工业化的合成橡胶,也是目前产量和消耗量最大的合成橡胶。

高苯乙烯丁苯橡胶中苯乙烯含量一般为 50%～70%,开始流动温度为 70～80℃;当苯乙烯含量为 80% 时,丁苯橡胶开始流动温度在 110℃ 以上。高苯乙烯丁苯橡胶具有增强作用,可与天然橡胶、丁苯橡胶、丁腈橡胶及氯丁橡胶等二烯烃类橡胶共混,采用硫磺硫化,提高二烯烃类橡胶的硬度、耐老化性、耐磨性、电绝缘性、着色性,改善加工性能和成型流动性,但耐低温性差,永久变形大,适合制造色彩鲜艳、低密度、高硬度、形状复杂的橡胶制品。在丁苯橡胶配方中,随着高苯乙烯丁苯橡胶用量的增加,硫化胶的定伸应力、拉伸强度、撕裂强度和耐磨耗性提高,抗压缩永久变形和抗屈挠龟裂性能降低。

低温乳聚丁苯与高温乳聚丁苯相比,反式-1,4-丁二烯含量较高,聚合度较大,凝胶含量较低,分子量分布较窄,性能较好。

三、高分子共混合金

高分子共混合金是指由两种或两种以上高分子材料构成的复合体系，是由两种或两种以上不同种类的树脂，或者树脂与少量橡胶，或者树脂与少量热塑性弹性体，在熔融状态下，经过共混，由于机械剪切力作用，部分高聚物断链，再接枝或嵌段，或是基团与链段交换，从而形成高分子与高分子之间的复合新材料。

按共混组分的构成，高分子共混合金可分为 4 种基本类型，分别是分散相软（橡胶）/连续相硬（塑料）、分散相硬（塑料）/连续相软（橡胶）、分散相软（橡胶）/连续相软（橡胶）、分散相硬（塑料）/连续相硬（塑料）。目前商业化最成功的共混合金材料是 PC/ABS。

PC/ABS 合金是 PC 和 ABS 的共混合金，它结合了 PC 和 ABS 两种材料的优异特性，兼具 ABS 优异的成型加工性能和 PC 的机械性、冲击强度、耐温、抗紫外线（UV）等性质，是无色透明颗粒。ABS 的加入提高了 PC 的流动性，改善了加工性能，减小了制品对应力的敏感性。PC/ABS 合金的微观结构很复杂，其中有 PC、SAN 和接枝丁二烯橡胶三相，若 PC 含量较高，PC 就成为连续相包围着 SAN，SAN 又包围接枝橡胶相，而接枝橡胶中又有可能包含 SAN 相。橡胶粒子在合金中作为应力集中中心而存在，受外力作用时能诱发银纹和剪切带，银纹和剪切带的产生与发展需要吸收能量，这两者产生越多，能量吸收越多。同时，橡胶粒子可抑制银纹增长并阻止银纹发展成为破坏性裂纹，故橡胶相的存在能提高材料的冲击强度。随合金中 ABS 含量增加，橡胶相含量也增加，合金的冲击强度会因为前面述及的原因而上升；当 ABS 含量继续增加并超过 50%时，共混体系的连续相变成 ABS。

PC/ABS 作为世界上销售量最大的商业化聚合物合金，广泛应用于汽车内饰、外饰、车灯等高强度、高耐热零件。PC/ABS 合金还逐渐发展出了许多细分品种，如阻燃级 PC/ABS、耐水解稳定性的 PC/ABS、用于免喷涂内饰的超低光泽 PC/ABS、不易被油漆等侵蚀的耐化学溶剂 PC/ABS 等系列产品。

四、热塑性弹性体

热塑性弹性体，简称 TPE 或 TPR，是介于橡胶与塑料之间的一种新型高分子材料。它在室温下具有橡胶的弹性，高温下可塑化成型。热塑性弹性体的结构特点是由化学键组成不同的硬段和软段，硬段凭借链间作用力形成物理交联点，软段是高弹性链段，贡献弹性。硬段的物理交联随温度变化呈可逆变化，显示了热塑性弹性体的塑料加工特性。TPE 所具有的橡胶与塑料的双重性能和宽广的特性，使其在橡胶工业中广泛用于制造胶鞋、胶布等日用品和胶管、胶带、胶条、胶板、胶件及胶黏剂等各种工业用品。同时，热塑性弹性体还可代替橡胶大量用在 PVC、PE、PP、PS 等通用热塑性树脂甚至 PU、PA、醋酸纤维素（CA）等工程塑料的改性，使塑料工业也出现了崭新的局面。

按结构来分，热塑性弹性体主要可分为苯乙烯类（SBS、SIS、SEBS、SEPS）、烯烃类（TPO、TPV）、二烯类（TPB、TPI）、氯乙烯类（TPVC、TCPE）、氨酯类（TPU）、酯类（TPEE）、酰胺类（TPAE）、有机氟类（TPF）等，几乎涵盖了现在合成橡胶与合成树脂的所有领域。

1. 苯乙烯类

苯乙烯类 TPE 又称 TPS，是丁二烯或异戊二烯与苯乙烯嵌段型的共聚物，其性能最接近 SBR 橡胶，是化学合成型热塑性弹性体中最早被人们研究的品种之一，是目前世界上产量最大的 TPE。代表品种为苯乙烯-丁二烯-苯乙烯嵌段共聚物（SBS），广泛用于制鞋业，已取代了大部分橡胶；同时在胶布、胶板等工业橡胶制品中的用途也在不断扩大。SBS 还大量用作 PS 塑料的抗冲击改性剂，也是沥青铺路的沥青路面耐磨、防裂、防软和抗滑的优异改性剂。以 SBS 改性的 PS 塑料，不仅可像橡胶那样大大改善抗冲击性，而且透明性也非常好。以 SBS 改性沥青路面时，SBS 比 SBR 橡胶、废橡胶胶粉更容易溶解于沥青中，因此虽然价格较贵，但仍然得到大量使用。如今，更以防水卷材进一步推广到建筑物屋顶、地铁、隧道、沟槽等的防水、防潮上。SBS 与 S-SBR、NP 橡胶并用制造的海绵比原来 PVC、EVA 塑料海绵更富于橡胶触感，且比硫化橡胶要轻，颜色鲜艳，花纹清晰，因而不仅适用于制造胶鞋底的海绵，也是旅游鞋、运动鞋、时装鞋等鞋底的理想材料。

SBS 分子链中的 B 段含有双键，因此 SBS 耐热性较差，使用温度一般不能超过 80℃。同时，其拉伸性能、耐候性、耐油性、耐磨性等也都无法与橡胶相比。为此，近年来对它进行了一系列性能改进，先后出现了 SBS 饱和加氢的 SEBS。SEBS（以 BR 加氢作软链段）可使抗冲强度大幅度提高，耐候性和耐热老化性也好。SEBS 不仅是通用塑料，也是工程塑料用的改善耐候性、耐磨性和耐热老化性的共混材料，因而很快发展成为 PA、PC 等工程塑料类"合金"的增容剂。

2. 烯烃类

烯烃类 TPE 是以 PP 为硬链段和 EPDM 为软链段的共混物，简称 TPO。由于它比其他 TPE 的相对密度小、耐热性高达 100℃，耐候性和耐臭氧性也好，因而成为 TPE 中发展很快的品种。

利用 TPO 的耐油性，现已用其替代 NBR、CR 制造各种橡胶制品。TPO 还可以与 PE 共混，与 SBS 等其他 TPE 并用，互补改进性能。现在，TPO 在汽车上已广泛作为齿轮、齿条、点火电线包皮、耐油胶管、空气导管及高层建筑的抗裂光泽密封条，还广泛应用于电线电缆、食品和医疗等领域，其增长幅度大大超过 TPS。

目前，以共混形式采用动态全硫化技术制备的 TPE 已涵盖了 11 种橡胶和 9 种树脂，可制出 99 种橡塑共混物。其硫化的橡胶交联密度已达 $7×10^{-5}$mol/mL（溶胀法测定），即有 97% 的橡胶被交联硫化，抗拉伸长率大于 100%，拉伸永久变形不超过 50%。

3. 二烯类

二烯类 TPE 主要为天然橡胶的同分异构体，故又称为热塑性反式天然橡胶（T-NR）。早在 400 年前，作为天然橡胶人们就发现了这种材料，但因其产自与三叶橡胶树不同的古塔波和巴拉塔等野生树上，因而称为古塔波橡胶、巴拉塔橡胶。这种 T-NR 用作海底电缆和高尔夫球皮等虽已有 100 多年的历史，但因呈热塑性状态，结晶性强，可供量有限，用途长期未能扩展。1963 年以后，美国、加拿大、日本等国先后以有机金属触媒制成了合成的 T-NR-反式聚异戊二烯橡胶，称之为 TPI。利用 TPI 优异的结晶性和对温度的敏感性，又成功地开发出形状记忆橡胶材料，备受人们青睐。从结构上说，TPI 是以高的反式结构所形成的结晶性链作为硬段，再以其他呈弹性的部分为软段结合而构成的热塑性弹性体。与其他 TPE 相比，TPI 的优点是机械强度高、耐伤性好、可硫化，缺点是软化温度非常低，一般只有 40～70℃，用途受到限制。

4. 氯乙烯类

氯乙烯类 TPE 分为热塑性 PVC 和热塑性 CPE 两大类，前者称为 TPVC，后者称为 TCPE。

TPVC 主要是 PVC 的弹性化改性物，又分为化学聚合和机械共混两种形式。机械共混主要是部分交联 NBR 混入 PVC 中形成的共混物（PVC/NBR）。TPVC 实际是软 PVC 树脂的延伸物，只是因为压缩变形得到很大改善，从而形成了类橡胶状的 PVC。这种 TPVC 可视为 PVC 的改性品和橡胶的代用品，主要用其制造胶管、胶板、胶布及部分胶件。目前 70%以上消耗在汽车领域，如汽车的方向盘、雨刷条等。其他用途中，电线约占 75%，建筑防水胶片占 10%左右。近年来，又开始扩展到家电、园艺、工业及日用作业雨衣等方面。目前，国际市场上大量销售的主要是 PVC 与 NBR、改性 PVC 与交联 NBR 的共混物，现已成为橡胶与塑料共混最成功的例子，美国、日本、加拿大、德国等国家的丁腈橡胶生产厂家皆有大量生产，在工业上已单独形成了 PVC/NBR 材料，用其大量制造胶管、胶板、胶布等各种橡胶制品。PVC 与其他聚合材料的共混物，如 PVC/EPDM、PVC/PU、PVC/EVA 的共混物，PVC 与乙烯、丙烯酸酯的接板物等，也都相继问世投入生产。随着环保要求的日益严格，TPVC 逸出的酸气等始终难以彻底解决，由于其污染环境，近年来在世界上的增长幅度有所下降，使用范围受到很大影响。我国生产使用的 TPVC 主要有 HPVC，从 20 世纪 90 年代开始研究，只有少量生产供应。目前以 PVC/NBR 和 PVC/EVA 共混的形式居多，除个别商品共混料外，大多由橡胶加工厂自行掺混，广泛用于制造油罐、胶管、胶鞋等，已部分取代了 CR 和 NBR 以及 NR、SBR，效果甚佳，用量逐年扩大。现 CPE 橡胶与 CPE 树脂共混的带有 TPE 功能的 TCPE 也开始得到应用。今后，TPVC 和 TCPE 有可能成为我国代替部分 NR、BR、CR、SBR、NBR 橡胶和 PVC 塑料的新橡塑材料。

5. 氨酯类

氨酯类 TPE 是由与异氰酸酯反应的氨酯硬链段与聚酯或聚醚软链段相互嵌段结合成的热塑性聚氨酯橡胶，简称 TPU。TPU 具有优异的机械强度、耐磨性、耐油性和耐屈挠性，特别是耐磨性最为突出。缺点是耐热性、耐热水性、耐压缩性较差，外观易变黄，加工中易粘模具。目前，在欧美等地主要用于制造滑雪靴、登山靴等体育用品，并大量用于生产各种运动鞋、旅游鞋，消耗量甚多。TPU 还可通过注塑和挤出等成型方式生产汽车、机械及钟表等的零件，并大量用于高压胶管（外胶）、纯胶管、薄片、传动带、输送带、电线电缆、胶布等产品，其中注塑成型占 40%以上，挤出成型约占 35%。近年来，为改善 TPU 的工艺加工性能，还出现了许多新的易加工品种。例如，适于双色成型，能增加透明性和高流动、高回收的可提高加工生产效率的制鞋用 TPU；用于制造透明胶管的低硬度的易加工型 TPU；供汽车保险杠等大型部件专用的、以玻璃纤维增强的、可提高刚性和冲击性的增强型 TPU 等。特别是在 TPU 中加入反应性成分，在热塑成型后通过交联反应而形成不完全 IPN（由交联聚合物与非交联聚合物形成的 IPN），发展十分迅速。这种 IPN TPU 又进一步改进了 TPU 的物理机械性能。此外，TPU/PC 共混型的合金型 TPU，进一步提高了汽车保险杠的安全性能。另外，还有高透湿性 TPU、导电性 TPU，并且出现了专用于磁带、安全玻璃等方面的 TPU。

第四节　常用的加工助剂

加工助剂是指为了改善塑料或橡胶的加工性能或使用性能而加入的，且对材料结构无明显影响的一些化学物质。因此，高分子加工助剂的作用主要表现在两个方面：①改善聚合物的加工性能，优化工艺条件，提高加工效率；②改进制品的使用性能，提高使用价值，延长使用寿命，扩大应用范围。

加工助剂的品种非常多，而且随着塑料应用的发展和社会对塑料制品需求的变化，新的助剂不断涌现，层出不穷，因此很难全面概括。从助剂的化学结构来看，既有无机物，也有有机物；既有小分子，也有大分子。按助剂功能分类则可分为改善加工性能助剂、稳定化助剂、阻燃及抑烟化助剂、改善力学性能助剂等。

助剂的种类繁多，不同的材料需选用不同的助剂，而同一材料在不同的应用中所选的助剂也有很大区别，因此如何恰当地选择助剂是非常重要的问题。一般来说，助剂的选用要遵循以下 5 个基本原则。

（1）助剂与制品的匹配性。助剂必须长期、稳定、均匀地存在于制品中才能发挥其应有的效能。通常要求所选择的助剂与聚合物有良好的相容性。如果相容性不好，就容易析出。助剂析出后不仅失去作用，而且影响制品的外观和手感。当然，颜料是例外，它要求分散得越细越好。

（2）助剂的耐久性。聚合物材料在使用条件下要保持原来的性能，就要防止使用过程中助剂的损失，助剂的损失一般有挥发、抽出和迁移三个途径。挥发性大小取决于助剂本身的结构，通常分子量越小，挥发性越大。抽出性与助剂在不同介质中的溶解度有直接的关系，要根据制品的使用环境选择适当的助剂品种。迁移性是指聚合物中某些助剂组分可以转移到与其接触的材料上的性质，迁移性大小与助剂在不同聚合物中的溶解度有关。

（3）助剂对加工条件的适应性。加工条件对助剂最主要的要求是耐热性，即要求助剂在材料的加工温度下不分解、不易挥发和升华。同时，要对加工设备和模具不产生腐蚀作用。

（4）助剂对制品用途的适应性。制品用途往往对助剂的选择有一定的制约，特别是助剂的毒性问题，已引起人们的广泛关注。有争议的毒性助剂限制，主要在食品和药物包装材料、水管、医疗器械、塑料玩具及纺织制品上的应用。

（5）助剂配合中的协同作用和对抗作用。一种材料往往要加入多种功能助剂，大多数助剂都具有专门功能，也有些助剂兼具几种功能，但没有一种是万能的。为达到良好的效果，各类助剂常要配合使用。若配合得当，不同助剂之间常会增效，即达到所谓的"协同作用"。

下面介绍几种最常用的加工助剂。

一、增塑剂

增塑剂是指能增加塑料的可塑性，改善树脂在成型加工时的流动性，并使制品具有柔韧性的有机物质。它通常是一些高沸点、难挥发的黏稠液体或低熔点的固体，一般不与塑料发生化学反应。

按相容性的区别，增塑剂可分为主增塑剂和辅增塑剂。主增塑剂与被增塑物有良好的相容性，可单独使用。它不但能进入树脂的非晶区域，而且可以进入树脂的结晶区域，又称为溶剂型增塑剂，如邻苯二甲酸酯类、磷酸酯类、烷基磺酸苯酯类等。

辅增塑剂一般不单独使用，需与适当的主增塑剂配合使用。其分子只能进入聚合物的非晶区域，又称为非溶剂型增塑剂，如脂肪族二元酸酯类、多元醇酯类、脂肪酸单酯类等。

使用最多的增塑剂是邻苯二甲酸酯类，占增塑剂消费总量的 80% 左右。邻苯二甲酸酯类中用量最大的是邻苯二甲酸二辛酯（DOP），其结构式如下：

DOP 与绝大多数工业上使用的合成树脂和橡胶均有良好的相容性，其具有良好的综合性能，如混合性能好、增塑效率高、挥发性较低、低温柔软性较好、耐水抽出、电气性能好、耐热性和耐候性良好。

除 DOP 外，邻苯二甲酸酯类增塑剂还有邻苯二甲酸二丁酯（DBP）、邻苯二甲酸二正辛酯（DnOP）等。

二、稳定化助剂

稳定化助剂是指能抑制或延缓高分子材料在成型加工或使用过程中由于各种因素导致的降解、分解或水解的一大类助剂。按作用机理不同，稳定化助剂可分为抗氧剂、热稳定剂、光稳定剂、抗微生物剂等几大类。

（一）抗氧剂

高分子材料在成型、储存、使用过程中，其结构会由于自动氧化反应而逐渐发生变化，从而使材料失去使用价值，这种现象称为高分子材料的老化。抗氧剂是指能延缓高分子材料自动氧化反应速率的物质。在橡胶工业中，抗氧剂称为防老剂。按抗氧剂的作用机理可分为链终止型抗氧剂和预防型抗氧剂。链终止型抗氧剂是指能终止氧化过程中自由基链的传递与增长的物质，也称为主抗氧剂。预防型抗氧剂可以阻止或延缓高分子材料氧化降解过程中自由基的产生，称为辅抗氧剂。其中主抗氧剂是通过与高分子材料中所产生的自由基反应而达到抗氧的目的。但不同的结构其作用方法是不一样的，又可分为三种：①自由基捕获型；②电子给予型；③氢给予体型。辅抗氧剂主要包括过氧化物分解剂与金属离子钝化剂。

主抗氧剂的作用机理是首先抗氧剂的结构中必须要有一个活泼氢，其活泼性比大分子链上的氢都强，当高分子在外界条件下形成自由基时，抗氧剂分子中的活泼氢能进入自由基，形成抗氧分子自由基；由于位阻效应，抗氧分子自由基的活性较低，无法进攻一个完整的大分子或抗氧剂分子，只能与其他的自由基偶合，从而中断自由基在高分子材料中的链增长与转移。作用机理如下所示：

目前按作用基团的结构，抗氧剂主要可分为胺类抗氧剂和酚类抗氧剂两大类。

胺类抗氧剂是一类历史最久、应用效果很好的抗氧剂，对氧、臭氧的防护作用很好，对热、光、铜害的防护也很突出，但是其具有较强的变色性和污染性，一般不用于塑料制品中，多用于橡胶制品中。酚类抗氧剂也是应用领域最广泛的抗氧剂类别之一，虽然酚类抗氧剂的抗氧化能力不如胺类抗氧剂，但具有不变色、不污染的优点，是胺类抗氧剂所不具备的。更重要的是，它一般都是低毒或无毒，这对人类的身体健康和环境保护是十分重要的。大多数酚类抗氧剂都具有受阻酚的化学结构，这类抗氧剂包括烷基单酚、烷基多酚和硫代双酚等。目前，塑料用的主抗氧剂主要是抗氧剂 1010、抗氧剂 1076 等；辅抗氧剂主要是抗氧剂 168、抗氧剂 DLTP。橡胶用的酚类抗氧剂则是 4010、4010NA 等。

（二）热稳定剂

当高分子材料受热时，如果分子链所吸收的热能足以断裂分子链中的某些化学键时，就会出现键的断裂，从而使聚合物的分子遭到一定程度的破坏，发生聚合物的热分解。在高分子材料的加工过程中能延缓这种热分解反应，以达到延长其使用寿命的目的，所加入的少量物质称为热稳定剂。热稳定剂最重要的应用是 PVC 的加工，因为 PVC 的黏流温度比其分解温度高，如果不添加增塑剂、热稳定剂和抗氧剂等助剂，则无法实现稳定加工。

使用最早且最有效的热稳定剂是铅盐稳定剂，即俗称的三盐和二盐稳定剂。铅盐稳定剂是目前效果最好的 PVC 用热稳定剂，但铅属于重金属，具有富集性，在环境中极难降解，不符合现在对环境保护的追求，因此已在许多领域被限制使用或禁止使用。

金属皂类热稳定剂是目前使用量增长最快的热稳定剂，金属皂类是指某些金属如 K、Na、Mg、Ca、Sr、Ba、Cd、Al 等的有机羧酸盐，有机酸一般用硬脂酸、异辛酸、环烷酸和合成脂肪酸等。

（三）光稳定剂

日常用的塑料、橡胶、纤维、染料、涂料、颜料经常暴露在空气中，如果在阳光下或强的人造光下，会加速老化，尤其是在紫外光下，会发生光化学反应和自动氧化反应，导致发生光降解，使其外观和物理性能变差，这一过程称为光氧老化或光老化，也称为光氧化降解或光降解。一般来说，热氧老化过程可能与光氧老化过程叠加在一起。凡能抑制或减弱这一过程进行的物质称为光稳定剂或紫外光稳定剂。按抗紫外机理，光稳定剂可分为光屏蔽剂、紫外线吸收剂、猝灭剂、金属离子钝化剂和自由基捕获剂。

光屏蔽剂是一类能够吸收或反射紫外线的物质。在聚合物和光源之间设立了一道屏障，使光在到达聚合物的表面时就被吸收或反射，从而有效地抑制了制品的老化。可以说，光屏蔽剂构成了光稳定化的第一道防线。这类光稳定剂主要有炭黑、二氧化钛、氧化锌等。其中炭黑是吸附剂，而二氧化钛和氧化锌是反射剂，呈现出白色。

紫外线吸收剂是目前应用最广的一类光稳定剂，它可以强烈地、有选择性地吸收高能量的紫外线，并能以能量转换的形式将吸收的能量以热能或无害的低能辐射释放出来或消耗掉，从而阻止聚合物中的发色基团因吸收紫外线能量随之发生激发。具有这种作用的物质被称为紫外线吸收剂。紫外线吸收剂的应用为塑料的光稳定化设置了第二道防线，其中应用最多的是二苯甲酮类、水杨酸酯类和苯并三唑类。

猝灭剂本身对紫外线的吸收能力很低，在稳定过程中不发生明显的化学变化，但它能转移聚合物分子链因吸收紫外线后所产生的激发态能量，从而阻止了聚合物因吸收紫外线而产生游离基。这是光稳定化的第三道防线。

自由基捕获剂是近 20 年来新开发的一类具有空间位阻效应的光稳定剂，从作用基团的结构来看有点类似于抗氧剂，称为受阻胺类光稳定剂（HALS）。此类化合物几乎不吸收紫外线，但通过捕获自由基、分解过氧化物、传递激发态能量等多种途径赋予聚合物高度的稳定性，因此可视为光稳定化的第四道防线。

三、阻燃及抑烟化助剂

塑料、橡胶都是有机化合物，均具有一定的可燃性，极易在一定条件下燃烧。其燃烧过程是一个复杂的过程，如果燃烧继续扩展，可能造成火灾。燃烧对塑料和橡胶在建筑、交通等工业上的应用带来不利影响，因而有必要提高聚合物的难燃性，以扩大其应用范围。

能够增加材料耐燃性的物质称为阻燃剂。阻燃剂是合成高分子材料加工的重要助剂之一，其功能是使合成材料具有难燃性、自熄性和消烟性。

阻燃剂大多是元素周期表中第ⅤA族、第ⅦA族和第ⅢA族元素的化合物，如第ⅤA族氮、磷、锑、铋的化合物，第ⅦA族氯、溴的化合物，第ⅢA族硼、铝的化合物，此外硅和钼的化合物也可作为阻燃剂使用；其中最常用和最重要的是磷、溴、氯、锑及铝的化合物，很多有效的阻燃剂配方都含有这些元素。

第五节　配方设计常用方法

一、配方的表示方法

（1）以树脂基体为 100 份的配方表示方法：这种表示方法是以树脂基体 100 份为基准，配方中其他组分以相对树脂基体的用量份数来表示。由于计量容易，广泛用于工业生产和科学研究中。

（2）以混合料总量为 100 份的配方表示方法：即以配方中各组分总用量为 100 份，配方中各组分以其所占的分数来表示。这种表示方法利于进行原料消耗量和生产成本的核算。表 3-16 以增塑 PVC 配方为例来说明这两种配方的表示方法。

表 3-16　增塑 PVC 的配方表示方法

组成	以树脂基体为 100 份的表示法	以混合料总量为 100 份的表示法
PVC 树脂	100.0 份	56.82%
增塑剂	50.0 份	28.41%
稳定剂	5.0 份	2.84%
润滑剂	1.0 份	0.57%
填充剂	20.0 份	11.36%
总计	176.0 份	100.00%

（3）在对配方中各组分用量进行计量时，一般多用质量来表示，如表 3-16 中第 2 列、第 3 列即分别为各组分的质量份数和质量分数。

（4）当配方中含有少量液体时，配方中含量大的固体组分用质量来表示，而为了配料方便，液体组分可用体积来表示。例如，在塑料着色配方中，会用到少量的白油等液体分散剂，一般用体积表示。

（5）在已知配方中各组分密度时，配方中各组分用量也可均用体积来表示。这种表示方法多用于成本核算中。这是由于塑料制品的体积在形状和造型设计确定下来后即得到确定，以 A 和 B 两种不同密度和成本的塑料为例，A 塑料的密度为 1，单位质量成本为 1.2，B 塑料的密度为 1.3，单位质量成本为 1。很明显 B 塑料的单位质量成本较低，但生产单位体积的塑料制品时 A 塑料的成本为 1.2，B 塑料的成本为 1.3。在进行成本核算时，要结合配方中各组分密度进行切实的考虑。

二、配方设计的基础原则

配方设计是一个专业性、经验性很强的技术工作，它不是各种原料和助剂之间的简单混合，而是在对高分子材料结构与性能关系充分研究基础上综合的结果。一个好的制品绝不仅仅局限于配方设计，还涉及成型加工工艺、加工设备、制品的外观设计等。但无论如何选择，配方设计是核心，只有好的配方设计，加上其他要素的配合，才能获得好的制品。

一个好的配方设计除应满足制品使用性能的要求外，还应考虑成型工艺等设计的要求、产品的限制、应用要求等方面。配方设计的过程一般应遵循以下原则：

（1）满足制品性能要求。

（2）满足成型工艺等其他设计要求。

（3）在其他条件得到满足的情况下，尽可能地降低成本。

（4）满足应用场景的要求，如产品使用地的气候季节性等。

（5）考虑原料来源的稳定性和可靠性。

三、配方设计方法

（一）单因素变量配方设计方法

单因素变量法要求找出问题的关键，抓住主要矛盾，在试验中考察一个因素，而将其他因素作为不变量。需要建立在原有的配方设计基础上或者要求设计者具有长期的研究和实际生产经验。当用单因素变量法研究多因素变量问题时，需固定其他因素，以得到这一变量的最佳值，然后以此最佳值为该变量的固定值，考察其他变量，依此类推，直至找到理想的配方。在用单因素变量法确定配方时，必须保证生产工艺条件和测试条件完全一致，否则所得结果可能出现很大的偏差。

用因素法安排试验时，常用的方法有逐步提高法（爬山法）、黄金分割法、平分法（对分法）、分批试验法、抛物线法和分数法。

逐步提高法的关键是确定合适的起点位置、试验范围和步长。起点和试验范围选择合理可减少试验的次数；步长的选择一般是开始时大，接近最佳点时小。在起点分别向原材料增加的方向和原材料减少的方向做试验，然后向好的方向一步步改变做试验，爬至某点，直到效果变差，这一点即为寻找的最佳点。逐步提高法较为稳妥，对经验依赖性很强，但所需试验次数较多，适用于小幅调整配方，对生产影响较小。起点的选择很重要，起点选得好，试验次数可减少。

　　黄金分割法是在试验范围内的黄金分割点（0.618 处）及其对应点（0.382 处）分别做一试验，比较两个结果，舍去坏点以外的部分。在缩小的区间内继续进行黄金分割再试验比较，再取舍，逐步达到目标点。这种方法每次可去掉试验范围的 0.382，可以用较少的试验次数找出最佳变量范围，适于推广。

　　平分法与黄金分割法相似，要求在试验范围内目标函数是单调变化的，同时还要知道该组分对材料物理性能影响的大致规律。平分法每次试验都取在试验范围的中点，然后依据结果去掉一半的范围，再进行下一次试验，直至接近最佳点。此法速度快，取点也比较方便，但需预先知道因素对变量的影响规律，否则容易偏离正确的方向。

　　分批试验法有均分分批试验法和比例分割试验法两种。前者是在试验范围内均匀安排每批试验，比较结果，留下好的结果范围，再做下一批试验，得到更加深入的配方范围。在窄小的范围内，等分的结果比较好，且结果相近，即可终止试验。这种方法耗时短，试验次数多。

（二）多因素变量配方设计方法

　　多因素变量配方设计是指有两个或两个以上因素影响制品性能的配方设计。多因素变量的配方设计比单因素变量的配方设计复杂，需要运用一些数理统计的方法，现在常用正交设计法和回归分析法（中心复合试验计算法）。

　　1. 正交设计法

　　正交设计法是一种应用数学统计原理进行科学安排与分析多因素变量的试验方法，优点是可大幅减少试验次数，因素越多，效果越好。根据正交性从全面试验中挑选出部分有代表性的点进行试验，这些有代表性的点具备均匀分散、齐整可比的特点。当试验涉及的因素在 3 个或 3 个以上，而且因素间可能有交互作用时，试验工作量就会变得很大，甚至难以实施。针对这个困扰，正交设计无疑是一种更好的选择。正交设计的主要工具是正交表，试验者可根据试验的因素数、因素的水平数以及是否具有交互作用等需求查找相应的正交表，再依托正交表的正交性从全面试验中挑选出部分有代表性的点进行试验，可以实现以最少的试验次数达到与大量全面试验等效的结果。一个典型的正交表可表达为 $L_M(b^k)$，式中 L 为正交表符号，k 为因素数，b 为每个因素所取的水平数，M 为试验次数，可由经验确定。典型的正交表有：三水平——$L_6(3^3)$、$L_9(3^4)$、$L_{18}(3^7)$ 等；四水平——$L_{16}(4^5)$ 等。

　　在正交试验过程中，最佳配方可能出现在所做试验内，也可能不在所做试验内，但可以通过试验结果的分析找出理想的配方。通过试验分析可以分清各个因素对指标影响的主次，各个因素中最好的水平，各个因素以哪些水平组合可得最好的指标。常用的分析方法是直观分析法和方差分析法，前者是比较每个水平几次试验所得指标的平均值，找出每个因素的最佳水平；几个因素的最佳水平组合起来即为理想的配方或工艺条件，并计算每个因素不同水平所取得不同指标值差，不同水平之间指标值差大的因素即为对指标最有影响的因素。这种方法直观、简单，但不能区分因素与水平作用的差异。方差分析法是通过偏差的平方和自由度等一系列计算，将因素和水平的变化引起试验结果间的差异与误差的波动区分开。方差分析法计算结果精确，对下一步试验或投入生产的可靠性增大，但计算较为复杂，需要有良好的数学基础。

2. 回归分析法

回归分析法因在中心点做多次重复试验而得名，建立自变量与因变量之间关系的数学表达式（回归方程式）。可用一个二次多元式表示制品性能与添加剂用量的关系，然后再求出几个回归系数，进行线性变换，按设计安排试验，在中心点做重复试验。这种方法可以有效确定几个特定配方因素之间的相关性，并求出合适的数学表达。

习　题

1. LDPE 和 HDPE 的结构和性能有哪些差异？

2. PP 的玻璃化温度远低于 PS，但它的热变形温度却高于 PS，原因是什么？

3. 均聚 POM 和共聚 POM 的结构和性能有哪些差异？

4. 硬质 PVC 和软质 PVC 选用的基体树脂有哪些差异？它们的配方组成有哪些明显差异？

5. 在建筑工程用管道中，上水管和下水管有哪些区别？它们选用的材质有哪些区别？

6. PS 透明板材的透明度在使用过程中逐步降低，如何减缓降低的速度？

7. PET 和 PBT 的结构和性能有哪些差异？

8. PA6 和 PA66 的结构和性能有哪些差异？

9. PPO 如何制备？有哪些特点？

10. 热固性塑料和热塑性塑料有哪些差异？

11. 橡胶和塑料在结构和性能上有哪些差异？

12. 橡胶为什么需要硫化？

13. 橡胶的硫化可分为哪几个过程？

14. 助剂在高分子材料配方体系中有什么作用？为什么要添加助剂？

15. 稳定化助剂可分为哪几类？有哪些区别？

16. 增塑剂的主要作用是什么？

17. 侧基结构如何影响热塑性高分子材料的热性能？

18. 配方设计应遵循哪些原则？

19. 单因素变量配方设计方法主要有哪几种？

20. 多因素变量配方设计方法主要有哪几种？

第四章　模塑成型工艺

模塑成型，也称为压缩模塑或压制成型，主要包括模压、层压和传递模塑三种工艺。主要是将粉料、粒料、纤维预浸料等模塑料置于阴模中，闭合阳模，在热和压的作用下，使物料产生流动充满型腔，形成与模具形状相似的制品，再经过加热使其固化，然后冷却脱模使其成为压制产品，通常将这一工艺过程称为模塑成型工艺。模塑成型是高分子材料最早的成型加工方法，目前是生产热固性塑料制品最常用的方法之一，也可用于部分热塑性塑料制品的生产。目前，模塑成型工艺多用于热固性塑料的模压成型、复合材料的层压成型和橡胶制品的硫化成型。

模压成型工艺用途最广，适用于各种压制制品的加工；层压成型工艺主要生产平面尺寸大、厚度大的塑料板材、覆铜板材和结构简单的产品；传递模塑成型是先将模塑料置于加热室或传递料筒内进行预热软化，然后再放入预热好的型腔内加热固化得到制品，主要用于高精度制品、结构复杂的制品，以及模压和注塑工艺难以加工的产品。

第一节　热固性塑料的模压成型

模压成型是先将粉状、粒状或纤维状的模塑料放入成型温度下的模具型腔中，然后闭模加压而使其成型并固化的过程。模压成型可用于热固性塑料、热塑性塑料和橡胶材料，但考虑到成型效率和经济性，热塑性塑料较少使用模压成型。模压成型是一种间歇式的成型方法，在加工热塑性塑料时，物料充满型腔后需将模具冷却才能脱模成为制品，需要交替加热与冷却，生产周期长，效率较低。相对于挤出等连续式加工方法，模压成型的效率偏低；但相对于手工糊成型等方法，模压成型属于高效成型方法。

很早以前，人类就已采用各种初始的模压成型方法。几千年前中国人已采用一种早期的模压工艺造纸；中世纪模压成型技术被用来压制各种天然树脂；19世纪初期至中期，人们采用模压方法压制橡胶零件，由杜仲胶压制刀柄及其他用品，由虫胶塑料和木质纤维等压制照片框架等；20世纪30年代，模压成型领域的两个重要进展分别是由离心泵带动的自给式模压成型用液压机和全自动模压机的诞生；1949年以后，基于模压机和预热设备的改进，模压技术向较大型制品的成型方向发展。

一、模压成型设备

模压成型的主要设备是压机和模具。

（一）压机

压机的主要作用在于通过模具对模塑料施加压力、开闭模具和顶出制品。压机的主要参数包括压板尺寸、工作行程、公称重力和柱塞直径。这些指标决定着压机所能模压制品的面积、厚度以及能够达到的最大模压压力，其中最重要的参数是压板尺寸和工作行程。模压成型所用压机的种类很多，但用得最多的是自给式液压机，重量自几千牛顿到几万牛顿不等。液压机按其结构的不同又可分为上动式液压机和下动式液压机两种，其中以下动式液压机更为普遍，区别是压机的主压筒分别设在压机的上部和下部。图 4-1 为下冲程模压成型机，图 4-2 为上冲程模压成型机。

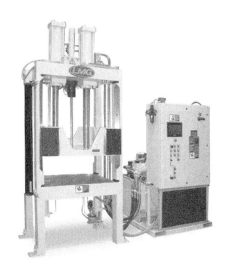

图 4-1　下冲程模压成型机　　　　图 4-2　上冲程模压成型机

液压机的公称重力 G 可按式（4-1）计算：

$$G = \frac{\pi D^2}{4} \times \frac{p}{1000} \tag{4-1}$$

式中，D 为主压柱塞直径；p 为机器能承受的最高液压。液压机的有效公称重力为最大公称重力减去主压柱塞的运动阻力。

（二）模具

模压成型常用的模具由阴模和阳模两部分组成，按其结构特征可分为溢式模具、不溢式模具和半溢式模具三种，其中以半溢式模具最为普遍。

溢式模具的制造成本低廉，操作较容易，主要用于压制扁平或近于碟状的制品。要求所用物料的压缩率较低，对所压模塑料的形状无严格要求。模压时每次用量无须准确，但必须过量。多余的物料在闭模时会从溢料缝溢出并积留在溢料缝，而与内部塑料仍有连接，脱模后就附在制品上成为毛边，后处理时必须除去。为避免溢料过多而造成浪费，过量的料一般不超过制品质量的 5%。图 4-3 为溢式模具。

不溢式模具在成型时几乎不溢料，因此对加料量的要求特别高，过多时会使制品厚度超出设计，过低时则会使制品强度不足。不溢式模具不利于排除型腔中的气体，需要延长固化时间，因此不溢式模具的使用量较少。图 4-4 为不溢式模具。

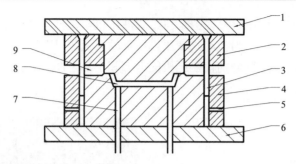

图 4-3　溢式模具

1. 上模板；2. 组合式凸模；3. 导柱；　4. 凹模；5. 气口；6. 下模板；7. 顶杆；8. 制品；9. 溢料缝

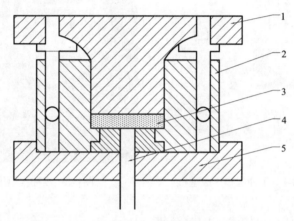

图 4-4　不溢式模具

1. 阳模；2. 阴模；3. 制品；4. 顶杆；5. 下模板

半溢式模具在阴模和阳模间开设了一个溢料缝，模压时，多余的物料可以从溢料缝外溢，但受到一定的限制。半溢式模具设计了装料室，可以采用压缩率较大的原料。半溢式模具结合了溢式模具和不溢式模具，既节省原料，又有较高的生产效率，是目前较主流的模压模具。图 4-5 为半溢式模具。

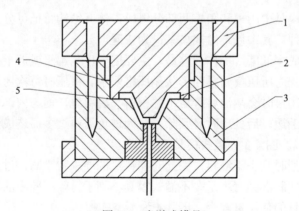

图 4-5　半溢式模具

1. 凸模；2. 制品；3. 凹模；4. 溢料缝；5. 支承面

目前，模具的加热方式主要有电加热、蒸气加热和热油加热三种，其中最普遍的是电加热，电加热的优点是加热效率高、加热温度的限制小、容易保持设备的整洁，缺点是费用高且不易安装冷却装置。

二、模压成型原理

模压成型的工艺过程如图 4-6 所示，首先将热固性模塑料置于模具型腔内，加热到一定温度后，其中的树脂熔融成为黏流态，并在压力作用下粘裹着增强材料一起流动直至充满整个型腔，即充模阶段。在此高温下，热固性模塑料会发生固化反应，也可称为交联反应或聚合反应，随着固化反应程度的提高，熔体流动性逐渐降低，首先成为凝胶态，再进一步失去流动性变成不熔的体型结构而成为致密的固体，即固化阶段。固化过程所需的时间与温度密切相关，适当升高温度可缩短固化时间。最后打开模具取出制品（此时制品的温度仍然很高）。模压成型制品的过程中不但外观发生了变化，而且结构和性能也发生了质的变化，不过模塑料中的增强材料基本保持不变，因此可以说热固性塑料的模压成型是利用树脂固化反应中各阶段的特性来成型制品。

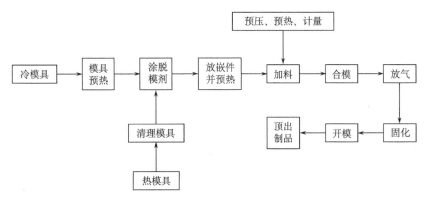

图 4-6　模压成型工艺过程

热固性塑料在模压成型加工中所表现的流变行为要比热塑性塑料复杂得多，整个模压过程始终伴随着化学反应，加热初期物料呈低分子黏流态，流动性尚好，随着官能团的相互反应发生交联，物料流动性逐步变差，并产生一定程度的弹性，使物料呈凝胶态，再继续加热，分子交联反应更趋于完善，交联度增大，物料由凝胶态变为玻璃态，树脂体内呈体型结构。

在塑料成型工艺学上往往把物料的三态（黏流态、凝胶态、玻璃态）变化看成三个阶段：流动阶段、凝胶阶段和固化阶段。

在流动阶段，树脂分子呈无定形的线型，或带有支链分子结构，树脂的流动模式属于整个分子滑移。树脂的分子量大小和结构复杂程度决定其流动性的好坏，一般认为分子量小的线型结构或带有少量支链的分子结构的树脂流动性好；反之则流动性差。流动阶段是物料充满型腔的最佳阶段，是确保制品成型的关键时期，应掌握好这一时期，在流动最佳期间充填型腔。

在凝胶阶段，物料的分子结构属于支链密度较大的线型结构，也可能是大部分已交联的网状结构，故其流动性差，流动比较困难，但仍可流动，此时物料黏度明显增大。了解物料这个阶段流变行为的目的是利用此阶段物料尚可流动进一步充填型腔。

在固化阶段，树脂逐步变成不溶、不熔状态，完全丧失流动性，制品已成型，分子结构已呈体型结构，尽管此时还有极少量的低分子存在，但仍可使制品脱模。

上述三个阶段的转变需通过外界条件的作用实现，即成型加工的"三要素"——温度、压力和时间。

热塑性塑料模压成型中的充模阶段与热固性塑料的类似，但热塑性塑料不发生化学反应，熔体充满型腔后要冷却模具，制品凝固后才能开模取出制品。热塑性塑料模压成型时模具需要交替加热和冷却，成型周期长，生产效率低，一般不采用模压方法，只有在成型大型厚壁平板状制品和一些流动性很差的热塑性塑料时才采用模压成型。

与热塑性塑料的成型过程相比，热固性塑料成型过程有两个最典型的特征：①热固性塑料成型过程中有大量的化学反应发生；②热固性塑料成型过程中可能会排出大量的小分子气体。因此，模压成型是其最有效的成型方法。

三、模压成型用物料参数

热固性塑料的模压成型过程是一个物理化学变化过程，模塑料的成型工艺性能对成型工艺的控制和制品质量的提高有很重要的意义。模塑料的主要物料参数包括物料的流动性、固化速率、成型收缩率和压缩率。

（一）物料的流动性

热固性模塑料的流动性是指其在受热和受压作用下充满模具型腔的能力。流动性首先与模塑料本身的性质有关，包括热固性树脂的性质和模塑料的组成。树脂分子量低、反应程度低、填料颗粒细小而又呈球状、低分子物含量或含水量高则流动性好。其次与模具和成型工艺条件有关，模具型腔表面光滑且呈流线型，则流动性好，在成型前对模塑料进行预热及模压、温度高无疑能提高流动性。

不同的模压制品要求有不同的流动性，形状复杂或薄壁制品要求模塑料有较大的流动性。流动性太小，模塑料难以充满型腔，造成缺料。但流动性也不能太大，否则会使模塑料熔融后溢出型腔，而在型腔内填塞不紧，造成分模面发生不必要的黏合，还会使树脂与填料分头聚集，制品质量下降。

（二）固化速率

固化速率是热固性塑料成型时特有的工艺性能，是衡量热固性塑料成型时化学反应速率的指标。它以热固性塑料在一定的温度和压力下，压制标准厚度试样时，使制品的物理机械性能达到最佳值所需的时间与试样厚度的比值（s/mm）来表示。该值越小，表示固化速率越大。

固化速率主要由热固性塑料的交联反应性质决定，并受成型前的预压、预热条件以及成型工艺条件如温度和压力等多种因素影响。

固化速率应当适中，过小则生产周期长，生产效率低，但过大则流动性下降，会发生模塑料尚未充满模具型腔就已固化的现象，不适用于成型薄壁和形状复杂的制品。

（三）成型收缩率

热固性塑料在高温下模压成型后脱模冷却至室温，其各向尺寸将会发生收缩，此成型收缩率 S_L 定义为：在常温、常压下，模具型腔的单向尺寸 L_0 和制品相应的单向尺寸 L 之差与模具型腔的单向尺寸 L_0 之比。

$$S_L = \frac{L_0 - L}{L_0} \times 100\% \tag{4-2}$$

成型收缩率大的制品易发生翘曲变形，甚至开裂。造成热固性塑料制品收缩的因素很多：首先，热固性塑料在成型过程中发生了化学交联，其分子结构由原来的线型或支链型结构变为体型结构，密度变大，产生收缩；其次，由于塑料和金属的线膨胀系数相差很大，故冷却后塑料的收缩比金属模具大得多；最后，制品脱模后由于压力下降产生弹性回复和塑性变形，制品的体积发生变化。

影响成型收缩率的因素主要有成型工艺条件、制品的形状大小及模塑料本身固有的性质。

（四）压缩率

热固性模塑料一般是粉状或粒状料，其表观相对密度 ρ_1 与制品的相对密度 ρ_2 相差很大，模塑料在模压前后的体积变化很大，可用压缩率 R_p 来表示：

$$R_p = \frac{\rho_2}{\rho_1} \tag{4-3}$$

R_p 总是大于 1。模塑料的细度和均匀度影响其表观相对密度 ρ_1，进而影响压缩率 R_p。压缩率大的物料所需要模具的装料室也大，耗费模具材料，不利于传热，生产效率低，而且装料时容易混入空气。通常降低压缩率的方法是模压成型前对物料进行预压。

四、模压成型工艺过程

热固性塑料的成型按工艺过程可分为原料准备和模压成型两个阶段，其中原料准备包括制备模压料、计量、预压、预热、嵌件的放置、加料等，模压成型则包含模内交联固化、合模、排气、固化、保压、脱模、后处理等。

（一）原料准备

原料准备阶段包括树脂混合、树脂与填料或纤维混合在一起，或增强织物或纤维与树脂浸渍原材料，准备阶段通常要控制模压料的流变性能；对增强塑料，还要控制纤维与树脂之间的黏结。

1. 预压

预压又称压锭，是采用液压机将松散的粉状模塑料和纤维状预浸料模压成具有一定形状、一定质量坯料的过程。预压的作用如下：

（1）防止加料量不均匀和避免溢料，实现准确、简便和高效加料。

（2）有效降低料粒间的空气含量，缩短预热和固化时间，从而提高生产效率。

（3）使模塑料成为坯件形状，减小物料体积，降低压缩率，提高制品质量，降低加料室深度，从而降低模具重量。

（4）通过预压可使物料成为与制品形状类似的坯料，再进一步加工可使凹凸不平的表面易于成型，特别是带有嵌件的制品，经预压后，其受压可更加均匀，这样有利于成型加工形状复杂或带有嵌件的制品。

（5）提高预热温度和缩短固化时间。模塑料和预浸料在高温加热时会发生烧焦或黏附在支承物上，而预压过的坯料不会发生此类现象，如酚醛模塑料预热温度不能超过 120℃，而预压坯料可在 170～180℃下高温预热。

物料经预压后表观密度为 0.6～1.6g/cm³，预压压力通常为 20～100MPa。预压工艺过程主要由准备、模塑料充填、加压、形成压锭和顶出组成。

2. 预热

预热的目的是除去热固性树脂物料中的水分及易挥发物质，缩短成型加工周期，提高物料的加工流动性，降低压力，确保制品质量且有利于模压成型。预热的常用方式有热板加热、烘箱加热、红外线加热和高频加热等。图 4-7 为预热时间对流动性的影响。

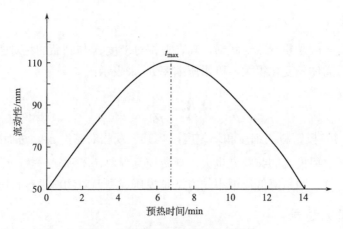

图 4-7　预热时间对流动性的影响

热固性酚醛粉，（180±10）℃

预热的主要作用如下：

（1）提高物料流动性，缩短模压周期。预热及其预热时间对物料的流动性影响较大，如预热 4～8min 水分和挥发物基本被排出，物料的流动性变大；8～10min 物料会发生剧烈的化学反应，此时物料流动性开始变小。物料预热温度升高 10℃，其反应速率会提高一倍，其成型周期可缩短 1/2～2/3。

（2）可除去物料中的水分和挥发物，提高制品质量。预热可使物料干燥，减少或除去物料中的水分和挥发物。挥发物在模压过程中使制品内部和表面出现气泡，降低了制品精度和致密性，进而影响制品的力学性能和电性能。

（3）降低模压压力。经预热后的物料已经软化，其流动性变好，通常模塑压力可降低 40%～60%。

（4）降低成型对型腔的磨损，延长模具使用寿命。

（5）提高生产率，便于实现机械化生产或有利于大批量生产。

某些热固性塑料的预热是在模具外采用高频加热完成的，片状模塑料的预热可在模压料置于模腔后、合模与流动开始之前进行。

3. 嵌件的放置

嵌件放置前需进行预热处理。嵌件放置位置要准确、稳定，一件制品可以放置一个或多个嵌件，但其位置不得放错，不得歪斜，一定要使嵌件稳定，必要时应加以固定，防止位移或脱落，达不到使用嵌件的目的，反而会造成制品的报废，甚至会损害模具。

4. 加料

加料量的精确度会直接影响制品的尺寸与密度，应严格定量，将物料均匀地加入模型槽中。定量加料法有重量法、计数法和容量法三种。

重量法准确但较麻烦，多用于尺寸要求精确和难以用容量法加料的物料，如碎屑状、纤维状塑料。容量法不如重量法准确，但操作方便，一般用粉料计量。计数法只用于预压物料加料。

加料前，须先检查型腔内是否有油污、飞边、碎屑和其他异物。将准确计量的物料按型腔形状加入，流动阻力大的部位应尽可能填满，并注意难以充模的部位（如凸台、细小孔眼、狭缝等）应多加物料。为了排气方便，最好将物料中间凸起，以"中间高、四周低"的形式加料；嵌件周围需预先放上物料并压紧，减小料流对嵌件的冲击，嵌件的插孔内也不会发生"逃料"现象。如果预先预压成制品形状加料则更为方便。

（二）模压成型

1. 合模

合模分为两步，采用"先快后慢"的合模方式。凸模未接触物料前，需低压快速（压力1.5～3.0MPa），缩短成型周期和避免物料发生固化；当凸模接触物料后，应开始放慢闭模速度，改用高压慢速（压力15～30MPa），以免损坏嵌件，并使模内空气排出。

2. 排气

为了排除模内空气、水汽及挥发物，在模具闭合后，还需要将模具开启数次，这个过程称为排气。排气可以缩短固化时间，而且能提高制品的力学性能和电性能。为了避免制品分层，排气过早或过晚都不好，过早达不到排气的目的；过晚物料表面已固化，气体排不出来。排气操作应力求迅速，要在物料尚未固化时完成，否则物料固化而失去可塑性，此时即使打开模具也排不了气，再提高温度和压力也不可能得到理想的制品。

3. 固化

物料从流动态变成坚硬的不熔、不溶状态的过程称为固化。固化速率的快慢取决于树脂中低分子量组分向高分子量产物转化的速率，即固化速率与树脂的分子结构有关。例如，热塑性酚醛树脂分子量较低，支链少，固化剂容易与活泼基团反应，固化速率快。若分子量高，黏度大，不利于活泼基团（羟甲基）的缩合，固化速率慢。

固化速率的快慢直接影响生产效率。为了加速热固性塑料的固化，会在成型时加入一些固化剂，如热固性酚醛模塑料可加入六亚甲基四胺，脲醛模塑料可加入草酸等固化剂。某些无机填料对模塑料的固化速率有一定的影响，如镁的氯化物或氢氧化物能加速酚醛模塑料的固化。

4. 保压

树脂在模内固化的过程始终处于高温和高压条件下。从开始升温、加压到固化至降温、降压所需要的时间称为保压时间。保压时间实质上就是保持温度和压力的时间，它与固化速率完全一致。保压时间过短，即过早地降温降压，会导致树脂固化不完全，降低制品的力学性能、电性能及耐热性能，同时制品在脱模后会继续收缩而出现翘曲现象。保压时间过长，不仅延长生产周期，而且使树脂交联过大，导致物料收缩过大，密度增加，树脂与填料之间还会产生应力，严重时会使制品破裂。因此，必须根据塑料性能制定适当的保压时间，过长或过短均不适宜，通常在模压时将固化时间调节在 30s 到几分钟。

5. 脱模

脱模通常是由顶（出）杆来完成的，带有成型杆或某种嵌件的制品应先用专门的工具将成型杆等拧脱，然后再进行脱模。

6. 后处理

为进一步提高制品的质量，在制品脱模后，常需在较高温度下进行处理。后处理的目的是：①保证塑料制品固化完全；②减少制品的水分及挥发物，提高其电性能；③消除制品的内应力等。后处理烘干时挥发物进一步排出，也会使制品收缩发生尺寸变化，甚至产生翘曲和裂缝，因此必须严格控制后处理条件。

五、温度、压力、时间的影响与控制

热固性树脂在成型过程中既有物理变化，又有复杂的化学反应，且模具内的压力、模塑料的体积及温度随之变化。在实际模压过程中，型腔中物料的行为是物理变化和化学反应两种情况的复合，温度、压力、时间往往是互相影响且同时进行的。

（一）温度

与热塑性塑料不同，热固性塑料成型时的模具温度非常重要。模具温度是使热固性树脂流动、充模并最后固化成型的主要条件之一。树脂需要在一定的温度范围内进行固化，温度过低，压力再大也难以固化。在固化温度范围内，温度越高，时间越短，固化速率越快，保压时间越短。随着温度的升高，物料的流动性减小，这时需要提高压力，使物料在完全固化前充满型腔。在同样的保压时间内，模具温度越高，制品固化越快，未固化的可熔性树脂越少，机械强度越高。可见温度的高低不但影响制品的质量，而且制约着模压压力的大小和成型周期的长短。

热固性塑料受热后，其黏度和流动性发生很大变化，这种变化是聚合物在热的作用下的松弛，表观上表现为黏度降低，流动性增加，之后伴随交联反应而黏度增大，流动性降低。温度上升的过程就是固体粉料逐渐熔化、黏度由大到小的过程。交联反应开始后，随着温度的升高，交联反应速率增大，聚合物熔体黏度则经历由减小到增大的变化。

闭模后，需迅速提高成型压力，使物料在温度不很高、物料尚未完全熔融时便发生流动，随着温度进一步升高，物料的流动性变大，在压力下充满型腔各部位。模压成型时熔体的流动性有一个最大峰值，流动性减小说明固化反应迅速，交联速率大，流动性降低快，应将固化保持在合适的温度下进行。温度过高，固化加快，流动性迅速降低，物料很难充满型腔，特别是结构复杂、薄壁的制品更是这样。温度过高还会引起有机物料分解和色料变色，使制品表面暗淡、无光泽，且物料外层固化要比内层快，内层挥发物难以排出，这不仅降低了制品的力学性能，在模具开启时，还会使制品发生肿胀、开裂、变形和翘曲等现象。因此，在模压厚度较大的制品时，采用的往往不是提高温度，而是在降低温度的情况下延长模压时间的方法。厚度为4mm的酚醛制品通过延长保压时间可大幅提高制品的热变形温度，如图4-8所示。

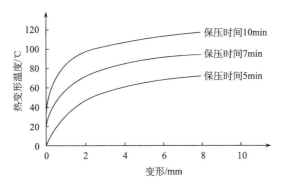

图4-8 酚醛制品经不同保压时间后的热变形温度

温度过低时，固化慢，效果差，会造成制品灰暗，甚至表面发生肿胀，这是因为固化不完全的外层经受不住内部挥发物的压力作用。一般经过预热的模塑料进行模压时，内外层温度均匀，流动性好，模压温度可以高些。

模压过程中对模塑料的加热常用蒸气法和电加热法。蒸气法是上、下模内直接通蒸气，此法升温快，冷却方便，缺点是设备复杂。电加热法用电热丝加热模具，此法温度可升得很高，但均匀性差，不易冷却。电加热法易自控，设备显得整洁。

常见的热固性塑料的模压温度与模压压力见表4-1。

表4-1 热固性塑料的模压温度与模压压力

塑料类型	模压温度/℃	模压压力/MPa
苯酚甲醛树脂	145~180	7~42
三聚氰胺甲醛树脂	140~180	14~56
脲甲醛树脂	135~155	14~56
聚酯树脂	85~150	0.35~3.5
邻苯二甲酸二丙烯酯树脂	120~160	3.5~14
环氧树脂	145~200	0.7~14
有机硅树脂	150~190	7~56

（二）压力

模压压力指压机作用于模具上的压力，模压压力的大小不仅取决于模塑料种类，而且与模温、制品的形状及物料是否预热等因素有关。如图4-9所示，随着预热温度升高，模塑料充满型腔所需的最低压力先下降，降至低点后又上升。上升的原因是预热对模塑料的软化效果已不足以抵消模塑料发生固化反应导致的黏度上升。

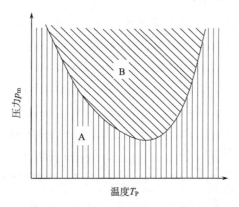

图 4-9　模压压力与预热温度的关系

p_m 为模压压力；T_P 为预热温度；A 代表模塑料不能充满型腔；B 代表模塑料可以充满型腔

对物料来说，流动性越小，固化速率越快，物料的压缩率越大，所需模具压力越大；反之所需的成型压力越小。模压压力受物料在型腔内的流动情况制约（主要受温度的影响）。其作用如下：①使物料在型腔中加速流动；②提高制品的密实性；③排出缩聚反应中释放的小分子气体，避免出现肿胀、脱层等缺陷；④使模具紧密闭合，从而使制品具有固定的尺寸、形状，并且毛边少；⑤可防止制品在冷却过程中变形。

一般来说增大模压压力，除增加流动性之外，还会使制品更密实，成型收缩率降低，性能提高。但模压压力增加过大时，对模具使用寿命有影响，还会增大设备的功率损耗，影响制品的性能；过小时，模压压力不足以克服交联反应中放出的低分子物的膨胀，也会降低制品的质量。为了减少和避免低分子物造成的不良影响，在闭模压制不久，就应卸压放气。

适当提高模温，使物料的流动性增大，可降低模压压力，但不适当地提高预热温度，模塑料会发生交联反应，造成熔体黏度上升，抵消较高温度下预热增加流动性的效果，反而需要更大的模压压力。

（三）时间

物料固化所需的时间是指物料在模具中从开始加热、加压到完全固化为止的这段时间。模压时间与模塑料类型（树脂种类、挥发物含量等）、制品形状、厚度、模具结构、模压工艺条件（压力、温度）及操作步骤（是否排气、预压、预热）等有关。一般情况下，模压温度升高，固化速率加快，所需模压时间减少，模压周期随模压温度升高而缩短。

模压压力对模压时间的影响虽不及温度明显，但随模压压力的增大模压时间有所减小。预热减小了模塑料的充模和升温时间，所以模压时间比不预热的短。通常模压时间随制品的厚度增加而增加，见图 4-10。模压时间的长短对制品的性能影响很大，时间太短，树脂固化不完全（欠熟），制品物理力学性能差，外观无光泽，脱模后易出现翘曲变形等现象。增加模压时间，一般可以使制品的收缩率和变形减小，其他性能也有所提高。但过分延长模压时间，不但延长成型周期，降低生产率，多耗热能和机械功，而且会使塑料过热，制品收缩率增加，树脂和填料之间产生内应力，制品表面发暗并起泡，从而造成制品性能下降，严重时会造成制品破裂，因此应合理规定模压时间。

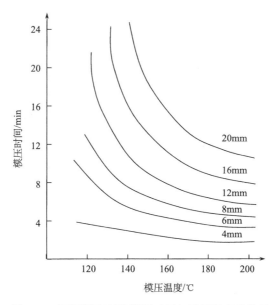

图 4-10 不同厚度制品模压时间与模压温度的关系

第二节 复合材料的层压成型

层压成型又称为层合成型，属于压制成型工艺中的一种成型方法。它是将浸有或涂有树脂的相同或不同片状底材，以叠层方式，在加热、加压的条件下，制备成两层或多层质地坚实、强度高的板状、管状、棒状或其他形状塑料制品的成型加工工艺。

层压成型工艺主要用于生产平面尺寸大、厚度大的塑料板材、覆铜板材或结构形状简单的制品。这类制品用其他成型方法无法加工，使层压成型技术成为一种独特的工艺。

常见的热固性层压制品可分为三类，即热固性树脂层压板、覆铜板和胶合板材。本书仅介绍热固性树脂层压板的生产工艺和技术要点。热固性树脂层压板是以纸张、棉布、石棉、增强纤维及其织物为底材，浸渍热固性树脂，经干燥、剪裁制成预浸料以叠层形态放入压板中热压，使其熔融，交联固化成具有一定厚度的制品。这种层压制品具有良好的力学性能和电性能，可用于结构板材。

层压成型设备与模压成型设备原理相同，但层压成型常采用多层压机，即动压板与定压板之间装有多层可浮动的热压板，多层压机的吨位一般较大，通常为 2000～2500t，2000t 压机工作台面可达到 1m×1.5m，2500t 压机工作台面可达到 1m×2.7m。对于长度要求更长的样品，也可采用大型压力容器通过蒸气加热，可得到长度达数十米的制品，特别是连续碳纤维增强的复合材料。

从工艺上看，层压成型可分为底材制备和层压两个过程。

一、底材制备

层压成型的底材指的是浸有或涂有树脂的片材，又称附胶片材，常以玻纤及其织物、碳纤及其织物、芳纶纤维及其织物、陶瓷纤维、硼纤维、碳化硅纤维、金属纤维及其织物和石棉毡等为增强材料，也可以纸张、棉布、晶须和片材等为增强材料。

底材的制备主要由底材表面处理、胶液准备、底材浸渍和底材烘干等工序构成。

为了使底材与树脂之间具有良好的界面和较强的黏结性，常用有机偶联剂对底材进行表面处理。特别是玻纤如果不进行表面处理，很难制成增强塑料制品。对玻纤表面处理的方法主要有热处理、化学处理和洗涤三种方法。

浸渍所用树脂绝大部分为热固性树脂，如酚醛树脂、环氧树脂、不饱和聚酯树脂、氨基树脂、聚酰亚胺树脂和有机硅树脂等，还有某些热塑性树脂。为了改善层压制品的吸水性，降低其收缩率和制品成本，通常还加入粉状填料，如碳化钙、滑石粉、石英粉、硅藻土、氧化铝、氧化锌等。

底材浸渍方法有六种：直接法、转移法、铺展法、刮刀法、喷射法和涂粉法，直接法浸胶简单示意图如图 4-11 所示。

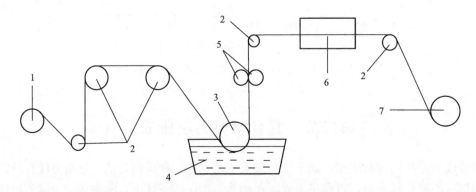

图 4-11　玻纤浸胶过程示意图
1. 卷绕辊；2. 导向辊；3. 涂胶辊；4. 浸槽；5. 挤液辊；6. 烘炉；7. 卷取辊

要控制板材厚度就要控制附胶材料的厚度，因此要使底材的含胶量均匀。不同的连续材料与不同的树脂胶液最终所需含胶量略有区别，一般限定在 30%～50%。常见的树脂与连续材料所需的含胶量如表 4-2 所示。

表 4-2　附胶底材树脂含量参考标准

树脂	玻纤织物	棉布	纸张	石棉
酚醛	30%～45%	30%～45%	30%～60%	40%～50%
脲-三聚氰胺甲醛	—	—	50%～55%	—
三聚氰胺甲醛	30%～45%	—	—	—
不饱和聚酯	30%～45%	—	—	—

树脂含量一般采用 α 射线测厚仪测量，通过测定涂胶前后的密度可测得树脂含量。为了改善制品的表观质量，可在板坯表面使用专用的底材，即表面专用底材，每面放 2～4 张即可。表面专用底材与一般底材有两点区别：①它含有脱模剂便于成型后从模具脱离，如硬脂酸锌等；②它的含胶量比较高，可提高板材的光泽度，制备的板材不但美观，而且防潮性好。

浸胶后的底材还需进行干燥处理，要确保干燥后底材的挥发物含量低于 5%，否则在成型时需要除去的挥发物太多，影响制品质量和成型周期。

二、层压

层压板材的压制工艺虽然简单方便，但制品质量的控制却很复杂，必须严格遵守工艺操作规程，否则会出现裂缝、厚薄不均匀、板材变形等问题。最常见的裂缝是由树脂流动性大和固化反应太快，反应放热比较集中，挥发物猛烈地向外逸出造成的。因此，对附胶材料所用的树脂及其固化程度应进行严格控制。板材的变形问题主要是由热压时各部分温度不均匀造成的。

层压成型是将多层底材送入压机中，通过加热、加压压制成层压塑料制品，这种制品质量好，性能稳定，不足之处是间歇式生产，生产效率低。其基本工艺过程为叠料、进料（俗称"进缸"）、热压、出料（又称"出缸"）等过程。

（一）叠料

对附胶底材的基本要求是浸渍均匀、无杂质、充分干燥、树脂含量达到标准要求且树脂固化程度已达规定范围。

叠放时按制品预尺寸剪裁附胶底材，剪裁时尺寸应大于制品长与宽尺寸的 20～80mm，以便给成型制品留有切割余量。然后按预定排列方向叠成板坯。叠层过程中，通过改变附胶底材的排列方式与质量满足产品不同的应用需要。

附胶底材的排列方式有同向排列和经纬取向交叉排列两种。同向排列得到的制品有明显的各向异性，经纬取向交叉排列得到的制品则为各向同性。应根据制品使用性能要求排列生产层压制品。

为了制造美观的装饰材料，可用强度较小、成本较低的附胶底材作中心夹层，表层采用强度较高的带花纹附胶底材，为了保护层压板的装饰花纹，还应在表面附上浸胶纸。

（二）热压

开始热压时，温度与压力均不宜太高，否则树脂易流淌，在压制玻璃布层压板时有时会出现滑缸现象。压制时，检查聚集在板坯边缘的树脂是否可拉成丝，若不能拉成丝，则可按照工艺参数的要求提高温度与压力。温度和压力是根据树脂的特性用实验方法确定的，压制温度控制一般分为五个阶段，即预热、保温、升温、恒温、冷却，如图4-12所示。

（1）预热阶段。该阶段是指从室温到固化反应开始的温度。此时树脂熔融，进一步浸透底材，同时排出部分挥发物。施加的压力为全压的 1/3～1/2。

（2）保温阶段。主要目的是使树脂在较低的反应速率下进行固化反应，直到板坯边缘流出的树脂能拉成丝时为止。

（3）升温阶段。这一阶段是从自固化开始的温度升到压制成型的最高温度，升温不宜太快，否则会使固化反应速率加快而引起分层或产生裂纹。

（4）恒温阶段。当温度升到规定的最高值后保持此温度恒定不变，其作用是保证树脂充分固化，而使制品性能达到最佳。保温时间取决于树脂的类型、品种和制品的厚度。

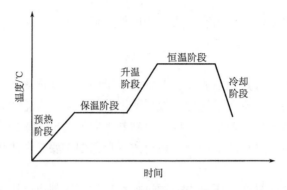

图 4-12　压制温度控制的五个阶段

（5）冷却阶段。该阶段是板坯中树脂已充分固化后进行降温准备脱模的阶段，降温冷却应在保持压力的情况下直到冷却完毕。

五个阶段中施加的压力随所用树脂的类型而定。例如，酚醛层压塑料板层压力为 1MPa 左右，聚邻苯二甲酸二丙酯树脂层压板选用压力 7MPa 左右。压力的作用是除去挥发物，增加树脂的流动性，使纤维织物进一步压缩，防止织物增强塑料在冷却过程中变形等。

（三）制品的取出

当压制好的板材温度降到 60℃ 左右时，即可依次推出并取出已成型的制品。

（四）后处理

后处理包括热处理和去毛边。热处理是使树脂充分硬化的补加措施，目的是使制品的机械强度、耐热性和电性能达到最佳。热处理的温度应根据所用树脂而定。去毛边的目的主要是除去层压制品的毛边。厚度在 3mm 以下的层压板材可用剪裁机加工，而厚度大于 3mm 的层压板材用锯板机加工。

第三节　橡胶制品的硫化成型

橡胶是高分子材料的一大类，未经硫化的橡胶的机械性能很差，几乎不具备使用价值。而橡胶的硫化和成型是同步发生的，因此硫化过程也是成型过程。橡胶制品的基本生产工艺过程包括塑炼、混炼、压延/压出、成型和硫化 5 个基本工序。图 4-13 为橡胶成型的工艺流程图。

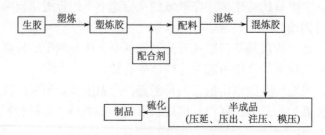

图 4-13　橡胶成型的工艺流程图

生胶塑炼是通过机械应力、热、氧或加入某些化学试剂等方法，使生胶由强韧的弹性状态转变为柔软、便于加工的塑性状态的过程。生胶塑炼的目的是降低它的弹性，增加可塑性，并获得适当的流动性，以满足混炼、压出、成型、硫化等各种加工工艺过程的要求。塑炼过程主要是解决塑性和弹性矛盾的过程，其本质是通过降低橡胶分子量来提高橡胶的流动性，使之满足后续加工的要求，经过塑炼的橡胶称为塑炼胶。

将塑炼胶与各种配合剂按一定的比例进行配料，然后在一定温度下将物料混合均匀的过程称为混炼。因此，混炼的过程是使各种配合剂均匀分散在橡胶基体中，同时要通过温度的控制将橡胶的硫化程度保持在一个很低的范围，确保胶料可以进一步成型和硫化。混炼的质量对胶料的进一步加工和成品的质量有决定性的影响，即使是配方很好的胶料，如果混炼不好，也会出现配合剂分散不均、胶料可塑度过高或过低、易焦烧、喷霜等，使压延、压出、涂胶和硫化等工艺不能正常进行，而且还会导致制品性能下降。混炼方法通常分为开炼机混炼和密炼机混炼两种。

硫化是橡胶制品加工的主要工艺过程之一，也是橡胶制品生产中的最后一个加工工序，硫化对橡胶及其制品的制造和应用具有十分重要的意义。在这个工序中，橡胶大分子链经历一系列复杂的化学反应，分子链由线型结构变成网络状的体型结构，如图 4-14 所示，同时橡胶也由具有可塑性的混炼胶变为具有高弹性的交联橡胶，从而获得更完善的物理机械性能和化学性能，提高和拓宽了橡胶材料的使用价值和应用范围。

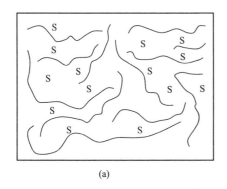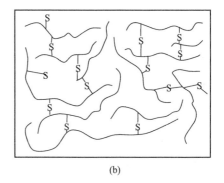

(a)　　　　　　　　　　　　　　　(b)

图 4-14　硫化前后橡胶分子结构示意图

(a) 硫化前；(b) 硫化后

硫化反应也是聚合物分子链参与的化学反应，硫化指的是线型高分子在物理或化学作用下，形成三维网状体型结构的过程。实际上就是把塑性的胶料转变成具有高弹性橡胶的过程。

硫化历程（图 4-15）是橡胶大分子链发生化学交联反应的过程，包括橡胶分子与硫化剂及其他配合剂之间发生的一系列化学反应以及在形成网络结构时伴随发生的各种副反应。其可分为三个阶段：诱导阶段、交联反应阶段和网络结构形成阶段。在诱导阶段，硫化剂、活性剂、促进剂之间发生反应，生成活性中间化合物，进一步引发橡胶分子链产生可交联的自由基或离子。在交联反应阶段，可交联的自由基或离子与橡胶分子链之间产生连锁反应，生成交联键。在网络结构形成阶段，交联键发生重排、短化、主链改性、裂解等。

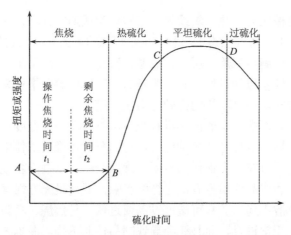

图 4-15　硫胶硫化时硫化时间与扭矩的关系

第四节　模塑料的制备

一、模塑料

模塑料包括块状模塑料（BMC）和片状模塑料（SMC）。BMC 和 SMC 的成分基本一致，但用量和成型方法有区别，最终制品的性能有巨大差异。

SMC 是一种干法制造不饱和聚酯玻璃钢制品的模塑料。SMC 是由模压片材中间的芯层和上下两层薄膜层组成，中间芯材是由树脂糊充分浸渍的短切纤维（或毡）。BMC 或 DMC（dough molded compounds）称为团状模塑料，是短切纤维增强的热固性模塑料。通常 BMC 和 DMC 是指同一种材料，根据美国塑料工业协会的定义，BMC 即为化学增稠的 DMC，其具有抗冲击、抗压、抗弯曲、抗拉伸、高电容量、高表面电阻、高绝缘强度、高耐电弧性、无毒、耐腐蚀、阻燃等一系列优异的物理性能，尤其具有流动性好、模塑压力低、成型时间短、模塑温度低等优良成型特性。

BMC 和 SMC 都是由树脂糊和短切玻纤构成的模塑料，其中树脂糊中含有不饱和聚酯树脂、引发剂、化学增稠剂、低收缩添加剂、填料、脱模剂、着色剂等各种组分。但 BMC 中的玻纤含量低于 SMC 中的玻纤含量，且 BMC 中的引发剂含量一般高于 SMC 中的引发剂含量。

二、树脂糊的构成

树脂糊由不饱和聚酯树脂、引发剂、填料、玻璃纤维、低收缩添加剂、化学增稠剂、脱模剂、着色剂等各种组分组成。

（一）树脂

不饱和聚酯树脂是 SMC 的最基本树脂材料。它通常由不饱和二元羧酸（或酸酐）、饱和二元羧酸（或酸酐）与多元醇缩聚而成，并在缩聚结束后加入一定量的乙烯基单体（如苯乙烯）配成黏稠状液态树脂。根据其化学结构上的差异通常可分为通用型（邻苯型）、间苯型、双酚 A 型三大类，最常用的是通用型和间苯型（较贵，具有良好的机械性能）不饱和聚酯树脂。

SMC 专用树脂一般具有如下要求：①低黏度，有利于玻纤的浸渍；②增稠快，以满足增稠的要求；③活性高，能快速固化，以提高生产效率；④热性能好，保证制品的热强度；⑤耐水性好，以提高制品的防潮性；⑥在加入引发剂后的几个月存放期内，必须稳定，且在高温下能快速固化。

（二）引发剂

在 SMC 树脂糊中，不饱和聚酯树脂需加入引发剂，活化树脂与交联单体（如苯乙烯）中的双键发生共聚反应，从而使 SMC 在型腔内固化成型。一般要求引发剂具有良好的储存稳定性和反应速率快的特点，操作方便且安全。

引发剂浓度越高，制品固化速率越快，制品表面质量越好。引发剂的种类及其使用浓度主要取决于制品性能的要求和成型温度，以及 SMC 生产工艺过程、储存稳定性要求等。具体地说，应考虑以下因素：①适用期；②树脂混合物在模具内的流动性；③反应性；④制品的外观与光泽；⑤单体残留量；⑥制品的物理机械性能。常用于 SMC 的引发剂以过氧化物为主。

随着引发剂浓度和成型温度的提高，制品固化时间缩短。当固化温度足够高、时间足够长时，制品的最终固化与引发剂浓度（0.2%～1.0%）无关。制品的表面质量正比于固化时所达到的放热峰值。模具温度与放热峰值间温差越大，制品表面质量越好。峰值大小与引发剂类型和用量有关。BMC 的成型周期比 SMC 短，BMC 配方中的引发剂含量比 SMC 配方中引发剂含量高。

（三）填料

矿物填料的种类很多，目前模塑料中最常用的是碳酸钙、氢氧化铝、高岭土和滑石粉等。

$CaCO_3$ 是一种最基本的填料，其吸油值很低，在配方中易加入。对促进 SMC 成型过程及提高制品表面质量最为有效，它具有良好的遮盖特性，制品表面着色性好，纤维显露少，其来源丰富，价格低廉。碳酸钙填料在模压过程中有优先流动倾向。$Al(OH)_3$ 是模塑料常用的阻燃型填料，可改善制品的耐水性和电绝缘性，主要是利用着火时，$Al(OH)_3$ 释放结晶水形成水蒸气能阻隔火焰而起到阻燃作用。高岭土也是一种理想的填料，在模压过程中其优先流动倾向弱，不但有足够的阻力使增强材料相互交合，而且能充满型腔内狭小死角等部位，流动性是它的主要特点。其制品的模后收缩率稍大，着色纯度稍差，吸油值高，填料加入量低。滑石粉有良好的流动性，能提高制品耐水性，制品易于机械加工，但吸油值高，加入量低。

矿物填料在模塑料组分中的单价最低，是降低成本的主要贡献者，且其可以采用不同直径的颗粒混配，有提高制品的密实度和表观质量的作用，故模塑料配方中会尽可能提高填料的含量。

填料的加入量主要取决于能否在后序混料中将加入的短切玻纤完全分散并充分浸渍，且不露玻纤。当为了得到足够的强度且必须加入足量的玻纤时，混料（树脂+粉料）的黏度就成为关键影响因素，要寻找填料加入量与模塑料强度要求的平衡点。填料的吸油值、液体树脂糊的基础黏度和是否添加降黏助剂等是决定矿物填料用量的因素，目前已有填料用量达到 300phr（parts per hundred）的 BMC 配方。

（四）玻璃纤维

玻璃纤维在模塑料中是关键的补强材料，其最大的特征是具有很高的拉伸强度。其单丝的直径为几微米到二十几微米，相当于一根头发丝的 1/20～1/5，每束纤维原丝都由数百根甚至上千根单丝组成。BMC 和 SMC 中使用的玻璃纤维都是短切玻纤，其长度有 6mm、12mm和 24mm 三种规格。一般来说，配方中的玻纤含量越高，模塑料制品的强度越大；所用玻纤的长度越长，模塑料制品的强度越大。表 4-3 列出几种典型 BMC 制品的抗弯强度和建议的玻纤添加量。

表 4-3　几种典型 BMC 制品的抗弯强度和建议的玻纤添加量

典型 BMC 制品	制品的抗弯强度/MPa	建议的玻纤添加量
微型马达的塑封	60	12%～14%
汽车前照灯反射镜	80	14%～16%
塑壳断路器外壳	100	18%～20%
地下管网的电缆支承架	120	20%～25%

（五）低收缩添加剂

不饱和聚酯树脂在固化后会由于交联而收缩，从而形成空穴，因此配方体系中还需加入助剂来降低模塑料的收缩率。模塑料常用的热塑性添加剂有如下几种：PS 及其共聚物、PMMA、乙酸纤维素和丁酸纤维素、热塑性聚酯、PVC 及其共聚物、聚乙酸乙烯酯（PVAC）、PE 粉等。根据其作用机理的不同，大致可分为两类：一类是与不饱和聚酯树脂不相溶的添加剂，如 PE 和 PVC，其加入量为树脂的 5%～10%；另一类是在树脂固化前彼此相溶，而固化后添加剂又以小颗粒球状从树脂析出形成第二相，如 PVAC、PS 等。由于热塑性塑料在树脂中分散性差，要求先将其溶于苯乙烯中。苯乙烯会引起 SMC 表面发黏，限制了添加剂的加入量，如加入羧基化热塑性添加剂，其自身参与增稠反应，可以很好地解决上述问题。PS 是用于 SMC 体系的主要低收缩添加剂，收缩效果为 0.1%～0.3%，它们不能获得精密控制的尺寸公差，因而不能用于低轮廓体系，但其着色性好，几乎能在所有颜料体系中获得良好的着色。PVAC、PMMA 常用于生产收缩率较低的制品，在某些场合可实现零收缩，其收缩效果为 0%～0.05%，加入量为树脂的 10%～20%，其着色性较差，不适用于着色体系。表 4-4 为典型 SMC 配方。

表 4-4　典型 SMC 配方

物料的品名	品种或规格	添加量	在 300L 捏合机中的投料量/kg
不饱和聚酯树脂	65%UP 邻苯	60phr	23.9
低收缩添加剂	40%PS	40phr	15.9

续表

物料的品名	品种或规格	添加量	在 300L 捏合机中的投料量/kg
矿物填料 CaCO$_3$	500 目	200phr	79.6
脱模剂 ZnSt	200 目	3.5phr	1.39
增稠剂 Ca(OH)$_2$	试剂级	1.2phr	0.50
引发剂 TBPB	纯度 99%	1.0phr	0.40
颜料/炭黑 CB	炉黑	3.3phr	1.31
玻纤	6mm	18.0%（质量分数）	27.0
合计			150

（六）化学增稠剂

在模塑料生产中增稠剂是必需的，通过增稠作用使模塑料从利于玻纤浸渍的低黏度转化为不粘手的高黏度。在浸渍阶段，树脂增稠要足够缓慢，保证玻纤的良好浸渍；浸渍后树脂增稠要足够快，使模塑料尽快进入模压阶段；当模塑料黏度达到可成型的模压黏度后，增稠过程要立即停止，以获得尽可能长的储存寿命。

常用的增稠体系包括三类：①Ca、Mg 的氧化物和氢氧化物；②MgO 和环状酸、酐的配合；③LiCl 和 MgO 的组合系统。

第一类增稠剂的应用最为普遍，也最为重要，其主要类型有 CaO/Ca(OH)$_2$、CaO/Mg(OH)$_2$、MgO、Mg(OH)$_2$ 等。一般来说，Ca(OH)$_2$ 决定系统的起始增稠特性，而 CaO 决定系统所能达到的最高黏度水平。CaO 与 MgO 并用时也能加快增稠。MgO 是应用最广泛且最具代表性的化学增稠剂，其特点是增稠速度快，其增稠特性与活性有关。随着 MgO 加入量的增加，增稠过程也越迅速。Mg(OH)$_2$ 与 MgO 相比，其前期增稠速度缓慢，更利于浸渍作业，最终黏度两者相当，Mg(OH)$_2$ 的用量较多，其制品效果更好。

三、模塑料的制备方法

SMC 的生产与成型过程大致如下：短切原纱毡或玻纤粗纤铺放于预先均匀涂敷了树脂的薄膜上，然后在其上覆盖另一层涂敷了树脂糊的薄膜，形成一种"夹芯"结构。它通过浸渍区时树脂糊与玻璃纤维（或毡）充分揉捏，然后集成收卷，进行必要的熟化处理，如图 4-16 所示。

BMC 模塑料的压制成型原理及其工艺过程与其他热固性塑料基本相同。在压制时，将一定量的 BMC 模塑料放入预热的压模中，经加压、加热固化成型为所需的制品。

（一）BMC 压制成型工艺特点

（1）浪费料量少，通常只占总用料量的 2%～5%，实际的物料损耗量取决于所成型制品的形状、尺寸及复杂程度。

（2）在成型过程中，BMC 模塑料虽然含有大量玻纤，但不会产生纤维的强烈取向，制品的均匀性、致密性较高，残余的内应力较小。

（3）在加工过程中，填料和纤维很少断裂，可以保持较高的力学性能和电性能。

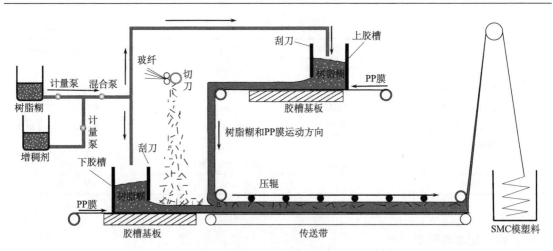

图 4-16　SMC 的生产与成型过程

（4）在压制时其流动长度相对较短，型腔的磨蚀不严重，模具的保养成本较低。

（5）与注塑成型相比，其所采用的成型设备、模具等的投资成本较低，整个制品的成型成本较低。

压制成型时，是将一定量准备好的 BMC 模塑料放进已经预热的钢制压模中，然后以一定的速度闭合模具；BMC 模塑料在压力下流动，充满整个型腔；在所需要的温度、压力下保持一定时间，待完成物理和化学作用过程而固化、定型并达到最佳性能时开启模具，取出制品。

（二）压制成型前的准备工作

BMC 模塑料含有挥发性的活性单体，在使用前不能将其包装物过早拆除，否则这些活性单体会从 BMC 物料中挥发出来，使物料的流动性下降，甚至造成性能下降以致报废。对于已拆包而未用完的 BMC 模塑料，一定要重新将其密封包装好，以便下次成型。

1. 投料量的计算和称量

一般来说，首先要知道所压制制品的体积和密度，再加上毛刺、飞边等的损耗，然后进行投料量的计算。准确计算投料量能保证制品几何尺寸的精确度，防止出现缺料或因物料过量造成废品及材料的浪费等，特别是对于 BMC 这种不可回收的热固性复合材料来说，准确装料对于节省材料和降低成本具有更重要的实际意义。

实际上，模压制品的形状和结构比较复杂，其体积的计算既繁复又不一定精确，投料量往往采用估算的方法。其投料量可控制在总用料量的±1.5%以内，而达到 5%或超过此数量时，会在模具的分型面上出现飞边。超量的物料在加热状态的高模温作用下，迅速地固化形成飞边。

2. 模具的预热

BMC 模塑料是热固性增强塑料的一种，对于热固性塑料来说，在成型之前首先应将模具预热至所需要的温度，此实际温度与所压制的 BMC 模塑料的种类、配方、制品的形状及壁厚、所用成型设备和操作环境等有关。应注意的是，在模温未达设定值且均匀时，不可向型腔中投料。

3. 嵌件的安放

为了提高模压制品连接部位的强度或为使其能构成导电通路等，往往需要在制品中安放嵌件。当需要设置嵌件时，在装料、压制前应先将所用的嵌件在型腔中安放好。嵌件应符合设计要求，如果是金属嵌件，使用前需要进行清洗。对于较大的金属嵌件，在安放之前需要对其进行加温预热，以防止物料与金属之间的收缩差异太大而造成破裂等缺陷。

4. 脱模剂的涂刷

对 BMC 模塑料的压制成型来说，在其配制时已在组分中加入足够的内脱模剂，再加上开模后制件会冷却收缩而较易取出，一般不需再涂刷外脱模剂。BMC 物料具有很好的流动性，模压时有可能渗入构成型腔的成型零件连接面的间隙里，使脱模困难，因此对新制造或长期使用的模具，在合模前或在清模后，给型腔涂刷一些外脱模剂也是有好处的。

5. 装模

在大多数情况下，需将压实且质量与制品相近的整块（团）BMC 物料投放到压模型腔的中心位置。但有时也可以特地将物料投放到在压制时可能出现滞留的地方，如凸台、型芯和凹槽处。不可将 BMC 模塑料分成若干块投放到型腔中，因为在压制中分成块的物料流到会合点时可能会出现熔接痕，使制品在此处出现强度的"薄弱点"。

一般来说，装模操作时还应考虑以下几个问题。

（1）所投放的 BMC 模塑料的温度一般在 15℃以上。

（2）根据压制时能获得最短的流动路径来选择投放物料的位置，保证物料能同时到达型腔的各个角落；对于有可能出现物料滞留或"死角"的地方，可预先在该处投放物料。

（3）尽可能使投放的物料均匀分布。

（4）通用 BMC 模塑料在 150℃时所需的固化时间不到 1min/mm，投料时应迅速。手工称量物料速度较慢，不利于生产效率的提高，因此在压制较小的制品时，最好采用有共用加料室的模具。

（5）对于形状比较复杂的制品可先将物料预压成与制品相似的坯块，避免压制出的制品在凸出的部位上出现缺料或产生熔接痕等问题。

（6）为便于投料和储存，在配制 BMC 模塑料时，一般将其挤压成条状或团块状。切忌将物料松散地投满型腔，否则不利于压制时将气体顺利地排出、减少制品起泡。用条状料进行模压时，应采用垂直加料的方式，可得到各个方向都具有相同强度和收缩均匀的模压制品。

习　题

1. 什么是模压成型？模压成型所需的主要设备有哪些？

2. 上动式液压机和下动式液压机有什么区别？

3. 模压成型的模具有哪三种？对物料的要求有什么区别？

4. 简述模压成型的工艺过程。

5. 物料在流动阶段、凝胶阶段和固化阶段有什么区别？

6. 热固性塑料成型的两个典型特征是什么？

7. 模压成型用物料的四个重要参数的物理含义是什么？

8. 物料流动性对成型过程有哪些影响？影响物料流动性的因素有哪些？如何影响？

9. 预热时间对物料流动性有哪些影响？

10. 模压成型温度对制品性能有哪些影响？

11. 简述热固性树脂层压板的制备过程。

12. 制备层压板的表面专用底材与普通底材有什么区别？

13. 简述层压成型过程中热压时的温度与压力变化。

14. 什么是生胶塑炼？其目的是什么？

15. 混炼胶与硫化胶有什么区别？

16. 什么是硫化？橡胶硫化前后其分子链结构和胶片性能有哪些差异？

17. SMC 和 BMC 有什么区别？

18. SMC 专用树脂有什么基本要求？

19. 简述模塑料的制备过程。

第五章　挤出成型工艺

挤出成型是使加热并完全塑化的塑料通过口模成型成为连续制品的一种成型方法。可用于管材、型材、板材、片材、薄膜、单丝、扁丝、电线电缆的包皮等的成型。挤出成型用途广，可以连续化生产，生产效率高，在塑料加工工业中占有相当重要的地位，挤出成型制品占塑料制品总量的 1/3 以上。

挤出成型制品的典型特征是具有恒定的横截面，最典型的挤出成型制品是管材、板材和薄膜，如图 5-1 所示。

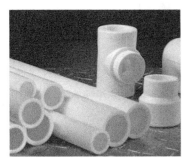

图 5-1　典型的挤出成型制品

第一节　挤出成型设备

挤出成型是最重要的塑料成型方法之一，应用领域非常广泛，为满足不同挤出成型制品的生产需要，挤出成型设备的种类也非常多，按具体功能可分为挤出主机和挤出辅机两大模块。其中挤出主机包括挤出机和挤出口模，这也是挤出成型设备的核心。

一、挤出机

挤出机的作用主要是通过加热、加压和剪切等方式将固态的塑料转变成均匀致密的熔体，并将均匀的熔体稳定地送入挤出机口模。早期的挤出机是柱塞式的，工作方式是间歇式的，效率较低，直到 1936 年才研制出具有现代挤出机特征的电加热单螺杆挤出机。挤出机一般由螺杆、机筒、加料装置、多孔板、过滤网、传动系统及加热冷却系统等组成。对于单螺杆挤出机，不同的原材料，采用的螺杆类型不同，其转速、剪切速率也不尽相同。通常机筒加料段带有沟槽，使物料与机筒摩擦系数增加，以加强挤出机的输送能力。单螺杆挤出机一般适用于粒料的挤出，双螺杆挤出机适用于粉料和填充聚合物的挤出。还可以采用组合式挤出机：一种是双螺杆挤出机与单螺杆挤出机的组合形式，物料在双螺杆挤出机中完成塑化，在单螺杆挤出机上挤出坯料，在两机的接口处排气；另一种是两台单螺杆挤出机的组合，也在接口处排气；还有一种是行星齿轮挤出机与单螺杆挤出机的组合，排气同样在接口处进行。

图 5-2 为单螺杆挤出机结构示意图。

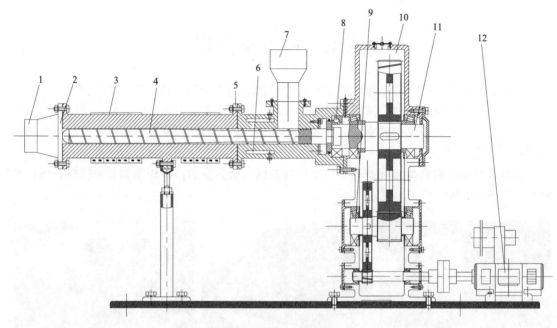

图 5-2　单螺杆挤出机结构示意图

1. 机头；2. 多孔板（分流板）和过滤网；3. 加热器；4. 螺杆；5. 料筒；6. 冷却水管；7. 料斗；8. 止推轴承；9. 螺杆冷却装置；
10. 减速箱；11. 油泵；12. 电机

　　根据螺杆数量可将挤出机分为单螺杆挤出机、双螺杆挤出机和多螺杆挤出机。其中，单螺杆挤出机可分为普通单螺杆挤出机、排气式单螺杆挤出机和混炼式单螺杆挤出机。普通单螺杆挤出机结构简单，成本较低，但其混炼效果差，不适于加工粉料。排气式单螺杆挤出机适于加工吸水性大或含挥发成分较多的物料，可以在加工过程中排出水分和挥发物，得到质量较好的制品。混炼式单螺杆挤出机具有较强的分散、混合效果，可简化物料在挤出成型前的工序，一次性完成混炼和连续挤出制品。

　　双螺杆挤出机进料稳定，挤出量大，混合效果好，且能覆盖单螺杆挤出机各种应用，因此其应用范围不断扩大。

（一）螺杆

　　螺杆是挤出机的心脏，通过它在机筒内的转动对机筒内的物料产生挤压作用，使塑料在机筒内移动，物料得到增压，并获得摩擦产生的部分热量。从表观来看，螺杆是一根螺棱环绕的圆柱形杆，其几何参数主要有螺杆直径（D）、螺杆长径比（L/D）、压缩比、螺槽深度（h）、螺距（W）、螺棱间隙（δ）、螺旋角（θ）及螺棱宽度（e）等，其中最重要的两个参数是螺杆直径和螺杆长径比。螺杆直径是螺杆外径，螺杆直径越大，挤出机的生产能力越强，因此挤出机的规格常以螺杆直径来表示；螺杆长径比是螺杆工作部分的有效长度与直径之比，螺杆长径比越大，挤出机的塑化能力越强，螺杆长径比一般为 20～50，近些年挤出机螺杆长径比有变大的趋势。

图 5-3 是螺杆及其主要参数示意图，图 5-4 是单螺杆和双螺杆实物图。

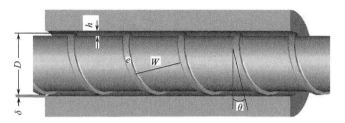

图 5-3 螺杆及其主要参数示意图

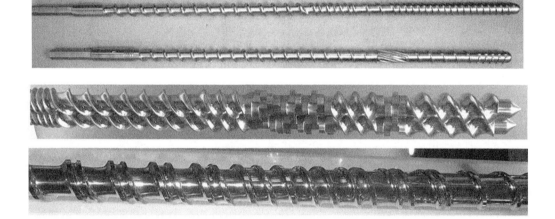

图 5-4 单螺杆和双螺杆实物图

螺杆对物料产生的作用在螺杆的各个部分不一样，根据物料在螺杆中各处的温度和黏度等特征，可将螺杆分为加料段、压缩段和均化段三段，也可称为固体输送段、熔融段和熔体输送段。

加料段是自塑料加入口向前延伸的一段，长度一般为 $4D\sim8D$，其主要作用是输送固体物料，并对物料进行加热，要求有良好的固体输送能力；压缩段是螺杆中部的一段，其主要作用是压实并熔融物料，将物料中夹带的气体向加料段排出；均化段是螺杆的最后一段，长度为 $6D\sim10D$，主要作用是使熔体进一步塑化均匀，并使料流定量、定压地挤出。

按照压缩段长度分类，挤出螺杆可分为渐变型螺杆、突变型螺杆和通用型螺杆三种。其中渐变型螺杆指螺槽深度由加料段深的螺槽向均化段的螺槽逐渐过渡，主要用于加工具有宽的软化温度范围、高黏度非结晶塑料，如聚氯乙烯等；突变型螺杆指螺槽深度由深变浅的过程是在一个较短的轴向距离内完成的，主要用于黏度低、熔程窄的结晶塑料，如聚乙烯、聚丙烯等；通用型螺杆的压缩段长度介于突变型螺杆与渐变型螺杆之间，塑化质量和能耗不如上述两者，但可满足结晶与非结晶塑料熔融塑料化的要求。

图 5-5 为标准挤出机螺杆示意图，图 5-6 为单螺杆挤出机中螺杆和物料的剖面图。从图 5-6 中可以清楚地看出物料逐渐熔融的过程，即首先是白色的塑料粒子，然后逐渐过渡到半熔融状态，最后成为塑化均匀的状态。

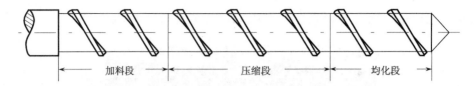

图 5-5　标准挤出机螺杆示意图

图 5-6　单螺杆挤出机中螺杆和物料的剖面图

（二）机筒

机筒是环绕挤出机螺杆的圆筒，它和螺杆组成了挤出机的挤压系统，也是挤出机的主要部件之一。挤出成型时塑料的输送、加压和熔融过程都在其中进行。机筒的物料受压时其压力可达 55MPa，工作温度一般为 150～300℃，可将机筒理解为一个耐压和耐热的容器，同时还要耐磨和耐腐蚀。机筒内表面需经氮化处理或用合金钢衬里。此外，为了给物料加热，防止塑料过热或在停车时使其快速冷却，机筒的外部还设有分区的加热和冷却装置。加热装置可分为电加热、高温油加热和水蒸气加热三种，其中以电加热为主。冷却装置有风机冷却和循环水冷却两种，其中风机冷却已逐渐被淘汰，目前以循环水冷却为主。

机筒结构分整体式和组装式两种，整体机筒是用整体坯料加工出来的。这种结构容易保证较高的制造和装配精度，便于加热、冷却装置的设置和拆装，而且轴向加热较为均匀，但整体机筒加工要求较高。组装机筒由几段机筒组装而成，可根据使用要求及产品种类的不同而改变长短，有较强的适应性，但各段机筒多由法兰螺栓连接，破坏了机筒加热的均匀性，增加了热损失，不便于加热和冷却装置的设置和维修。

（三）过滤网

在挤出机中，机筒和挤出口模之间装有多孔板和过滤网，熔体在进入口模前通过过滤网和多孔板。过滤网可使物料得到过滤，并能在一程度上改善组分间的混合效果，其主要作用是阻止熔体中的杂质和未塑化的物料进入口模，同时可以提高熔体压力。但是，过滤网也能使工艺过程产生波动，导致背压和熔融物料温度上升，有时背压还会减小。当更换阻塞的过滤网时，压力会突然下降，熔融物料的温度也可能会下降，从而造成产品的尺寸发生变化。特别是挤出板和片时，熔体的这种温度波动和压力波动会影响制品的外形尺寸。例如，在一个扁平模具里，较冷的熔融物料可能使片材中心偏薄，而使周边偏厚，因此在板材挤出或片材挤出生产线中都会在过滤网变换器后面，配备一个能够保证熔融物料稳定进入模具的齿轮泵，即熔体泵，就可以防止上述问题的发生。但是，在过滤网更换后熔融物料所发生的温度变化仍然需要通过调整模具来解决。同时，齿轮泵容易被坚硬的杂质损坏，因此需要保护好过滤网。

过滤网会使 PVC 熔融物料温度升高而易发生降解，这样就需要热稳定性更好的物料，从而增加了材料成本。因此，硬质 PVC 挤出时多不用过滤网或使用不带变换器的粗过滤装置，只过滤较大颗粒杂质。

（四）加料装置

挤出成型常用物料的主要形态有粒料、粉料和带状料。加料装置一般采用加料料斗，其容量不小于挤出机正常工作 1h 所需的物料。料斗内还需有切断料流、标定物料量和卸除余料等装置，一些自动加料系统包括定时、定量供料及辅助的干燥和预热等装置。

（五）传动装置

挤出机的传动装置是使螺杆转动的部分，一般由电机、减速机和轴承等构成。挤出成型过程中，熔体进入挤出口模时的均匀性和稳定性是影响挤出制品质量的关键因素，因此无论螺杆的负荷是否发生变化，螺杆的转速都应保持恒定。在不同的应用场合，要求挤出机螺杆转速可任意调整，因此挤出机的传动装置需采用无级调整。

二、挤出口模

口模是安装在挤出机末端的有孔部件，是制品的成型部件，它使熔体形成规定的横截面形状。口模连接件是位于口模和料筒之间的部分，这种组合装置有时也称为机头或口模体。

在机头前方应安装过滤板、过滤网。一般采用双工位过滤网，即有两块过滤网同时装在一滑块上。在生产中，一块在工作位置，当需要更换过滤网时，应降低螺杆转速，迅速推动滑块把另一块过滤网放在工作位置，然后螺杆恢复原来的转速，从而实现瞬间更换过滤网，减少了因更换过滤网而停产的时间。推动滑块更换过滤网的装置有两种形式：一种为手动，即利用杠杆原理更换过滤网；另一种是自动换网，即利用液压或气压推动滑块移动的原理更换过滤网。

图 5-7 常见的多孔板

多孔板也是口模组合装置的组成部分，它由多孔圆板组成，并安装在过滤网和机头之间。多孔板的主要作用是使熔体由旋转运动变为直线运动，支承过滤网，同时还有改善熔体的温度均匀性和提高熔体压力的作用。图 5-7 是常见的多孔板图片。

口模和机头的主要作用有三个：①使黏流态的熔体从螺旋运动变为直线运动，稳定地导入口模而成型；②产生回压，使物料进一步塑化均匀；③流道逐步变窄，提高成型压力，进而提高制品的密实度和尺寸精度。口模可分为进料段 L_1、过渡段 L_2 和口模定型段 L_3，如图 5-8 所示。

熔体经多孔板整流后，经进料段 L_1 到达口模定型段 L_3。进料段 L_1 断面是逐渐缩小的锥体，熔体进入 L_1 的口模部位，熔体在 L_1 内，型腔壁和中心处的流速不相等，为了使熔体形成等速流动，设置了 L_2。L_1 的锥体应采取较缓的角度变化，α 角与熔体黏度成反比。一般情况下，α 角为 $50° \sim 80°$。

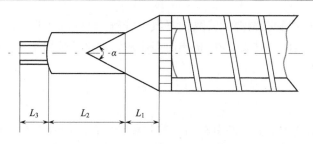

图 5-8　挤出机口模典型结构示意图

L_2 为过渡段，其长短由熔体黏度、口模表面光洁度和流速等因素决定。L_2 稍长有利于形成平行流。

L_3 的作用是将整流后的熔体运动进一步转变为直线运动，使熔体整体向前流动并成型。L_3 的长度和断面尺寸是挤出成型模具中特别重要的部分。由于口模形状尺寸和成型后的制品断面的尺寸有较大的区别，圆棒、圆管主要表现为直径增大、壁厚增厚；片材主要表现为厚度增加、宽度稍许变宽；方形、矩形、三角形或不规则的异型材，它们各向的膨胀率不一致，因此各类型成型模具口模断面尺寸的确定各不相同。此外，L_1 应有足够的长度，使口模周围熔体压力尽量分布均匀。较厚制品的 L_1 应比薄制品的 L_1 长。

为使熔体在模具内形成必要的压力，保证制品致密和消除因分流器造成的熔接痕，成型模具应有足够的压缩比。压缩比是 L_2 最大处截面积与 L_3 的截面积之比。压缩比是口模的重要参数，一般来说，高黏度熔体所需的压缩比小于低黏度熔体所需的压缩比。

影响口模设计的主要因素有口模内部流道的设计、结构材料和温度控制均匀性。目前，口模设计是根据加工经验和理论分析相结合进行的。在设计前首先应计算流量分布、压力降和停留时间，以及有无不稳定流动现象，以便决定流道尺寸。其次，根据制品的形状和尺寸、聚合物的热稳定性及挤出生产线与口模的相对位置，选择口模的形式和结构。在这些工作的基础上可以进行口模的设计。

根据口模的用途可将其分为管材机头、板（片）材机头、异型材机头等。

挤出机的出口压力受各种因素影响存在较大波动，必定会影响制品的尺寸精度。如果在挤出机的出口和模头之间加装一台熔体泵，可以用来稳定挤出机出口压力波动，使线型挤出成为可能，从而提高塑料制品的尺寸精度，提高挤出机在单位时间内的产量。

三、挤出成型辅机

挤出成型辅机也是挤出生产线的重要组成部分，其主要作用是将从口模连续挤出已获得初步形状和尺寸的塑料熔体进行定型，使其形状及尺寸固定下来，形成达到一定表面质量和物理力学性能的制品。按照制品的不同，挤出成型辅机也是多种多样的，如管材辅机、板材辅机、异型材辅机等。

挤出成型辅机因不同制品、不同工艺过程而由不同装置组成，按功能来分，主要包括：定型、冷却、牵引、卷取或切割等装置。

定型装置，从机头口模挤出的高温熔融型坯离开口模后，必须立即进行定型冷却，使温度明显下降而硬化、定型，以保证挤出制品的形状、尺寸精度及表观品质等，这是定型装置的主要功能。常见的定型装置有定型套、压光机等，定型方式主要有真空定型和加压定型两种。

　　冷却装置，由定型装置出来的制品并没有完全冷却到室温，如果不继续冷却，制品沿壁厚方向存在较大的温度梯度，使原来变硬的表层因温度再次升高而变软，导致变形。冷却装置的作用就是继续冷却制品，排除余热，使其尽快冷却至室温。冷却装置一般有水冷、冷却辊冷却和空气冷却三种。

　　牵引装置，主要作用是给机头挤出已初步定型的制品提供一定的牵引力和速度，均匀地引出制品，并通过调节牵引速度调节制品中分子链的取向程度和最终制品的壁厚，以获得最终合乎要求的制品。常用的牵引装置有辊筒式、履带式和皮带式牵引机等。

　　卷取或切割装置，其主要作用是将连续挤出的制品切断为一定长度，其形式主要有圆锯式和旋转式等。

第二节　挤出成型原理和工艺流程

　　挤出成型是指塑化均匀的塑料熔体在螺杆的挤压作用下通过口模成为具有恒定截面的连续制品的一种成型方法。与模压成型不同，挤出成型是一种连续加工工艺过程，它能成型几乎所有的热塑性塑料和少数几种热固性塑料，其中加工量最大的是 PVC、PE 和 PP，其次是 PS、PMMA、ABS、PA 和 PC 等。挤出成型可用于管材、片材、异型材、薄膜、单丝、电线和电缆等产品的成型加工，也常用于塑料的造粒、着色和共混改性，挤出成型与其他成型技术组合后还可用于生产中空吹塑制品、双轴拉伸薄膜和涂覆制品等多种塑料产品。总之，挤出成型是一种生产效率高、应用范围广、适应性强和组合能力好的塑料成型方法，在塑料加工工业中占有举足轻重的地位。

一、挤出成型原理

　　挤出过程一般由物料塑化、塑化物料通过口模成型和挤出物固化定型三个部分组成。对热塑性塑料的干法挤出而言，固体物料（粉状或粒状）首先靠重力从料斗进入挤出机机筒内，在旋转螺杆的作用下，被向前输送、熔融、均化，并沿螺杆增压；然后熔融的物料通过连接在挤出机"头"部的口模被挤出，形成高温型坯；最后高温型坯在辅助设备中被冷却定型，形成固定截面的制品。

　　挤出机的作用是将固态物料塑化熔融成温度均匀的熔体并连续不断地挤出。根据物料在挤出机内所处的状态及挤出机各部位所起的作用不同，将挤出机机筒沿螺杆轴向分为固体输送、熔融塑化和熔体输送三个功能段，这三个功能段与标准螺杆的三个几何段（加料段、压缩段和均化段）不完全一致。各功能段的边界随所用物料的性能和工艺条件变化而变化，而几何段则几乎是固定的。为使挤出制品达到稳定的产量和质量，一方面，沿螺槽方向任一截面的质量流率必须保持恒定且等于产量；另一方面，熔体的输送速度应等于物料的熔融速度。

（一）固体输送

　　固体输送是挤出过程的基础，它的主要作用是将固体物料压实后向熔融段输送，因此也可称为加料段。固体输送在机筒加料段进行，物料从料斗进入挤出机的螺槽和机筒内壁组成的空间，被压实而形成固体床（塞），并以恒定速度沿螺槽向前移动。固体床的移动与物料和螺杆、机筒之间的摩擦力有关，如果物料与螺杆之间的摩擦力小于物料与机筒之间的摩擦力，则物料沿轴向前移动；反之，物料与螺杆一起转动，则不能有效输送物料，即所谓的打滑现象。

固体输送速度是描述固体输送能力的重要参数，它主要与挤出机结构和挤出工艺有关。为提高固体输送速度，从挤出机结构考虑，可采取以下措施：

（1）提高螺杆表面粗糙度等级，降低物料与螺杆之间的摩擦系数。

（2）在机筒内表面开设纵向沟槽，增加物料与机筒之间的摩擦系数。

（3）在螺杆直径一定的情况下，加大加料段螺槽深度。

从挤出工艺方面考虑，可采取以下措施：

（1）提高螺杆转速。

（2）降低螺杆温度，在螺杆内部增加冷却系统，降低物料与螺杆间的摩擦系数。

（二）熔融塑化

由加料段输送的固体物料，在挤出机熔融段通过机筒外加热器的加热及螺杆与物料剪切热的共同作用下升温，并逐渐熔化，最后完全变成熔体。物料的熔融过程如下：密实的固体床在前进中与加热的机筒表面接触，在机筒表面形成一层熔体膜，该熔体膜不断加厚，当熔体膜的厚度大于螺棱间隙时，熔体就会被螺棱"刮下"，并将它送到螺纹的推进面而形成熔体池。热量通过熔体/固体界面不断传给固体床，使固体床不断升温熔融，宽度不断减小，熔体池的宽度逐渐增大，最后固体床完全消失，即物料完全熔融。

熔融速度、固体床分布及熔融区长度是描述物料熔融过程的三个重要参数。熔融速度是指熔体/固体界面向固体床方向移动的速度，它反映了物料熔融的快慢。熔融速度的大小主要取决于物料初始热力学能的高低和单位时间内固体床获得热量的多少，凡增加物料初始热力学能和供热速度的措施均可提高熔融速度。在流量不变的情况下，提高螺杆转速不仅使热量传递变得容易而且使剪切热增加，从而使熔融速度增加。机筒温度升高可使熔融速度增加，但机筒温度过高，熔体膜黏度将会降低，导致剪切热减小。因此，每一种物料都有一个对应于最大熔融速度的最佳机筒温度。此外，提高进料温度也可提高熔融速度。固体床分布是指螺槽中固体宽度与螺槽宽度之比，它沿螺杆轴线呈抛物线状分布；熔融开始时固体床宽度为1，熔融结束时为0。熔融区长度是从熔融开始到固体床的宽度下降到0的长度，它是由固体床分布决定的。熔融区长度与挤出机的质量流率成正比，与熔融速度成反比，因此要增大质量流率，又保持熔融区长度不变，就需要提高熔融速度。

（三）熔体输送

熔体输送是从物料完全熔融处开始，其主要功能是将熔融物料进一步混合、均化，并克服流动阻力向口模以恒定速度输送压力分布和温度均匀的熔体。此时熔体的压力分布均匀性和温度均匀性对最终制品的质量影响很大，如果熔体在进入口模时温度不均匀，那么熔体在口模中的黏度和松弛行为也将不一样，最终制品各处的收缩率会存在明显差异，导致制品的内应力较大，严重时发生翘曲。进入口模的熔体压力分布不均匀，也会导致制品在不同部位处的挤出速度不一致，从而使制品发生形变，最终制品质量下降。保证均化段所输送熔体的压力分布、温度和流动速度的均匀性和稳定性是保证挤出制品高质量的决定性因素。因此，熔体泵是非常重要的挤出辅机设备。

熔体输送段中熔体的流动有正流、逆流、横流和漏流四种基本形式，熔体在挤出机中的真实流动是这四种基本流动的组合。正流是指熔体沿着螺槽向口模方向的流动，逆流是由机头等阻流装置引起的压力梯度造成的，流动方向与正流相反。横流是螺杆与机筒的相对运动在垂直于螺棱方向的分量引起的熔体流动，受螺纹侧壁限制，这种流动一般为环流，对熔体的混合和均化有很大影响，但对总流率影响不大。漏流也是由压力梯度引起的，它是熔体从螺杆与机筒的间隙沿着螺杆轴向向料斗方向的流动，由于螺杆与机筒的间隙很小，漏流与正流相比小得多。

二、挤出成型工艺流程

挤出成型的工艺流程基本可分为三个阶段，即塑料塑化、成型和定型。塑料塑化是指原料在挤出机的机筒温度和螺杆的旋转压实及混合作用下，由粉体或粒状变成黏流态的过程；成型阶段是黏流态熔体在挤出机螺杆螺旋力的推动作用下，通过具有一定形状的口模，得到截面与口模形状一致的连续型材；定型阶段是通过适当的方法如定径处理、冷却处理等，使已挤出的塑料连续型材固化为塑件。挤出成型不同的制品时，前两个阶段几乎完全一样，但定型阶段各有差异。

挤出成型的工艺流程如图 5-9 所示。

加料 → 在螺杆中熔融塑化 → 口模挤出 → 定型冷却 → 牵引切割

图 5-9　挤出成型的工艺流程图

第三节　管材的挤出成型工艺

管材是三大典型的挤出制品之一，与金属管材相比，塑料管材具有质轻、密度小的优点，其密度仅为金属管材的 1/8～1/5；且塑料管材具有耐化学腐蚀性好，可广泛用作各种液体、气体输送管，尤其是某些腐蚀性液体和气体，如用作自来水管、排污管、化工管道、石油管、煤气管。大部分的热塑性材料如 HDPE、PP、PVC、ABS、PA、PC 等均可用于管材生产，目前国内生产的管材以 HDPE、PP、PVC 等材料为主。

管材挤出所用的设备有挤出机、机头、定型装置、冷却槽、牵引设备和切断设备等，成型设备见图 5-10。管材或棒材挤出时所选的挤出机的料筒截面积应大于口模通道截面积的 2.5 倍。

一、管材挤出设备

（一）管材挤出机头

管材挤出机头出口处的定型段有环形截面，因此称为环形机头，这类机头除了可用于管材挤出外，还可用于管状薄膜、吹塑用型坯和涂布电线。这种环形流道都是由口模套和芯模组成，根据口模套和芯模连接方式的不同，管材挤出机头可分为直管机头、直角机头和螺旋式芯模机头三种，其中以直管机头为主，如图 5-11 和图 5-12 所示。高分子熔体进入机头由

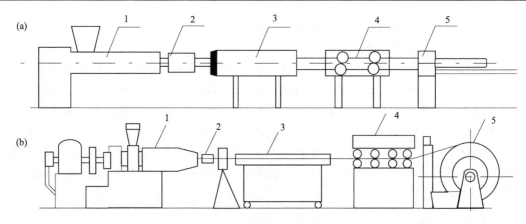

图 5-10　管材挤出成型生成线

（a）硬管生产线：1. 挤出机；2. 定径套；3. 冷却水槽；4. 牵引机；5. 切割机

（b）软管生产线：1. 挤出机；2. 定径套；3. 冷却水槽；4. 牵引机；5. 收卷机

图 5-11　直管机头外观

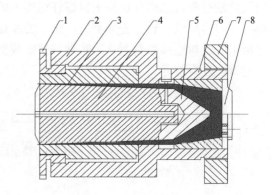

图 5-12　直管机头结构图

1. 压紧螺母；2. 模体；3. 模口；4. 芯棒；5. 分流梭；

6. 机头连接器；7. 法兰盘；8. 过滤板

芯棒与机头外套所构成的环隙通道流出后即成管状物。芯棒与机头外套的尺寸由制品的尺寸大小决定，机头外套在一定范围内可通过调节螺栓径向移动，从而调整挤出管状物的壁厚。需要指出的是机头在长时间的工作中或由于不正确的温度控制会导致熔体局部过热分解，或壁厚调节不当而使流道出现死角，从而使熔体在机头内表面结垢。也可能由于其他的原因熔体在流道内出现不均匀流动，芯棒受到不均匀的应力，在垂直于流动方向上出现偏离，最终导致制品壁厚不均匀。

为使机头内流道通畅，流道必须呈流线形而且应十分光滑，以提高管材表面质量。

（二）管材挤出辅机

管材挤出时用到的辅机主要包括定型、冷却、牵引、卷取或切割等装置。

当管坯从机头中挤出时，其处于半熔融状态，须迅速进行定径和冷却，使管坯随温度下降而硬化，确保制品不因牵引、自垂和冷却水的压力等作用而发生变形。管材挤出常用的定径方法有外定径和内定径两种，其中以外定径居多。

外定径是靠管材外壁与定径套内壁相接触来实现管材外径的定型与冷却。管材定型装置多为真空定型箱，一般由定径套、真空泵、箱体、喷头、水泵等组成。其原理是利用真空泵的作用将箱体内的空气抽走，使箱体内形成负压，在从芯模进入管衬内部的压缩空气的作用下，料坯紧贴定径套，通过冷却水迅速冷却，达到定径的效果。内定径是在芯棒延长轴内通冷却水，靠芯棒延长轴的外径控制管材内径的一种定径方法。这种定径方法适用于要求内径尺寸稳定，但制品的外观质量不好的管材制品。

管材从冷却定径套出来时，并没有完全冷却到室温，如果不继续冷却，制品会由于在其壁厚方向存在的温度梯度使已冷却的表面层温度上升，引起形变，因此必须继续冷却，排除余热。冷却装置有三种，传统的是冷却水槽和喷淋水箱。冷却水槽是一种浸浴式冷却方式，一般由多段组合而成，通过控制各段的温度梯度来控制管材的冷却速度，同时须确保管材从冷却水槽的最后一段出来时，温度已降至室温左右。冷却水槽具有良好的冷却效果，但当温度尚未完全降下来的管材通过水槽时，管材会由于浮力的作用而变形，因此须在水槽中设置数个定位环防止管材弯曲。当管材直径过大时，这种浮力的作用非常明显，即使有定位环也难以避免管材发生弯曲，因此直径较大的管材须采用沿管材圆周均匀布置的喷淋水箱来代替冷却水槽，减少制品的变形，实现均匀冷却。近年来还发展了一种喷雾式冷却水箱，即通过压缩空气将水从喷雾头喷出，形成漂浮于空气中的水微粒，接触管材表面而受热蒸发，带走大量的热量，因此冷却效率大为提高，其冷却效率要高于喷淋水箱。

冷却装置的长度取决于管材的直径、管壁的厚度、管材的温度、冷却方式、冷却水温和牵引速度等因素。一般要求冷却后管材温度降到30℃左右，冷却长度一般为1.5～6m。冷却长度长，冷却效果虽然好，但冷却水槽或喷淋水箱显得笨重，操作不方便；冷却长度短，管材冷却不充分，在牵引力作用下易变形。

牵引装置的作用是给已初步定型的管材一定的牵引力和牵引速度，克服冷却定型过程中的摩擦力，使管材以均匀的速度从定型装置中引出，并通过改变牵引速度调节管材壁厚，以得到符合要求的制品。目前，生产中常用的管材牵引装置主要有滚轮式牵引和履带式牵引两种。滚轮式牵引装置结构比较简单，调节也方便，但由于滚轮和管材之间形成的是点或线接触，接触面积较小，牵引力也较小，不适用于大型管材的牵引，多用于直径100mm以下的管材生产。履带式牵引装置的牵引力大，调速范围广，与管材接触面积大，制品不易变形或打滑，可用于大直径的管材和薄壁管材的生产，履带式牵引装置的结构很复杂，维修较困难。正常生产时，牵引速度一般比管材挤出的线速度稍快，一般快1%～10%。牵引速度过慢，则管壁厚；牵引速度过快，则管壁薄，且制品中分子链的拉伸取向度很高，会降低管材的径向抗爆压力。

切割机一般为行星切割机，按切割的方式不同，分为有屑切割机和无屑切割机；按进刀的方式可分为液压进刀式和电动进刀式。无屑切割机，端面切割平整，无法切割大管材和厚壁管材。有屑切割机，浪费原材料，端口需要修整，可切割大口径的管材。

二、聚烯烃管材挤出成型工艺控制

目前，国内生产的管材以HDPE、PP、PVC等材料为主，本节以聚烯烃为例说明成型过程的工艺及工艺对管材成品性能的影响。

挤出成型工艺的控制参数包括成型温度、挤出压力、螺杆转速、挤出速度和牵引速度、冷却定型等。

聚烯烃是非吸水性材料，通常水分含量很低，可以满足挤出的需要，但当聚烯烃含吸水性颜料如炭黑时，对湿度较为敏感。另外，在使用回料及填充料时，材料的吸水性明显增大。水分不但导致管材内外表面粗糙，而且可能导致熔体中出现气泡。通常应对原料进行干燥处理，可添加具有除湿功能的助剂，如消泡剂等。PE 的干燥温度一般为 60～90℃。

（一）聚烯烃管材挤出成型的温度控制

挤出成型温度是促使成型物料塑化和塑料熔体流动的必要条件，对物料的塑化及制品的质量和产量有十分重要的影响。挤出理论温度窗口是在 T_f 和 T_d 之间。聚烯烃具有低的 T_f 和高的 T_d，其挤出成型的温度范围较宽。通常在熔融温度以上，280℃以下均可加工。要正确控制挤出成型温度，必须先了解被加工物料的承温限度与其物理性能的相互关系。因此，各段温度设定时应考虑以下几个方面：①物料本身的性能，如熔融温度、分子量大小和分布、熔体流动速率等；②挤出机的性能，如挤出机加热块的功率、挤出机螺杆扭矩等。

挤出机机筒温度分布是指从喂料区到机头的温度分布，对聚烯烃的挤出过程来说，一般以递增分布为主。为了获得较好的外观及力学性能，以及减小熔体出口膨胀，一般控制机身温度较低，机头温度较高。提高机头温度，可使物料顺利进入口模，但挤出物的形状稳定性差，收缩率大。如果机头温度过低，则物料塑化不良，熔体黏度大，机头压力上升，虽然这样会使制品较密实，降低收缩率，产品尺寸稳定性好，但加工较困难，离模膨胀较大，产品表面粗糙，严重时还会导致挤出机背压增加，设备负荷大，功率消耗也随之增加。

口模和芯模的温度对管材表面光洁度有影响，在一定的范围内，口模与芯模温度高，管材表面光洁度高。通常来说，口模出口的温度不应超过 220℃，机头入口的熔体温度为 200℃，机头入口和出口熔体温差不应超过 20℃。熔体与金属间较高的温度差将导致出现鲨鱼皮现象。熔体温度是指在螺杆末端测得的熔体实际温度，主要取决于螺杆转速和机筒设置温度。聚乙烯管材挤出的熔体温度上限规定为 230℃，一般控制在 200℃左右。聚丙烯管材挤出的熔体温度上限一般为 240℃，熔体温度不宜过高。考虑到物料的降解，温度过高也会使管材定型困难。

（二）聚烯烃管材挤出成型的压力控制

挤出过程中最重要的压力参数是熔体压力，即机头压力，一般来讲，增加熔体压力，将降低挤出机产量，使制品密实度增加，有利于提高制品质量。但压力过大，会带来生产安全问题。熔体压力大小与原料性能、螺杆结构、螺杆转速、工艺温度、过滤网的目数、多孔板等因素有关。

另外，压缩空气压力对管材挤出过程也非常重要。压缩空气的作用是将管坯吹胀，使管材保持良好的圆度，要求压缩空气的压力大小适中且压力稳定。当压缩空气压力过大时，芯模易被冷却，管材内壁易出现裂口，不光滑；压缩空气压力过小时会导致管材不够圆。另外，如果压力有波动，时大时小，管材容易出现竹节状现象。

（三）定型与冷却

真空定型主要控制真空度和冷却速度两个参数。通常在满足管材外观质量的前提下，真空度应尽可能低，否则管材内应力偏大，产品在存放过程中尺寸变化相应较大。

聚乙烯管材挤出成型中要求冷却水温度一般较低，通常在 20℃以下；PP-R 管材挤出成型时，第一段温度可以稍高，后段较低，从而形成温度梯度。调节冷却水流量也是相当重要的，流量过大，管材表面粗糙，产生斑点凹坑；流量过小，管材表面产生亮斑，易拉断；若分布不均匀，则管材壁厚不均或管形不够圆。

（四）螺杆转速与挤出速度

螺杆转速是控制挤出速度、产量和制品质量的重要参数。单螺杆挤出机的转速增加，产量提高，剪切速率增加，熔体表观黏度下降，有利于物料的均化，同时由于塑化良好，分子间的作用力增大，机械强度提高。但螺杆转速过高，电机负载过大，熔体压力过高，剪切速率过高，离模膨胀加大，表面变坏，且挤出量不稳。

（五）牵引速度

牵引速度直接影响产品壁厚、尺寸公差、性能及外观，牵引速度必须稳定，且牵引速度与管材挤出速度相匹配。牵引速度与挤出速度的比值反映制品可能发生的取向程度，该比值称为拉伸比，其数值略大于 1，一般为 1.05。冷却定型的温度条件不变时，牵引速度增加，制品在定径套、冷却水槽中停留的时间较短，经过冷却定型后的制品内部会残余较多热量，这些热量使制品在牵引过程中已经形成的取向结构发生解取向，引起制品取向程度降低。牵引速度越快，管材壁厚越薄，冷却后的制品其长度方向的收缩率越大；牵引速度越慢，管材壁厚越厚，越容易导致口模与定径套之间积料，破坏正常挤出生产。因此，挤出成型中必须很好地控制挤出速度与牵引速度。

（六）管材的在线质量控制与后处理

聚烯烃属结晶聚合物，刚下线管材的尺寸和性能与管材制品交付使用时的尺寸和性能是有差距的，主要有三个方面的原因：①聚烯烃熔体冷却过程中要发生结晶作用，结晶度与温度、热历史和放置的时间有关；②刚下线管材的温度通常高于常温，有热胀冷缩的因素；③刚下线的管材内应力较大。为了达到性能及尺寸的稳定性，一般的聚乙烯管材应下线放置24h，聚丙烯管材需放置48h 后，可依照相应的标准进行性能测试。

三、聚烯烃管材生产中常见问题与处理

管材的外观质量不仅影响管材的美观，而且影响管材的物理和化学性能，往往决定管材的整体质量。聚烯烃管材的质量可通过外观来判断，合格的聚烯烃管材外观的色泽应基本一致，内外壁光滑、平整，无凹陷、气泡和其他影响性能的表面缺陷，不应含有可见杂质。

聚烯烃管材外观色泽出现的问题是多种多样的，有的管材局部变色或表面有斑点，外观色泽不能做到均匀一致；有的表面暗淡无光或外表面有光亮透明的块状。所有局部变色、表面有斑点、表面暗淡无光、表面有光亮透明的块状等外观色泽不合格的管材，其物理力学性能指标大多达不到标准要求，在使用过程中容易破裂。另有少数管材虽然外观光泽明亮或色彩鲜艳，但是这类管材多为伪劣产品，其各项性能指标与国家标准要求相差甚远。

（一）管材局部变色

聚烯烃管材如果有局部变色，会导致外观色泽不均匀，从而降低管材的外观质量。聚烯烃管材局部变色的主要原因是在挤出过程中挤出机控制温度不稳定，熔体局部温度过高导致物料分解；或是由于挤出速度过快，剪切过强，导致摩擦生热而产生少量分解。

综合上述两条原因，当出现管材局部变色时首先要考虑加强对挤出过程中熔体的温度控制，如挤出机各段温度设置是否过高，检查机器的冷却系统是否工作正常，挤出机的挤出速度是否过快。

（二）管材表面有斑点

管材表面有斑点会导致外观色泽不均匀，这是管材挤出时常见的缺陷之一。管材表面有斑点有可能是由加工原料引起的，也可能是由挤出工艺的缺陷引起的。原料在挤出成型时所受到热量和压力不当，会使原料状态变化时发生分子构型改变。例如，过高的塑化温度会破坏 PP-R 的分子结构并产生分解变色。

四、案例分析

（1）某企业生产 PP-R 热水管时，管材外径收缩严重，为什么？如何解决？

在管材生产过程中，管材收缩率的大小与材料本身的性质有关，也与工艺控制有关。PP-R 是一种结晶聚合物，收缩率比较大，如 MFR 值为 0.25g/10min 的 PP-R 树脂的收缩率达到 1.45%。在挤出过程中，如果定径套与口模内径的径向差过大，管坯定型时横向受到较大的拉伸变形作用，管材牵出定径套后会产生变形恢复，出现大的收缩；当挤出过程中牵引速度偏大时，管材的纵向拉伸作用大，制品产生纵向取向变形，也会使管材出现较大的收缩。生产过程中，生产线太短，冷却不够，会造成管材的收缩变大，使物料产生纵向取向变形，也会使管材出现较大的收缩。

生产中减小管材收缩的措施主要有以下几种：①控制合适的冷却速度，调整冷却水槽水温，可以对冷却定型水槽水温进行分段控制，一般第一段水温可控制在 20℃左右，第二段水温可控制在 25℃左右；②适当降低挤出温度，或延长生产线长度，使管材冷却充分，防止后收缩；③调整口模与定径套径向尺寸差，以及口模与定径套之间合理的间距；④调整合适的挤出速度与牵引速度，保持合适的牵引比。

（2）某企业生产 UPVC 电线管，口模温度为 190℃左右，最近生产时口模处管材外圈总是有很多烧焦物，会把管材外表面刮伤，最终影响光洁度，是什么原因？应如何消除？

PVC 塑料的热稳定性差，成型加工困难，特别是硬质 PVC 的成型加工。PVC 树脂的黏流温度在 135℃以上，而 PVC 在 140℃即产生大量分解。因此，成型时必须加入热稳定剂来提高其分解温度。一般加入适量的热稳定剂后，PVC 的分解温度可达到 200℃，即便如此，成型加工中仍不宜采用过高的温度，并且在高温下停留时间过长仍会引起 PVC 发生热分解。在挤出 UPVC 的过程中，物料的温度控制既要考虑机筒的外部加热，也要考虑物料在挤出过程中产生的摩擦热。由于熔料的黏度高，因此在挤出过程中物料与螺杆、机筒及口模会产生较大的摩擦热，特别是熔料通过狭窄的口模时，挤出压力大，会产生更多的摩擦热，使熔料的温度上升。

生产 UPVC 电线管时，口模温度达 190℃左右，物料通过口模时会产生大量的摩擦热，因此物料的实际温度会更高，这样就会引起 PVC 树脂分解而出现烧焦现象。烧焦物的流动性差，大多会滞留在口模附近。时间一长，口模处的管材外圈则形成大量的烧焦物，烧焦物会对从口模挤出的管坯产生刮擦，刮伤管坯表面，有的还会被移动的管坯带离口模，黏附在管坯的表面，影响管材表面的光洁度。

消除这种现象的办法有以下几种：①降低口模温度，通常口模温度应控制在 170～190℃；②降低机头芯棒的温度，芯棒温度应控制在 160～170℃；③控制机筒温度，一般不超过 180℃；④控制螺杆的转速，尽量缩短物料在机筒内的停留时间。

第四节　板材的挤出成型工艺

与金属板材相比，塑料板材具有耐腐蚀、电绝缘性能优异、易于二次加工等特点，广泛用于化工容器、储罐等化工设备的衬里，电器工业中的绝缘垫板、垫片等电绝缘材料，也可作为交通工具和建筑物的壁板、隔板等内装修材料。此外，无毒的透明及各色片材经二次加工制成的各种容器是食品、药品理想的包装材料。生产塑料板材、片材的主要原材料有聚乙烯、聚丙烯、聚苯乙烯、丙烯腈-丁二烯-苯乙烯共聚物树脂、聚甲基丙烯酸甲酯、聚碳酸酯、丙烯酸酯类树脂等。常用的板材成型方法有挤出法、压延法、层压法和浇注法，其中挤出法和压延法属于连续成型方法，效率高；层压法和浇注法属于间歇式成型方法，多用于处理成型过程中有大量化学反应的材料。本节主要讲述板材的挤出成型方法，板材挤出成型的基本流程如图 5-13 所示。

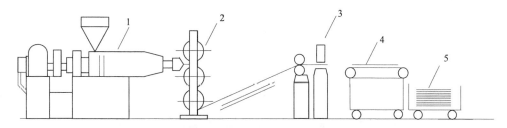

图 5-13　板材挤出成型的基本流程

硬板生产线：1. 挤出机；2. 压光机；3. 切板机；4. 输送带；5. 小车

物料经挤出机塑化均匀后，由狭缝机头挤出成为板坯，板坯立即进入三辊压光机降温定型，从压光机出来的板状物在导辊上进一步冷却定型后用切边装置切去废边，由三辊牵引机送入切断装置裁切成所需长度的板材。

板材是指厚度在 2mm 以上的软质平面材料和厚度在 0.5mm 以上的硬质平面材料，片材是指厚度为 0.25～2mm 的软质平面材料和厚度在 0.5mm 以下的硬质平面材料。板材和片材的成型原理完全相同，成型过程也基本相似。常见的板材和片材如图 5-14 所示。

图 5-14　常见的板材和片材

一、板材挤出设备

（一）板材挤出机头

板材挤出机头的出口处为狭缝形的横截面，属于扁平口模。从挤出机输送到机头的熔体一般为圆柱体，需要通过机头将圆柱形的熔体转变成扁平的矩形截面且具有相等流速的流动体，因此需要在机头内对流体进行分配，即分配腔。根据分配腔的几何形状不同，板材挤出机头可分为直支管式机头（T 型机头）、鱼尾式机头和衣架式机头三种。图 5-15 是常见的板材挤出机头外观。

图 5-15　常见的板材挤出机头外观

（1）T 型机头。这种机头是由带有与模唇平行的直圆管状模腔作分配腔，与矩形流道结合而成的。熔体从中心进入，经过直圆管的分配，流速已基本均匀，再经阻流棒和模唇间隙的调节，即可得到厚度均匀的产品。但物料在这种机头的中部和两侧的停留时间差别很大，因此不适于硬质 PVC 的加工，常用于聚烯烃和聚酯的挤出，如图 5-16 所示。

（2）鱼尾式机头。这种机头由鱼尾形的分配腔和矩形流道构成，熔体从中心进入，沿鱼尾形分配腔展开，其中心压力和流速都比两端大，出料多，因此通常在机头型腔内设置阻力装置，以增大物料在型腔中部的阻力，使物料沿机头全宽方向的流速均匀一致。与 T 型机头相比，它有更好的熔体分配作用，但扩张角不能太大，一般在 80°左右，片材宽度受到限制，可用于硬 PVC 的挤出。图 5-17 为带阻流块鱼尾式机头。

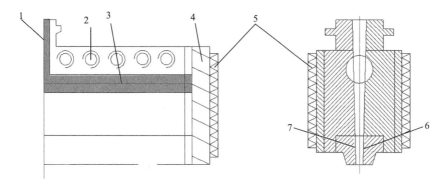

图 5-16 T 型机头

1. 下模体；2. 内六角螺钉；3. 一级管；4. 侧板；5. 电热器；6. 下模唇；7. 上模唇

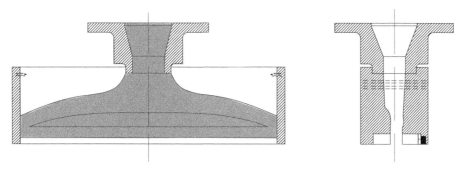

图 5-17 带阻流块鱼尾式机头

（3）衣架式机头。衣架式机头综合了 T 型机头和鱼尾式机头的优点，采用了 T 型机头的圆管状槽，但缩小了圆管的截面积，减少了物料的停留时间；采用了鱼尾式机头的扇形流道弥补板（片）材厚度不均匀的缺点，流道扩张角一般为 160°～170°，比鱼尾式机头扩张角大得多，从而减小了机头尺寸，可生产宽幅板（片）材，是目前应用最为广泛的板材挤出机头，如图 5-18 所示。

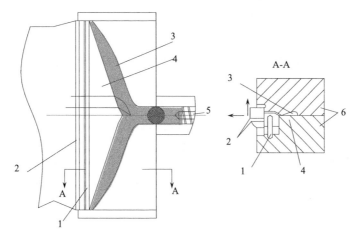

图 5-18 衣架式机头

1. 调节排；2. 模唇；3. 歧管；4. 阻流区；5. 挤出机；6. 模体

（二）熔体泵

与管材和薄膜相比，板（片）材具有很大宽幅，在挤出时对径向挤出的均匀性有更高的要求，否则很容易导致板（片）材制品发生变形和翘曲。因此，在目前的板（片）材挤出生产线中，通常在挤出机和机头间安装一个熔体泵，或称计量泵、计量熔体泵、熔体齿轮泵等。熔体泵一般由泵壳、主动齿轮、从动齿轮、滑动轴承、前后端板和密封件等部分组成，是一种正位移输送装置，流量与泵的转速呈严格的正比关系。熔体泵的外观和工作原理如图 5-19 所示。

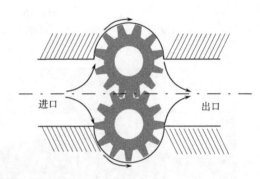

图 5-19　熔体泵的外观和工作原理

熔体泵由两个齿轮的齿廓、泵体、侧盖板构成泵的输料区和排料区。工作时依靠主动、从动齿轮的相互啮合造成的工作容积变化输送熔体。当齿轮按照规定的方向旋转时，熔体就会进入输料区两个齿轮的齿槽中间，然后齿轮开始转动，熔体从两侧带入输料区，齿轮再度啮合，齿槽中的熔体被挤出排料区，压送到出口管道。只要泵轴转动，齿轮就向出口侧输送熔体，因此熔体泵出口可以达到很高的压力，对进口流量和压力无太大的要求。板（片）材挤出过程对熔体压力和熔体流速均匀性的要求高于管材挤出和薄膜挤出成型，在板（片）材挤出中熔体泵的应用已非常普遍，在管材挤出和薄膜挤出时也有部分应用。

熔体泵的引入可有效地隔离机头与挤出机的压力波动，将挤出制品的尺寸公差降至最小，从而提高制品的尺寸稳定性。同时还降低了对螺杆的压力要求，由原来的螺杆向模头建压改为熔体泵模头建压，螺杆可以高速高效地挤出，无论要求建立的压力大小，都可以提供非常高的效率，提高机器产量。调节挤出机背压以减少滞留时间，稳定塑化作用，降低熔融温度，提高塑化质量，降低能耗，延长挤出机使用寿命；挤出的最终产品尺寸变化小，减少废料和降低废品率，可进一步减少原料损耗，降低成本。

（三）板材挤出的其他辅机

板材挤出设备和片材挤出设备在结构上相差不大，其主要的辅机包括三辊压光机、冷却辊装置、切割装置和牵引装置等。

1. 三辊压光机

板（片）材生产用的定型装置一般为三辊压光机，是一种由三个圆柱形辊筒组成的可加热或冷却并调整板材各点速度一致，保证板平直的机器。辊筒是双层内螺旋结构，冷、热介质在辊筒内沿螺旋方向流动，螺旋套的螺距从介质的进口到出口是逐渐变窄的，流速增加，既能使辊筒快速加热或冷却，又能使辊筒横向表面温度趋于一致，从而避免了辊面温度形成梯度而导致制品凹陷，出现厚薄不均的质量缺陷。

从扁平机头挤出的板坯温度较高，须立即引入三辊压光机压光定型并逐渐冷却。压光机在板材挤出流程中起牵引作用，调整板材各点速度一致，保证板材的质量。机头应尽可能靠近压光机，若二者之间的距离过大，从口模出来的板坯会因下垂而发皱，还会因进入辊隙前散热降温过多而对压光不利。应适当控制压光机各辊筒的温度，使板坯上、下表面的降温速度尽量一致，使板坯上、下两面之间和内外层之间的凝固收缩与结晶速度相近，降低板材的内应力，减少翘曲变形。

2. 冷却辊装置

熔融态的板坯经三辊压光机压光，降温定型为一定厚度的固体板状物后温度仍较高，需在压光机和牵引装置间设置若干个冷却导辊，用导辊将其继续冷却至接近室温才能最后成为板材。导辊在板材挤出流程中起冷却作用，其冷却输送部分的总长度主要由板坯的厚度和塑料的比热容决定。板坯越薄、塑料的比热容越小，冷却降温就越快，所需导辊的冷却输送部分的长度就越小，一般需要3m及以上。

3. 切割装置

冷却定型后的板材往往两侧边缘厚薄不均，板的宽窄也不一致，需将两侧边各切去一部分以满足产品标准的要求，称为切边，是板材挤出和流延薄膜特有的工序。切边常用圆盘切刀进行切割，切刀装在牵引辊前面，一般进行纵向切断。产品宽度应比口模最大宽度小10~25mm。厚板材用纵向圆锯片，板材离开牵引辊时即可切割；3mm以下的ABS薄板可用刀片切边，在离开三辊压光机1~2m处即可切割。该装置适用于高黏度的PC板及PMMA板。

除切边外，板材生产线的切割装置还包括切裁装置，即根据需要将板材切成一定长度。裁断方式有电热切、锯切和剪切。切断器类型的选择取决于板（片）材的厚度和组成。使用较多的是后两种，其中锯切适用于硬板或较厚的板材。旋转锯是一种常用的切裁装置，该锯是一种板锯，可以在板材宽度上移动。为使横切的板材角度、尺寸一致，锯的位置与板材的线速度是同步的，可使板材的移动不引起锯切时的弯曲和锯片的弯曲。锯切的特点是消耗动力少，操作方便简单。

对于较薄的板材或软板材多用固定的剪刀式裁剪机剪断。如果线速度不是太大，这种裁剪机可以是静止的，并且剪断操作的时间较短。如果线速度较快，剪断时间相对较长，裁剪机必须是可移动的，该移动速度与线速度同步，以至于板材不起皱。软板或薄片经冷却输送辊后，立即卷取成圆筒状。剪切和锯切对所使用材料的特性都有一定的限制。有些板材的材料（如PS）太脆，当板材被剪断时可能产生碎片。在选择锯切或剪切时，板材应保持一定的温度，在此时剪切板材仍有一定的延展性。特别是没有完全冷却或锯切速度很高时，如HIPS和ABS这样的材料，锯切时有粘住锯条的现象，因此必须有较好的温度控制装置或用圆盘锯。

4. 牵引装置

板材压光后，由导辊输送到牵引机。牵引机由上、下两辊组成，上辊为橡胶辊，下辊为镀铬钢辊，其线速度与辊筒线速度同步。牵引机的作用是将板材均匀地牵引至切割装置，防止在压光机处积料，造成板材弯曲变形，并进一步将板材压光、压平。

同时鉴于不同物料及不同厚度的制品收缩程度不一致，在生产的过程中，应使板材具有适当的张力，从而抵消物料离开口模时的膨胀和减小板材的内应力。非结晶塑料牵引线速度略高于辊筒线速度，结晶塑料牵引线速度略低于辊筒线速度。牵引线速度相对于辊筒线速度的变化在 10%之内。例如，生产硬质 PVC 板材时，牵引装置应与三辊压光机同速；生产聚丙烯板材时，牵引速度稍低于压光机的速度。牵引装置必须有适当的转速调整机构，以便进行无级变速，并且上、下辊的间隙也可以调节。

此外，板材还需经过 β 射线的自动测厚，其测试精度可达到 0.002mm，以确保板材品质。β 射线自动测厚仪工作时沿板横向移动，不直接与板材接触，不损伤板材。

二、板材挤出成型工艺控制

（一）挤出机温度

挤出机温度是板（片）材挤出最重要的工艺参数，挤出机温度一般包括料筒温度和机头温度。通常机头温度比料筒的最高温度高 5～10℃。因为板（片）材挤出的机头很宽，物料要在 1～2m 宽的机头内均匀分布，必须提高熔体温度，以提高熔体流动性。机头中间部分物料流速比两边快，在宽度方向上，机头温度分布为中间较低，两边逐渐提高，有利于物料流速趋于一致。机头温度波动不能超过 5℃，保证板（片）材厚度均匀，最好控制在 2℃内。机头温度必须严格控制在规定范围内，如果机头温度过低，板材表面无光泽，甚至断裂；如果机头温度过高，物料容易分解。当温度不能有效控制板（片）材厚度均匀时，可通过调节模唇开度控制厚度均匀性。

几种常见板（片）材的成型温度参考如表 5-1 所示，其中挤出机分五段温度控制，机头温度沿横向分五段控制。

表 5-1　几种常见板（片）材的成型温度参考

项目		硬质 PVC	软质 PVC	HDPE	LDPE	PP	ABS
机身温度/℃	1	120～130	100～120	180～190	150～160	150～170	80～90
	2	130～140	135～145	200～210	160～170	180～190	100～120
	3	150～160	145～155	210～220	170～180	190～200	150～160
	4	165～185	150～165	230～240	190～200	205～215	180～200
连接法兰处温度/℃		155～165	140～150	220～230	160～170	180～200	140～150
机头温度/℃	1	180～185	165～170	220～230	190～200	200～210	160～170
	2	170～175	160～165	210～220	180～190	200～210	150～160
	3	155～165	145～155	200～210	170～180	190～200	150～155
	4	170～175	160～165	210～220	180～190	200～210	150～160
	5	180～185	165～170	220～230	190～200	200～210	160～170
三辊压光机温度/℃	上	80～85	60～70	85～95	45～50	45～50	110～115
	中	80～90	70～80	95～100	65～75	70～75	120～125
	下	65～70	50～60	80～90	50～60	55～60	105～110

（二）三辊压光机温度

从机头挤出的物料温度较高，为防止板材产生内应力而弯曲变形，应使板材缓慢冷却，三辊压光机是使板坯定型和初步冷却的辅机。三辊压光机的温度直接影响板（片）材的表面粗糙度和平整度，辊筒表面温度应保证板坯与辊筒表面完全贴合，使板（片）材上光或轧花，因此辊筒温度要控制适中。若辊筒温度偏高，辊筒表面黏附水蒸气或配方中的易挥发性组分，使板（片）材表面无光泽、不光滑甚至有疤痕等。若温度过高，会使板（片）难以脱辊，板（片）表面出现横向条纹，甚至将其拉断。例如，软质 PVC 中含有大量的增塑剂，辊筒温度偏高时，增塑剂析出易凝聚于辊筒表面，最终板（片）材的光泽下降。若辊筒温度偏低，板（片）材不易贴紧辊筒表面，导致板（片）材表面无光或产生斑点，严重时会产生褶皱。

为使板（片）材两面的降温速度接近，上、中、下三辊的温度需分别控制。大部分情况坯料都是从上辊与中辊的间隙进入，贴中辊绕半圈，经过中辊和下辊的间隙，最后绕辊半圈导出。在这种情况下，应设置为中辊温度最高，上辊比中辊低 10℃ 左右，下辊比中辊低 20℃ 左右。

除上述因素外，辊筒温度还与板材厚度有关。若挤厚板时，为了防止内应力过大，应缓慢冷却，否则板材冷却过快，在过硬的状态下受辊筒的弯曲作用，会出现表面龟裂现象，导致板材冲击性能下降。生产 PVC、ABS 板时，辊筒温度不超过 100℃；生产厚的 PP 板时，辊筒温度可超过 100℃。

（三）板材厚度控制

成型板（片）材时，模唇间隙一般等于或稍小于板材或片材的厚度，物料挤出后因挤出胀大而导致厚度增加，然后在三辊压光机的压延作用下降低厚度，最后通过牵引拉伸作用达到板材或片材所要求的厚度。板材厚度及均匀度除可调整口模温度进行控制外，还可调整口模阻力块，以改变口模宽度方向各处阻力的大小，从而改变流量及板材厚度。通常板材厚度需微调时，可通过调节模唇间隙来实现；厚度调节幅度较大时，应当调节阻力块。为了获得厚度均匀的板材，可将模唇间隙调节成中间较小、两边较大的形式。机头模唇流道长度与板材厚度有关，一般取板材厚度的 20~30 倍。

三辊压光机的辊间距的调整主要指物料进入的第一道辊隙。辊间距应稍大于板材厚度，板或片通过进一步冷却收缩至所需厚度。辊间距沿板材幅宽方向应调节一致。还要注意辊间存料量，加工结晶物料如 PE、PP，辊筒间应有少量存料量，因为聚烯烃板材挤出时为熔融状态，当机头出料不均时，会出现缺料、大块斑等现象。但存料也不能太多，因聚烯烃熔体易冷却结皮，使板材表面出现"排骨"状的条纹，影响制品质量。

三辊压光机的线速度对厚度有很大的影响。一般来说，三辊压光机的线速度必须与挤出量相适应，若板坯较厚，三辊压光机的线速度应比挤出线速度略快 10%~25%，将板材少量牵伸，以防止板（片）材下垂变形或厚度不均匀。对于薄片，三辊压光机的线速度比压光厚的板坯要快得多。若三辊压光机的线速度太慢，板（片）材表面会出现皱褶；若三辊压光机的线速度太快，过分拉伸会降低板（片）材的强度和厚度。

（四）牵引速度

牵引的目的是使板材从冷却辊出来后继续冷却，直到切割时一直保持张紧状态。如果冷却时无张力，板材会变形；切割时无张力，切割不整齐。牵引张力与板材性能有密切关系，如果张力过大，形成冷拉伸，板材易产生内应力，影响使用性能；如果张力过小，板材未充分冷却，会变形、不平整。

三、常见问题分析

挤出成型过程中常出现的板（片）材质量缺陷主要包括厚度不均匀、残余内应力大、平整度和光泽度差，这些缺陷与原料使用、成型温度和压光工艺等三大因素有关。

（一）厚度均匀性

1. 模具的影响

挤出机机头内部流道必须保证熔体的流道阻力相同、料流的停留时间相等，使熔体出模速度一样，确保坯料厚度均匀。为了获得厚度均匀的板（片）材，模唇间隙应中间小、两边大。

若发现模唇处料流不稳定，时快时慢，有"浪涌"现象，横向不均匀，经过检查又排除了温度、模隙、原料的原因，应检查机头型腔尺寸，尤其是歧管扩张角和歧管末端直径，重新校核和修正。

在衣架式机头型腔内，熔体在流动过程中受到温度、压力等因素影响，易出现不稳定流动，可导致口模间隙变化，使板（片）材厚度不均匀，因此机头设置模唇间隙调节装置。采用最多的是推拉式差动螺栓法和阻尼棒法，对改善板（片）材厚度的均匀性效果显著。

目前的板材挤出设备大多采用口模间隙自动调节技术。在机头内部设置带状加热器，直接对热膨胀调节螺钉进行加热，采用石棉板与模体绝热，调节模唇间隙。另外，还可采用伺服电机控制阻尼棒螺栓的旋转，使阻尼棒升高或降低。自动调节系统与测厚仪联动，整个机头宽度上的间隙分布大小，应根据板（片）材厚度测量结果提前计算，以便自动调整或控制口模间隙，保证制品厚度的均匀性。

板（片）材厚度控制包括纵向厚度和横向厚度的控制。测厚传感器首先检测出各点厚度值，转换为电信号输入到控制系统。对于纵向厚度偏差，系统自动调整螺杆转速、牵引速度、计量泵上料量、压光机线速度等的控制系统，进行相应地调整；对于横向厚度偏差，系统调节差动螺栓，或控制机头热膨胀螺栓的温度，从而调节模唇间隙，实现板（片）材厚度和均匀性的精密控制。

2. 压光机的影响

自机头挤出的板（片）坯的压光、热处理及冷却定型在加热或冷却的三辊压光机上进行。压光机对板（片）材厚度不均匀的影响主要产生在第 1 辊与第 2 辊上。三辊压光机第 1 辊的作用是与固定辊的第 2 辊（中间辊）一起对机头挤出的板坯施加压力，把板坯压成所需的厚度，使其厚度均匀、表面平整。

辊筒挤压物料时受到分离力的作用而产生横压力，使辊筒形成挠度。横压力的大小随辊距的变化而变化，随物料黏度的增大而增大；加工温度高，横压力就小。横压力随时间变化，横压力分布在辊面上是不均匀的，对控制板（片）材厚度均匀性造成一定难度。压力减小，辊筒弯曲变形而使制品的厚度不均匀，对于黏度较大的物料，加工温度应适当提高。辊筒结构为焊接件，刚性不大，易产生挠度。挠度在辊筒中部最大，辊端较小，使塑料板（片）材出现中间厚、两边薄的质量缺陷，因此辊筒要有一定的中高度，以补偿辊筒工作时产生的挠度。如果设备年久磨损及变形，辊筒中高度消失，会造成塑料板（片）材厚度不均。辊长为2000mm 时，第 1 辊的中高度约为 0.042mm，第 3 辊的中高度约为 0.04mm。

第 1 辊和第 3 辊与第 2 辊的辊距的调节精度直接影响制品的厚薄公差，而且辊颈的载荷变形会引起辊距、辊筒分离力变化，导致制品厚度变化。调节辊距时，可通过气动（或液动）杆和电动螺杆两种方式来推动辊筒轴承座的升降，同时轴承座上设置有反弯曲装置，以消除辊筒挠度和辊筒间的不平行。

控制塑料板（片）材厚薄均匀性的办法较多，前提是从机头挤出的料坯应保证均匀、定量、塑化优良、无脉动现象，故应在挤出机前端加装熔体泵和静态混合器。熔体泵能控制挤出机螺杆在低压下工作，螺杆转速提高，能量消耗降低，输出熔体稳定，温度波动、压力波动及挤出量波动较小。静态混合器可提高熔体的混合质量，从而确保熔体的均匀性。

（二）残余内应力

塑料板（片）材残余内应力的存在使制品力学性能下降，产生严重收缩、翘曲变形等质量缺陷。

（1）板（片）材内不能有气泡存在，要排出熔体在挤出机和三辊压光机这两个成型过程中所产生的气泡。挤出板（片）材的料坯应是塑化均匀且不含气泡的优质熔体，因此选择排气式螺杆挤出机非常重要，特别是挤出 ABS、PC、PS 材料时更为需要。挤出机在加热的条件下气体很容易混入。挤出温度是根据原料确定的，特别应防止温度过高，塑料产生分解，形成气孔。表 5-1 为单螺杆挤出机几种板（片）材的成型温度参考。单螺杆挤出机分四段控温，幅宽在 1m 左右的机头横向分五段控温。

从机头挤出的熔融料坯一般是从上辊进入三辊压光机的，机头模唇口应尽可能靠近两辊切线，一般为 50～100mm。若挤出的料坯长度过长，容易夹带空气，影响辊的热传递作用而产生气泡或局部应力。同样，若挤出量与辊速不匹配，并在辊隙处堆料、积料，也会在辊筒与料坯之间形成气穴，影响辊压效果，产生内在质量缺陷。若出现积料倾向，可采取调大辊距或辊速，或降低挤出量等办法来解决。

（2）对板（片）材质量造成影响的不仅发生在辊隙处，也常出现在包辊的过程中。这是因为熔融状料坯在辊筒中所产生的取向和内应力的大小与辊温、辊上停留时间、板材的厚度及聚合物类型等因素有关。只有将三只辊筒温度控制适当，板材上、下表面的冷却速度接近，对于结晶聚合物来说，能使板材的外表与内部结晶速度一致，才能生产出结晶致密、力学性能好的板材，否则板材会产生较差的结晶致密度，内部存在较大的内应力，导致板材翘曲、变形、收缩、力学性能差等缺陷。如果是生产透明板材，需对料坯进行骤冷，防止结晶，对于非结晶聚合物来说，需在较低温度下退火，完成应力松弛。板材内部温度梯度的大小取决于各辊温度的有效控制以及辊速、辊的直径、包辊角等因素。温度梯度一定时，包辊时间短不利于压光；时间过长，弯曲程度增加，内应力增大。

（三）平整度和光泽度

残余应力的存在是影响板材平整度的主要因素。此外，板材一旦出现皱折、波纹、料垄等瑕疵，也将直接影响三辊压光机对板材的平整和压光。

（1）当使用较大直径的辊筒时，在辊隙中很容易产生不规则的熔体料垄，出辊后不易平整，再加上挤到辊筒上的熔体自重下垂与辊筒之间形成空穴，也易产生皱折，加剧了板材平整度的恶化。此时，应对辊筒线速度、牵引机线速度或挤出机螺杆转速做微量的调整。

（2）以链条链轮驱动的三个辊筒，往往易产生横向震痕；以三辊筒各自独立驱动的系统，由于三个辊筒相互线速度控制精度达不到 0.01%的要求，也易产生横向震痕。这种震痕是辊筒不规则的脉动造成的，因此当采用链条链轮驱动时，必须是变位修正的链条链轮，独立控制辊速的控制系统应采用较先进的高精度系统，才能避免横向震痕缺陷。

（3）三辊压光机的辊隙一般要调节到等于或稍大于板的厚度。如果辊距太小，堆料过多，料流不能顺利带走，这部分料的温度会降低，导致板材表面出现明显的水波纹；辊距太大，使口模出料不均匀而出现缺料，使制品产生大块斑，板材表面得不到足够的压光，降低光泽度。

（4）三辊压光机各辊的线速度应相同，其牵引速度必须控制在与挤出量和板材收缩量相适应的程度，能有效地消除皱折。

（5）若需生产高光亮度的板材，可选择包角较大的辊筒，有利于压光板材。

（6）机头温度应严格控制在规定范围内，如果过低，则板材表面无光泽、强度低、易裂；若温度过高，则塑料分解。三辊压光机的温度，中辊温度应略高于上、下两辊，使板材易于包辊，使其完全与中辊相贴合，否则制品下表面有斑纹；但温度又不能过高，否则会使板（片）材难以脱辊，表面产生横向条纹。如果挤出的料坯从上辊和中辊间隙进入，贴紧中辊绕半圈，经过中辊和下辊的间隙，又紧贴下辊绕半圈导出，这时中辊温度最高，上辊温度稍低，下辊温度最低。

四、案例分析

（1）挤出生产 PP 板材时成型工艺应如何控制？

PP 板材挤出成型时，一般应选用挤出级专用牌号的 PP 树脂，如抚顺生产的 EP2S34FD60P 和齐鲁石化生产的 EPS30R 等，也可用 PP 与 HDPE（熔体流动速率为 0.12g/10min）的混合料，掺混比例一般为 4∶1～3∶2。

挤出生产 PP 板材，其成型工艺控制为：机筒加料段温度 150～160℃，压缩段温度 160～170℃，均化段温度 180～190℃；机头中间段温度 190～200℃，两端温度 200～210℃；三辊压光机中辊温度 70℃左右，下辊温度 60℃左右，上辊温度 50℃左右，辊面上各点温度一致，温差控制在±0.5℃左右。

一般挤出成型时机头前应安装过滤装置，至少应采用三层过滤网，如 40 目/80 目/40 目，目数大的应放中间。挤出时，三辊压光机与机头模唇应尽量靠近，以防止从模唇挤出的板坯发生下垂，一般距离为 50～150mm，生产时应视板材幅宽收缩大小调整两者之间的距离。板材的牵引比可控制在 1.1～1.2。

（2）挤出的 ABS 板材为什么弯曲不平？挤出过程中应如何解决？

挤出 ABS 板材时出现弯曲不平的原因有以下几点：①板坯在做周向运动时被逐渐冷却，如果三辊压光机辊温控制不当，板材易在横向出现弯曲现象；②板材冷却不充分，后期冷却时横向和纵向收缩不均匀，使板材弯曲变形；③机头模唇间隙调整不合理，板材的单向定向程度大，产生内应力弯曲变形。

解决办法有以下几种：①适当调整三辊压光机辊温，若板材向上翘曲，应适当提高下辊温度，但不能超过中辊温度；若板材向下翘曲，应适当提高中辊温度；通常 ABS 板材挤出成型时，三辊压光机上辊温度为 110~115℃，中辊温度为 120~125℃，下辊温度为 105~110℃。板材厚度小时，下辊温度取上限值。②适当降低挤出温度及料温。③调节机头的调节螺钉，适当调整模唇间隙，模唇开度一般比板厚大 10%左右。

第五节 挤出吹膜工艺

塑料薄膜在日常生活和工业生产中广泛应用于食品、医药、化工等领域的包装和覆膜层等，其中食品包装所占比例最大，如饮料包装、速冻食品包装、蒸煮食品包装、快餐食品包装等，这些产品都给人们生活带来了极大的便利。

塑料薄膜的成型加工方法有多种，如挤出吹膜法、流延法、拉伸法、压延法等，目前最普遍的是挤出吹膜法和流延法。

挤出吹膜的特点是设备简单、占地面积小、投资少、收效快。挤出吹膜过程是横向和纵向拉伸过程，因此薄膜实际上也属于双向拉伸产品，薄膜的强度较高，且生产过程无边料、废料少。挤出吹膜生产的薄膜制品尺寸规格较多，所生产的膜是双层膜，因此易于制袋。几乎所有的购物袋都是通过挤出吹膜法生产得到的。挤出吹膜法具有上述优点，在薄膜生产中占有非常重要的地位，但与流延法和拉伸法相比，其主要缺点是生产效率和拉伸强度偏低，而且产品厚度的均匀性也不如流延法生产的产品。

挤出吹膜制品的厚度一般为 0.01~0.1mm，可用挤出吹膜法生产薄膜的材料有 PE、PP 和 PVC 等，一般选用吹膜级专用牌号，根据制品的最终性能要求选择树脂的分子量和添加剂的种类和用量。制品对强度性能要求较高时，选用分子量大，MFR 值偏小的树脂；若对 PP 膜制品有耐寒性方面的要求，则须选用共聚 PP 树脂。

挤出吹膜法的基本原理如下：物料经挤出机塑化均匀后，从机头的环形缝隙挤出膜管，在从机头下面的进气管引入的压缩空气的作用下膜管横向吹胀，同时被机头上方的牵引辊纵向拉伸，并由机头上面的冷却风环吹出的空气冷却，充分冷却定型后的膜管被人字板压叠成双折，再经牵引辊压紧封闭并以均匀的速度引入卷取辊，当进入卷取辊的双折膜管达到规定长度时即被切断成为膜卷。

挤出吹膜工艺根据从挤出机机头引出筒坯方向的不同，可分为平挤上吹、平挤下吹和平挤平吹三种，其中最常用的是平挤上吹。

平挤平吹法的工艺流程如图 5-20 所示。使用直通式机头，机头和辅机的结构都比较简单，设备的安装和操作都很方便，但挤出机的占地面积大。由于热气流向上，冷气流向下，膜管上半部的冷却要比下半部缓慢，导致冷却不均匀。当塑料的密度较大或膜管的直径较大时，膜管易下垂，薄膜厚度均匀性差。通常幅宽在 600mm 以下的 PE 和 PVC 薄膜可用此法成型。

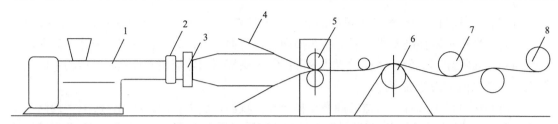

图 5-20　平挤平吹法的工艺流程图
1. 挤出机；2. 机头；3. 风环；4. 人字板；5. 牵引辊；6、7. 导向辊；8. 卷取辊

　　平挤上吹法的工艺流程如图 5-21 所示。平挤上吹法使用直角式机头，机头的出料方向与挤出机机筒中物料的流动方向垂直。挤出的管坯垂直向上引出，经吹胀压紧后导入牵引辊。该法主要优点是整个膜管都挂在膜管上部已冷却的坚韧段上，薄膜牵引稳定，能制得厚度和幅宽范围较大（如直径为 5m 以上）的薄膜，而且挤出机安装在地面上，不需要操作台，操作方便，占地面积小，薄膜厚度范围宽、厚薄相对均匀。该法主要缺点是膜管周围的热空气向上，冷空气向下，对膜管的冷却不利；物料在机头直角处拐弯，增加了料流阻力，物料有可能在拐角处发生分解；厂房的高度较高；机头和辅机的结构也复杂。

　　平挤下吹法也使用直角式机头，但管坯是垂直向下牵引的，其工艺流程如图 5-22 所示。膜管的牵引方向与机头产生的热气流方向相反，有利于膜管的冷却，同时此法还可以用水套直接冷却膜管，使生产效率和制品的透明度得到明显的提高。平挤下吹法冷却效果好，引膜靠重力下垂进入牵引辊，比平挤上吹法引膜方便，生产线速度较快，产量较高。但是，整个膜管挂在尚未定型的塑性段上，生产较厚的薄膜或牵引速度较快时易拉断膜管，不适用于密度较大的物料。挤出机必须安装在较高的操作台上，安装费用增加，操作也不方便。因有水套对膜管进行急剧冷却，此法适用于熔体黏度小、结晶度较高的树脂（如 PP 树脂等），可用于生产高透明度的包装薄膜。

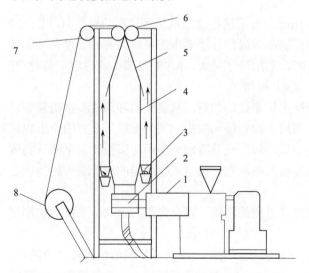
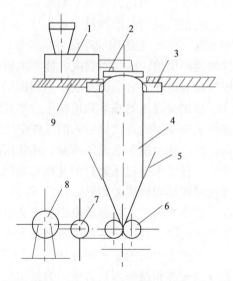

图 5-21　平挤上吹法的工艺流程图
1. 挤出机；2. 机头；3. 风环；4. 膜管；5. 人字板；6. 牵引辊；7. 导向辊；8. 卷取辊

图 5-22　平挤下吹法的工艺流程图
1. 挤出机；2. 机头；3. 风环；4. 膜管；5. 人字板；6. 牵引辊；7. 导向辊；8. 卷取辊；9. 支架

一、挤出吹膜设备

挤出吹膜的挤出机通常为单螺杆挤出机，要求挤出机的挤出量与所成型薄膜的厚度和折径相适应，折径指膜管展开宽度的一半。用高产率的挤出机成型薄而折径小的膜管时，因必须采用很高的牵引速度，往往使冷却装置的冷却能力无法适应；用低产率的挤出机成型厚而折径大的膜管，由于必须采用环隙断面面积很大的机头，熔体在高温机头内停留时间过长，会出现焦化与热降解。螺杆直径、长径比和薄膜折径、薄膜厚度的关系如表 5-2 所示。

表 5-2　挤出机型号与薄膜制品尺寸的关系

螺杆直径/（mm）×长径比	薄膜折径/mm	薄膜厚度/mm
30×20	50～300	0.01～0.06
45×25	100～500	0.015～0.08
65×25	400～900	0.088～0.12
90×28	700～1200	0.01～0.15
120×28	1000～2000	0.04～0.18
150×30	1500～3000	0.06～0.20
200×30	2000～8000	0.08～0.24

（一）挤出吹膜机头

机头的功能是在尽可能低的压力下，使挤出的熔融物料在口模圆周上具有热力学、几何学和流体力学的均匀分布，实现膜管周向厚度的均匀成型。物料通过机头被压制密实，机头流道既要光滑无痕，又要形成压力。

挤出吹膜常用的机头由芯棒和机头外套组成，按芯棒与挤出机螺杆方向的相互关系，机头可分为从侧面进料的芯棒式机头（图 5-23）、从中心进料的水平式十字架式机头（图 5-24）

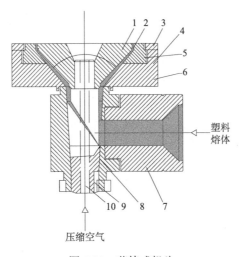

图 5-23　芯棒式机头

1. 芯棒；2. 缓冲槽；3. 压板；4. 口模调节螺钉；5. 口模；6. 上机头体；7. 机颈；8. 下机头体；9. 紧固螺钉；10. 芯棒轴

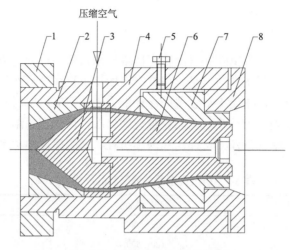

图 5-24　水平式十字架式机头

1. 法兰；2. 机颈；3. 分流器；4. 模体；5. 调节螺钉；6. 芯模；7. 口模；8. 口模压板

和螺旋式机头。芯棒式机头可用于 PVC 和聚烯烃类塑料的成型，水平式十字架式机头和螺旋式机头主要用于聚烯烃类薄膜的成型。虽然结构不同的机头各有特点，但都应保证熔体在其中具有稳定的压力，挤出筒坯圆周各点的厚度一致和温度均一。

（二）挤出吹膜辅机

挤出吹膜辅机的作用是将处于半熔融状态的膜管冷却定型，使其形状和尺寸固定下来，达到一定的表面质量，并经一道道工序，最后成为具有特定用途的薄膜制品。主要辅机包括冷却定型装置、牵引装置及卷取装置。挤出吹膜辅机的主要技术参数有吹膜最大折径、牵引辊长度及直径、牵引速度、人字板长度等。

挤出吹膜的冷却定型装置一般采用风环冷却，它可以将来自风机的冷风沿膜管周围均匀地定量、定压、定速吹向膜管，使膜管定型冷却，同时还有稳定膜管的作用。近年来，随着高速挤出机的出现，吹塑薄膜的生产效率得到提高，因此须同步提高风环的冷却效率，风环也由普通风环升级成双风口减压风环。双风口减压风环有两个出风口，由两个鼓风机单独送风，气流从冷却风琴的上、下风口吹向膜管，这种风环的冷却效果明显优于普通风环，可以提高薄膜的产量和质量。

膜管在冷却定型后，经固定在牵引架下方的人字板展平，最后进入牵引辊辊隙而被压紧，成为连续的双层薄膜被送入卷取装置。牵引装置一般由牵引架、人字板、传动系统和一对牵引辊组成。

人字板，又称导向板，是挤出吹膜的重要辅助装置，其夹板因布置成人字形而得名。人字板的作用有三个：①稳定膜管；②逐渐将圆筒形的薄膜折叠成平面状；③进一步冷却薄膜。人字板的夹角可调节，一般平吹法的夹角为 30°左右，而上吹法和下吹法的夹角为 40°左右。早期的人字板以木质材料为主，其散热性差，难以满足现在高速挤出的要求，现在多以不锈钢夹板为主，而且金属夹板内还通有冷却水，可以进一步增加降温冷却效果。

牵引辊一般由两辊构成，一个是主动辊，为镀铬钢辊；另一个是被动橡胶辊，其表面包裹有橡胶层。橡胶辊在工作时紧贴在主动辊上，夹紧薄膜，防止膜管漏气，以保证在牵引拉伸薄膜时恒定的吹胀比，保持薄膜制品宽度一致。其作用是牵引、拉伸薄膜，使薄膜的挤出速度与牵引速度有一定的比例，即牵引比，从而使薄膜达到所应有的纵向强度。同时通过对牵引速度的调整还可控制薄膜的厚度，使其在由管状折叠时不引起皱折。

筒坯在吹胀和牵引双重作用下形成泡状物的过程中，其纵、横两向都在伸长，都会产生聚合物大分子的取向。为制得性能良好的膜管，纵、横两向上的大分子取向程度最好取得平衡，为此应使纵向的牵引比与横向的吹胀比尽可能保持相等。牵引比是指牵引速度与挤出筒坯的线速度之比；而吹胀比是指膜管直径与模孔直径之比。在机头模孔尺寸一定的情况下，吹胀比受膜管预定折径的限制，实际生产中通常吹胀比远小于牵引比。在这种情况下，如果仍然希望维持膜管纵、横两向大分子取向程度的一致，就只能依靠调节口模温度和冷却系统的冷却能力来实现，提高口模温度和降低冷却速度能够适当延长挤出物在其冷固温度以上的停留时间，从而有利于降低泡状物在纵向上的大分子取向度。

二、挤出吹膜成型工艺控制

（一）温度

温度控制是吹膜工艺中的关键，直接影响制品的质量。对热敏性塑料如 PVC 吹塑薄膜，温度控制的要求极为严格，正确地选择加热温度与加热时间十分重要。加热温度的设定主要是控制物料在黏流态的最佳熔融黏度。挤出不同的原料，采用的温度不同；厚度薄的膜要求更高的熔体温度，以保证更好的熔体流动性，因此同样的物料，如果成型的薄膜厚度为 20μm，加热温度比成型 60μm 的薄膜所需温度要高得多。

控制温度的方式可分为两种：①从进料段到口模，温度逐步升高；②进料段温度低，压缩段温度突然升高（控制在物料最佳的塑化温度），到达计量段时，温度降至使物料保持熔融状态，但口模温度应使物料保持流动状态，根据挤出机螺杆长径比的不同，口模温度可与机筒末端温度一致或比后者低 10～20℃。

对于热敏性塑料如 PVC，机筒温度应低于机头温度，否则物料在温度较高的机筒中容易过热分解。对于 PE 和 PP 等不易过热分解的塑料，机头温度可低于机筒温度。这样，不但对膜管的冷却定型有利，而且能使膜管更稳定，提高薄膜质量。

温度控制比较复杂，只有充分了解物料的性能和加工条件，才能更好地控制加热温度。常用吹塑薄膜的挤出温度控制范围见表 5-3。

表 5-3　常用吹塑薄膜的挤出温度控制范围

薄膜品种		机筒温度/℃	连接器温度/℃	机头温度/℃
PVC（粉料）	高速吹膜	160～175	170～180	185～190
	热收缩薄膜	170～185	180～190	190～195
	PE	130～160	160～170	150～160
	PP	190～250	240～250	230～240
复合薄膜	PE	120～170	210～220	200
	PP	180～210	210～220	200

机筒和机头的加热温度对薄膜的成型和性能影响显著。成型温度过高，会导致薄膜发脆，尤其是纵向拉伸强度下降显著；此外，温度过高还会使膜管沿横向出现周期性振动波。温度太低，树脂得不到充分混炼和塑化，产生一种不规则的料流，使薄膜的均匀拉伸受到影响，光泽、透明度下降；加工温度太低，还会使膜面出现以晶点为中心，周围呈年轮状纹样，晶点周围薄膜较薄，这就是所谓的"鱼眼"；此外，温度太低，还会使薄膜的断裂伸长率和冲击强度下降。

（二）吹胀比

吹胀比是吹塑薄膜生产过程的控制要点之一，吹胀比的大小不但直接决定薄膜的折径，而且影响薄膜的多种性能。吹胀比 α 是指吹胀后膜管的直径 D_p 与机头口模直径 D_k 之比。吹胀比为薄膜的横向膨胀倍数，实际上是对薄膜进行横向拉伸。拉伸会对塑料分子产生一定程度的取向作用，吹胀比增大，薄膜的横向强度提高；但吹胀比过大，膜管不稳定，易出现膜管歪斜，像蛇一样的蠕动，膜径和厚薄均无法控制。因此，吹胀比应当与牵引比配合适当，一般来说，LDPE 和 LLDPE 薄膜的吹胀比应控制在 2.5～3.0 为宜。

吹胀比的选择应从薄膜折径和性能两个方面来考虑。吹胀比越大，薄膜的光学性能越好，因为在熔融树脂中，塑化较差的不规则料流可以纵横延伸，使薄膜平滑。增加吹胀比还可以提高冲击强度、径向拉伸强度和径向撕裂强度，而纵向拉伸强度和纵向撕裂强度却相对下降。当吹胀比大于 3 时，两个方向的撕裂强度趋于恒定。纵向伸长率随吹胀比的增加而下降，径向伸长率却变化不大，只有当机头环形间隙增大时，横向伸长率才开始上升。

（三）牵引比

挤出薄膜物料的速度与牵引的速度有一定的比值，称为牵引比。牵引比也是吹塑薄膜的一个重要工艺参数。通过调节牵引比，可以控制薄膜的厚度，牵引比太大，薄膜易拉断，难以控制厚度均匀。通过牵引辊对膜管的压紧，可防止膜管漏气，使吹胀比恒定，不但可获得厚薄度均匀、宽度一致的薄膜，而且纵向牵伸的作用使薄膜可获得应有的纵向强度。此外，两牵引辊的压力应当在满足必要的牵引和拉伸及防止膜管漏气的条件下尽可能地小，因为作用于胶辊的压力越大，胶辊中部的变形就越大，会出现膜片的边缘被压紧、中部压不紧的情况，容易造成膜管不稳定。

牵引辊接触线的中心、人字板中心均应与机头对准，"三线合一"，以保证膜管稳定不歪斜，还应定期校核对辊的轴线的平行度和水平度。

吹塑薄膜的牵引比 b 是指牵引速度 v_D 与挤出速度 v_Q 之比。牵引速度 v_D 是指牵引辊的线速度，而挤出速度 v_Q 是指熔体离开口模的线速度，这两种速度可用下式计算：

$$v_D = \frac{Q}{2W\delta\rho} \tag{5-1}$$

$$W = \frac{aD_k}{2} \tag{5-2}$$

式中，v_D 为牵引速度，cm/min；Q 为挤出机的生产率，cm³/mm；D_k 为机头口模直径，mm；W 为薄膜的折径，cm；a 为吹胀比；δ 为薄膜的厚度，cm；ρ 为熔融塑料的密度，g/cm³。

$$v_Q = \frac{Q}{\pi D_k h \rho} \qquad (5\text{-}3)$$

式中，v_Q 为挤出速度，cm/min；Q 为挤出机的生产率，cm^3/mm；D_k 为机头口模直径，mm；h 为口模缝隙宽度，cm；ρ 为熔融塑料的密度，g/cm^3。

因此，牵引比可由下式得到：

$$b = \frac{\pi D_k h}{2W \delta} \qquad (5\text{-}4)$$

当加快牵引速度（增大牵引比）时，从口模出来的熔融树脂的不规则料流在冷却固化前不能得到充分缓和，光学性能较差。即使增加挤出速度，也不能避免薄膜透明度的下降。如果牵引比过大，薄膜的厚度难以控制，甚至有可能将薄膜拉断。在挤出速度一定时，若加快牵引速度，径向和纵向强度不再均衡，导致纵向强度上升，径向强度下降。

吹胀比和牵引比分别为薄膜横向膨胀的倍数和纵向拉伸的倍数。若二者同时增大，薄膜厚度减小，折径变宽，反之亦然。吹胀比和牵引比是决定薄膜最终尺寸和性能的两个重要参数。

（四）冷却线

冷却线又称露点、霜白线，指熔体由黏流态进入高弹态的分界线。在吹膜过程中，薄膜从口模中挤出时呈熔融状态，透明度良好。当离开口模后，通过风环对膜管的吹胀区进行冷却，冷却空气以一定的角度和速度吹向刚从机头挤出的塑料膜管时，高温的膜管与冷却空气相接触，膜管的热量会被冷空气带走，其温度会明显下降到黏流态温度以下，从而使其冷却固化且变得模糊不清。在吹塑膜管上可以看到一条透明和模糊之间的分界线，这就是冷却线。图 5-25 为吹膜过程中的冷却线。

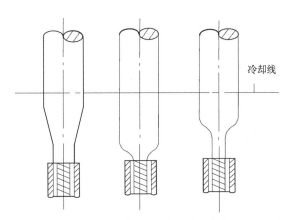

图 5-25　吹膜过程中的冷却线

在吹膜过程中，冷却线的高低对薄膜性能有一定的影响。如果冷却线高，位于吹胀后的膜管上方，则薄膜的吹胀是在液态下进行的，吹胀仅使薄膜变薄，分子不发生拉伸取向，这时的吹胀膜性能接近于流延膜；相反，如果冷却线比较低，则吹胀是在固态下进行的，此时处于高弹态下，吹胀就如同横向拉伸一样，分子发生取向作用，吹胀膜的性能接近于定向膜。

三、挤出吹膜常见问题分析

平挤上吹法存在的主要问题是温度分布不均，热空气向上，冷空气向下，受外界不稳定气流的影响，膜管各段及四周冷却不均，造成薄膜厚度不均。平挤上吹法使用的是直角式机头，出料方向与挤出机料筒中物料流动方向垂直，物料在机头拐弯 90°，增加了料流阻力，塑料熔体易残存在拐角处或口模处而造成分解焦化，使薄膜出现晶点、挂料线等瑕疵，甚至膜管破裂。常见的缺陷包括厚度不均、薄膜中有晶点、物料分解、有挂料线等。

（一）厚度不均

薄膜的厚薄均匀度是检验薄膜的一个主要技术指标，控制和调节其均匀度是操作上一个极重要的课题。影响薄膜厚薄不均的因素较多且较复杂，归结起来容易发生在三个方面，即机头、牵引和冷却定型。

当螺杆转速提高，挤出量增大时，受熔体的侧向压力作用，有可能使机头内芯棒变形，靠近机头的后半圆环形缝隙胀大，前半圆环形宽度变小，口模环形缝隙宽度不一致，这就是偏中现象。偏中会导致出料快慢不一致，薄膜厚度不均匀。另外，在芯棒式机头的流道中熔体需转弯 90°，由于分料曲线结合部"桃尖"的存在，熔体在环形流道中流动距离不一样，到达口模的时间有先有后，靠近机身处的熔体流动距离小于"桃尖"一侧熔体流动距离，此时环形流道中的熔体塑化程度不一样，熔体的黏度不一致，影响薄膜厚度的均匀性。

薄膜厚度的不均匀性随吹胀比的增大而增大。吹胀比过大时，膜管不稳定，易出现膜管歪斜，像蛇　样的蠕动，使薄膜的厚度不均匀。

薄膜冷却定型能对薄膜厚度的不均匀性进行调整，挤出过程中，保持膜管稳定而不抖动。一般将薄膜的冷却过程分为三个区域：在膜管的膨胀区，通过冷却约带走总热量的 40%；膜管冷却线和牵引辊之间，约带走总热量的 50%；在牵引辊和卷取辊的区域内，约带走总热量的 10%。

采用哪种风环或冷却方式对薄膜厚薄均匀度影响很大，要求膜管单位面积上的送风量均匀一致，否则薄膜冷却较差的部分就要延伸变薄，使厚度不均匀。

风环的安装必须与机头同心，与水平面水平，使冷却空气均匀地喷射在膜管的周围，保证膜管得到均匀冷却，以得到厚薄均匀的薄膜。风环与机头还必须保证一定的安装距离或有减少热传递的措施，减少风环的受热量，使空气的工作温度不受影响。为了提高冷却强度，一种方法是对冷却空气进行冷冻，使温度降至 15℃ 以下；另一方法是增大风环的空气流量，使大量空气流经膜管的表面，但应防止空气流速过大，以免膜管受气流的冲击而引起抖动，使膜管不稳定，导致薄膜厚薄不均。

风环必须使冷却风以一个适当的角度吹向膜管，使膜管迅速冷却并保证一定的吹胀比，对膜管起到依托作用。这个角度就是从风环出风口吹出气流的方向与膜管牵引的方向所形成的夹角，称为吹出角。吹出角的大小和位置与膜管直径大小、薄膜厚度、塑料熔融状态等因素有关，吹出角的大小及位置不当会影响冷却及膜管稳定效果，引起膜管飘动不稳，导致厚薄误差大，甚至出现膜管卡断的不良后果。如果薄膜折径大，吹出角可选大些；薄膜折径小，吹出角可选小些，但吹出角趋向于选大些为好。

在卷取前应定时逐点取样，测定厚度，找出厚薄不均的部位及产生原因，以便调整冷却风量和位置或采取相应措施，加强膜管的稳定效果。

（二）分解线、焦粒、皱折

吹塑薄膜外观的主要质量缺陷有两个方面：①薄膜表面出现分解线、焦粒、云雾等；②膜卷内形成皱折。这些缺陷与挤出工艺、机头和牵引卷取三个方面有关联。

（1）对单螺杆挤出机来说，一般分三段温度控制，其方式有两种：一种是从进料段到口模，温度逐渐升高；第二种是进料段温度较低，到压缩段温度突然升高，其温度控制在物料最佳塑化状态，进入均化段温度下降，保持物料的熔融状态，直至口模。第一种递升法，使物料受热逐渐熔融压缩，物料受热和压缩过程比较缓和和均匀，生产平稳，温度容易控制，但由于均化段温度较高，内压力小，回流多，容易造成料流脉动，出现料流波动，导致薄膜厚度不均匀而形成皱折；另外，机头温度较高，物料在机头中的流动比机身曲折，口模温度又较高，物料极易分解而出现薄膜焦粒、晶点、云雾等瑕疵。因此，一般采用第二种控温方法，不但可以避免上述问题，而且由于压缩段温度较高，物料充分塑化，薄膜外观质量有所提高。

（2）物料在机头处容易分解，尤其是芯棒式机头的分流棱处，因此机头内凡是与物料接触的表面都应是光滑流线形，减少阻力，不能有明显的死角，否则会引起分解。机头的形状最好是规则的、对称的，以便能均匀加热，消除因机头周边加热不均匀带来的质量缺陷。物料通过机头时，熔体压力逐渐下降，到口模时降为零，压力一方面由多孔板、过滤网的阻碍造成，另一方面由机头流道断面压缩形成，其压缩比一般为5～10，如果压缩比太小，分流形成的接缝线不易消除，还会产生纵向条纹。应根据各种挤出条件，选择合适的压缩比。此外，机头内部结构设计不当，会在吹塑薄膜上产生鱼眼、焦粒、条纹，甚至薄膜破裂等缺陷。若生产时间过长，挤出量过少，薄膜上有黄黑斑点，以及口模中有杂质停留而产生挂料线，此时应拆洗模具，更换多孔板或过滤网。

（3）薄膜的皱折是影响薄膜表面平整的主要原因。产生皱折的原因较多，主要包括膜管外界气流不稳定、出料不均、牵引辊两端压力不均、人字板的夹角选择不当、吹胀比太大及机械安装精度较低等。

在吹塑、折叠、冷却过程中产生的皱折与人字板种类、夹角和长度有关。同一类型的人字板其夹角的大小对皱折的影响最大。压平膜管的过程中，膜管同一圆周上的各点与人字板接触前后一致，防止冷却不均、薄管收缩不一致形成皱折，排除造成膜管不稳定的各种因素，防范膜管颤动产生严重的皱折。一般夹角端对边的距离正好是膜管的直径，若夹板长，对同一直径的膜管其夹角小；反之，夹板短，夹角大。夹角越大，膜管表面与人字板之间产生的摩擦力的大小差异也越大，产生皱折的可能性也越大；夹角越小，膜管夹扁顺畅，不易起皱。

牵引辊的作用是牵引和拉伸薄膜，通过牵引辊将管状薄膜折叠为平面状，保证不引起皱折。在膜管不漏气的情况下，辊的压力尽可能取小值，避免因压力过大使橡胶辊中部变形量增大而造成对辊压力不均，产生边缘紧、中间松的现象，使薄膜发生皱折。

解决薄膜皱折的主要措施：①在生产过程中保证膜管稳定及其厚薄度均匀；②尽可能使纵、横的拉伸定向作用基本相等，这样薄膜通过牵引辊时产生皱折的倾向较小。

薄膜卷取时应平整无皱折，卷边呈一直线，薄膜在卷轴上松紧一致，卷取速度不能因卷取直径的变化而变化，即线速度应保持恒定，与牵引辊线速度相同。无论采用哪种类型的卷取机，均应能有效控制张力的恒定。

（三）晶点

晶点主要是由少量的未塑化的高分子树脂或杂质所形成的凝胶粒子。凝胶粒子产生的原因有多种，如双峰型 PE 树脂中的高分子量树脂挤出加工过程中，过热引起高分子的交联；添加助剂的热稳定性差；研磨细粉中夹带的杂质、催化剂残渣及其他有机或无机杂质等。

晶点产生的原因不同，薄膜缺陷表现也不同。由未塑化完全引起的晶点在剪切力的作用下呈末端拉长的椭圆形，会影响薄膜的美观；由凝胶粒子引起的晶点，典型特征是中心为一个点或鱼眼，在薄膜上形成薄弱点，引起烂洞缺陷。

对于未塑化的粒子，可以提高塑化温度，或更换高熔体流动速率的物料。对于分解或杂质形成的凝胶粒子，可以通过减少物料滞留时间、控制工艺温度、提高体系的热稳定性等方法减少凝胶粒子的形成；同时定期清洁螺杆、机筒及机头表面，保持其光滑无痕，避免物料堆积及出现降解死角。

四、案例分析

挤出吹膜法制备 PP 透明薄膜的生产工艺应如何控制？

挤出吹膜用树脂一般应选择熔体流动速率为 6~12g/10min 的专用吹塑级树脂，同时在选用 PP 时还应注意 PP 的使用环境，一般在温度较低的情况下使用应选择共聚 PP，在温度较高的情况下使用应选择均聚 PP。PP 挤出吹膜时，挤出成型温度一般控制在 180~240℃，成型温度越高，薄膜的透明性越好，但要防止薄膜发黏；PP 吹塑薄膜的吹胀比比 LDPE 小一些，一般控制在 1.0~2.0，不能超过 2.5。

例如，某企业采用熔体流动速率为 7.2g/10min 的 PP 料制备 PP 透明薄膜的生产工艺控制如表 5-4 所示。

表 5-4　挤出吹膜法制备 PP 透明薄膜的生产工艺控制

参数	数值	参数	数值
机筒一段温度/℃	150~160	机头温度/℃	200~210
机筒二段温度/℃	180~190	吹气压力/MPa	0.02
机筒三段温度/℃	195~215	吹胀比	1.0

第六节　挤出流延膜工艺

流延法是成型塑料膜的一种常用方法，是将塑料颗粒或粉料经挤出机加热、熔融、塑化，从机头通过口模挤出，浇到流延辊上，急剧冷却成型，然后经多级牵引，经膜测厚仪、电晕处理机、摆幅机构、切边（消除静电）后卷取成膜产品的生产过程。流延膜是通过熔体流延骤冷生产的一种无拉伸、非定向的平挤膜，有单层流延和多层共挤流延两种方式。

与挤出吹膜相比，流延膜机头模口间隙可调，一般机头可通过人工手动调节螺栓调整模口间隙，使膜厚度控制在±5%偏差范围内，而挤出吹膜的厚度偏差在 10%左右。采用流延法生产的膜分子排列有序，产品快速冷却，可以获得很高的生产速度，可改善膜的形态结构，所生产的流延膜具有更优良的光学性能。流延法的生产中有分流道调节熔体熔合，而挤出吹膜时熔体在接近机头出口处才进行熔合，熔合过程很短。对于多层膜，挤出吹膜每种树脂的厚度只能通过调节挤出机螺杆转速来改变，控制和调节精度差；从保证树脂的每层分布均匀角度看，流延法比挤出吹膜法更适合应用于生产多层共挤膜。

塑料挤出流延成型膜的透明性优良、光泽度好，膜纵、横向的均匀性好；同时，流延膜是平挤膜，后续工序如印刷、复合等都极为方便；经印刷、制袋后可单独用于食品、服装、卫生纸巾、家用电器、鲜花等的外包装。多层共挤流延膜广泛应用于食品、饮料、茶叶、肉制品、农产品、海产品、纺织品、化工用品、卫生保健品、医药用品、文教用品、化妆品等的包装。

流延法成型膜的特点是易于实现大型化、高速化和自动化，生产效率高，更易印刷、复合，生产出的流延膜与挤出吹塑膜相比结晶度低、透明度高、膜厚度公差小、强度高、光泽度好。但流延法的投资额度比挤出吹膜法大得多，生产设备占地空间也较大。流延膜广泛用作服装、日用品、食品、医药的包装。流延膜的原料主要有 PE、PP 和 PA 等，而 PS、PET 主要用于双向拉伸膜，在流延成型中有时也有使用。

双向拉伸膜的缩写代号为 BOPF。在双向拉伸膜的生产过程中，通过改变工艺条件可以制得纵、横两个方向的物理力学性能基本相同的膜产品，通常称为各向同性产品；也可以制得一个方向的力学强度高于另一个方向的各向异性膜产品。通常情况下，纵向力学强度大于横向力学强度。

一、流延膜成型设备

流延膜主要成型设备包括挤出机、机头、冷却装置、测厚装置、切边装置、电晕处理装置、牵引装置、卷取装置等。

膜与片材一样，是一种平面片状制品，不同之处是膜的厚度远小于片材厚度。通常将这种流延法制得的膜称为流延膜。从生产工艺的角度看，流延膜的生产过程与片材的挤出过程有相似之处。流延膜生产的工艺流程是树脂经挤出机熔融塑化，从机头通过狭缝式口模挤出，浇注到流延辊上，使塑料熔体急剧冷却，然后再加热、拉伸、卷取，其生产线示意图见图 5-26。流延膜生产工艺流程中气刀中吹出压缩空气将流延膜吹向流延辊表面。

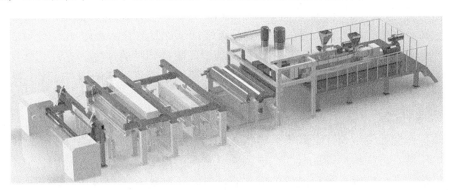

图 5-26　流延膜成型生产线示意图

流延膜紧贴流延辊,可提高膜的冷却效果,流延辊的作用是将膜两面进一步冷却。流延膜冷却充分,其生产线速度比挤出吹膜高,是挤出吹膜生产线速度的 3~4 倍,达 60~100m/min。

(一)挤出机

根据流延膜的产量选择挤出机的规格,挤出机的规格至少选择 ϕ9mm,膜产量规格较大的可选用 ϕ100mm 的挤出机。根据原材料性能选择螺杆结构,方法与挤出吹膜相同。螺杆的设计决定了树脂的熔融塑化质量,流延膜成型机头对树脂熔融质量要求较高,因此螺杆多采用混炼结构。一般螺杆长径比为 25~33,压缩比为 4。挤出机需要清理机头,必须安装在可以移动的机座上,移动方向一般与生产设备的中心线一致。停机时挤出机应离开流延辊,要求挤出机后移 1m 以上。

(二)机头

生产流延膜的机头与生产板(片)材的机头相似,为扁平机头,模口形状为狭缝式。这种机头设计的关键是使物料在整个机头宽度上的流速相等,获得厚度均匀、表面平整的膜。目前,扁平机头主要有衣架式机头、支管式机头、分配螺杆机头、鱼尾式机头等,这几种机头对板(片)材的挤出同样适用。机头宽度有 1.3m、2.4m、3.3m、4.2m 几种规格,其中宽度为 4.2m 的机头其年产量为 7000t。机头平直部分的长度为膜厚度的 50~80 倍,当膜厚度小时取最大值。

1. 衣架式机头

衣架式机头因机头的流道形状像衣架而得名,采用了支管式机头的圆形槽,有少量的存料可起稳压作用,但缩小了圆形槽的截面积,减少了物料的停留时间,它采用的衣架形斜流道弥补了中间和两端膜厚薄不均匀的问题。衣架式机头运用较成熟,应用较为广泛。其缺点是型腔结构复杂,价格较贵。

上、下模的内表面需具有很低的粗糙度,一般镀铬,以提高板(片)材的光亮度和平整度。

2. 支管式机头

支管式机头又称歧管式机头,支管式机头可分为一端供料直支管机头、中间供料直支管机头、中间供料弯支管机头、双支管机头和带有阻流棒的支管机头。其特点是机头内有与模唇口平行的圆筒形槽,此槽可储存一定量的物料,对物料起分配作用和稳定作用,使料流稳定。机头内流道改变的地方和支管的两端要呈流线形,要求光滑无死角,否则容易形成死点,使物料停滞分解。模唇必须可调,依靠调整模唇口间隙控制膜的厚度。支管式机头的优点是结构简单、机头体积小、质量轻、操作方便;缺点是制造困难、不能调节幅宽、模唇的各个位置上熔料分布不均匀,目前应用较少。

3. 分配螺杆机头

分配螺杆机头相当于在支管式机头内放置螺杆,螺杆靠单独的电动机带动旋转,使物料不在支管内停留,将物料均匀地分配在机头整个宽度上。

挤出机螺杆与分配螺杆机头连接的方式有两种,一种是一端供料式,另一种是中央供料式。为了保证膜连续均匀地挤出,分配螺杆的挤出量应小于挤出机的供料量,即分配螺杆的直径应小于挤出机螺杆直径。

分配螺杆机头的突出优点是基本上消除了物料在机头内停留的现象，同时膜沿横向的物理性能基本相同；缺点是结构复杂，制造困难。

（三）冷却装置

流延膜生产中冷却装置主要由机架、流延辊、剥离辊、制冷系统及气刀、辅助装置组成。

1. 流延辊

熔融的树脂从机头狭缝挤出并浇注到流延辊表面，被迅速冷却形成膜。流延辊还具有牵引作用，因此流延辊是流延膜中重要的部件，流延辊直径为 400～100mm，长度比机头宽度稍大些。流延辊表面镀硬铬，抛光至镜面光洁度。

2. 气刀

气刀在流延工艺中非常重要，它不是真的刀，而是正压风刀。它是吹压缩空气的窄缝喷嘴，配合流延辊对膜进行冷却定型的装置，将气压稳定、气流速度均衡的压缩空气垂直吹向流延辊上的膜。

气刀的作用是通过高压气流使流延膜紧贴气刀辊表面，使膜快速降温，提高流延膜的透明度，减少膜面幅宽的收缩，使流延膜的宽度和厚度尺寸稳定。在流延膜宽度方向上，要求气流均匀，否则膜质量不好。

气刀的宽度与流延辊的长度相同，刀唇表面光洁，制造精度高，一般气刀的间隙为 1～2mm。气刀与流延辊的距离为 3～40mm，可按膜的成型状况调整。气刀的角度直接影响膜质量，因此气刀对于流延辊的角度应可以调节。

另外，还设有两个小气刀，可单独吹气压住膜边部，防止膜边部翘曲。为了提高膜贴辊，可采用真空室装置，利用真空原理将膜和流延辊表面之间的空气抽出，从而避免膜与辊筒间产生气泡，保证膜质量。

（四）其他辅机

1. 测厚装置

在高速连续生产过程中，膜测厚必须实现自动检测。目前，大多采用 X 射线、γ 射线和红外线测厚，检测器沿横向往复移动即可测量膜厚度，可用荧光屏显示。测量所得的数据可自动反馈到计算机，处理后可自动调整工艺条件。

2. 切边装置

与板材和片材的挤出过程一样，流延膜会发生膜宽度小于机头宽度的现象（缩颈），因此需要对制品进行切边，以去除边部多余的部分，确定膜的宽度尺寸。同时，挤出膜产生缩颈使膜边部变厚，需切除边部，才能保证膜卷端部整齐、表面平整。切边装置的位置必须可调。切边后的边料可以利用废边卷绕机卷成筒状，也可采用正负压空气方式吸出，此时的切边料是清洁料，可直接送破碎机粉碎后回收利用。

3. 电晕处理装置

电晕处理是将高频发生器产生的能量通过电极，在电极和电晕处理辊之间形成高压电场，电极使逸出的电子加速，相互碰撞，将能量输给空气，并激发空气分子产生发射光子，使空气电离和分解，形成臭氧和氧化氮；同时，电子和离子轰击塑料表面，使其链状分子断裂。膜经过电晕处理后，可提高膜表面张力，改善膜的印刷性及与其他材料的黏合力，增加膜的印刷牢度和复合材料的剥离强度。

4. 牵引装置

牵引装置的作用是将从流延辊上剥离下来的膜以一定速度牵引并送至卷取装置，保证膜的形状及尺寸稳定，从而达到塑料膜所应有的纵向强度。通过对牵引速度的调整可控制膜的厚度，通过对膜张力的控制可调整膜卷的平整度及松紧度。

牵引辊通常由一个橡胶辊（或表面覆有橡胶的钢辊）和一个镀铬钢辊组成，镀铬钢辊为主动辊，与可无级变速的驱动装置相连。牵引辊间的中心线应相互平行，保证膜管稳定不歪斜，否则会造成膜管上各点到牵引辊距离之差增大而易皱折。两牵引辊间应有一定张力，保证能牵引和拉伸膜。张力可靠张力控制器调节，满足厚薄不同的膜需要。两牵引辊之间的张力应当在满足牵引和拉伸膜平整的条件下尽可能小。

5. 卷取装置

流延膜均采用主动卷取装置。由于流延膜宽度大且生产效率高，一般卷取装置为自动或半自动切割，换卷一般以双工位自动换卷应用较普遍。

切割方式有电热切割法和刀片裁切法。电热切割法是利用电热丝的热量将膜熔断，刀片裁切法有人工切割和机械切割。其中机械切割是利用压缩空气推动切割刀沿膜横向快速移动来完成对膜的切割。因为膜连续向收卷方向运动，所以膜切割后的末端形状为斜角形。一边切割膜一边用风吹，切断的膜头紧贴在新卷芯轴上开始收卷。膜收卷的关键是要控制好张力，张力过大或过小都会影响膜质量。一般情况下，卷取装置有张力调节机构，膜卷绕张力控制在 10～20kg，选用力矩电机能保证卷绕张力恒定。

二、流延膜工艺控制

熔融的塑料经挤出后通过模头前端的缝隙流出，形成膜，离开模头后，熔体经过一个短的间隙，到达低温的流延辊而急剧冷却定型。为了防止塑料熔体因热胀冷缩而产生过大的缩颈与卷边现象，在流延辊两侧设置了气刀或电子锁边装置，即用压缩空气或高压离子流作用在膜上，使其紧贴在流延辊上。同时，为了避免流延辊在转动时将空气带入膜与流延辊之间，产生气泡，降低冷却效果并影响膜的成型质量，在膜的正面设置了气刀，反面设置了负压风室。通过气刀将压缩空气吹向挤出的熔融膜，产生"压力"；双腔真空吸气装置抽真空时对熔体膜产生"吸力"，这一压一吸，将流延辊表面运转夹带的空气吸走，保证熔融膜与流延辊的紧密接触，提高了塑料膜的成型效率和质量。

成膜区是影响膜质量的关键部位，操作非常重要。必须控制好气刀位置、气刀风速和真空度，使膜帘紧贴流延辊，位置保持稳定，膜帘距流延辊位置尽量近，否则会产生膜厚度不均和表面气纹等质量缺陷。气刀的风量要控制适宜，风量过大，会使熔融膜过度抖动，使膜厚度偏差增大；风量过小，压力不足，贴辊效果变差，膜易产生横波。气刀对流延辊的角度也十分重要，若不正确，会使膜表面产生气泡。

在流延膜的挤出中，主要冷却过程发生在流延辊上，其余的冷却过程发生在其他辊上。流延辊依靠强制水循环冷却，为了提高冷却效果，降低辊筒表面温差，流延辊设计为夹套式，冷却水的交叉流动减少了辊筒表面温差，保证了膜冷却均匀。为了进一步提高塑料膜冷却效果，在流延辊后，有的还增加了一个开有人字螺旋槽的橡胶清洁辊，它的作用是进一步排出膜与流延辊之间夹入的空气，同时清除在塑化成型过程中黏附在膜表面的析出物，保证膜的质量，其安装位置可手工调节，与流延辊的接触和分离由汽缸动作来实现。

模唇到流延辊的距离称为气隙。此距离过大，熔体易受外界因素影响产生波动，膜厚度随之发生变化。同时，熔体易受空气氧化，透明度变差，而且缩颈与卷边现象更显著。为了得到合理的模唇到流延辊的距离，设置了流延辊升降装置，该升降装置由减速器和升降丝杆机构组成，可根据流延的工艺要求调节模头与流延辊的距离。

三、流延膜张力控制

膜张力是指在塑料膜流延冷却成型后的牵引、收卷过程中被拉紧的力。若张力不足，膜在运行中产生漂移，会出现收卷后成品起皱现象；若张力过大，膜易变形甚至被拉断。张力控制是塑料膜流延成型中非常重要的技术点，张力控制的好坏直接关系到产品生产效率的高低和质量的优劣。

1. 张力波动的原因

塑料膜流延成型过程中，张力产生波动和变化的因素比较复杂，其主要影响因素大致有以下几方面。

（1）流延生产线各主要构件如底座、墙板、牵引辊、导辊等的制造精度和装配精度存在偏差。例如，对底座组装的平面度和直线度，墙板与底座组装的垂直度以及各版辊、导辊组装的水平度和它们相互之间的平行度，都有十分严格的要求，但由于各种原因，实际上总存在不同程度的偏差。加之各辊各自的跳动量偏差、质量动静平衡偏差等，运行时会造成膜的张力随之发生微小变化，最终反映到整条生产线上，导致张力产生无规律变化。

（2）在传动系统中的各齿轮、减速箱无法做到无间隙精密传动，各辊的动力驱动及控制系统由于规格、品牌、型号的不同，也会引起传动同步误差，这些会使生产线各段的张力发生变化。

（3）在收卷过程中，收卷直径不断变化，直径的变化必定引起膜带张力的变化。收卷时，如果收卷力矩不变，随着收卷直径增大，张力将减小。

（4）膜内在材质的不均匀性。材料弹性模量的波动，材料厚度沿宽度、长度方向变化等，以及生产环境温度、湿度变化，都会对整机的张力波动带来微妙的影响。

（5）流延成型生产线收卷机在不停机自动换卷过程中，翻卷和断膜都会使整机原已稳定的张力突然产生干扰变化。设备运行速度越快，干扰就越大。由此可见，要获得好的收卷效果，必须对张力进行有效控制。

2. 张力控制的原理

张力控制是指能够持久地控制膜在设备上输送时的张力的能力。这种控制对机器的任何运行速度都必须保持有效，包括机器的加速、减速和匀速。即使在紧急停车的情况下，它也有能力保证膜不产生破损。

速度控制与转矩控制是张力控制的两种最常用的控制模式。在膜流延成型生产线的放卷和牵引过程中，为保证张力恒定，需保证各传动辊之间的线速度同步，因此需设定速度的基准，通常以流延辊的速度 v_0 作为整线的基准。然后对各传动辊的驱动单元进行速度初给定，初给定的速度以流延辊的速度为基准。考虑到各牵引辊的传动和控制机构的特性很难一致，故需对流延辊外其他各辊的速度初给定作一调整，即实际给定速度 $v = Kv_0$，v_0 为流延辊的速度，作为整线的计算基准速度，K 为修正系数。应根据生产过程的不同状态，如在加速、匀速和减速状态下分别修正不同的 K 值，以保证各传动辊的速度偏差可控制在规定的范围内，实现生产线的速度同步控制。

四、案例分析

（1）挤出流延生产膜时，膜的冷却定型应如何控制？

流延成型时，膜的冷却定型主要有单辊冷却、单辊水槽双面冷却和双辊冷却等。单辊冷却，结构简单，使用较普遍，但冷却较慢。单辊水槽双面冷却，冷却快，冷却效果较好，但膜从水中通过，膜表面易带水，需增加除水装置，水位槽需严格控制和调节，应保持平衡无波动。双辊冷却，冷却效果好，但需合理控制流延辊的温度。

熔融树脂从机头狭缝模唇挤出浇注到流延辊表面，迅速被冷却后形成膜，流延辊还具有牵引作用，是流延膜中的关键部件。在生产过程中，根据不同原料，严格控制流延辊的辊温。流延辊温度高时使结晶物料的结晶度增加，膜透明度下降，冲击强度低；流延辊温度低时使膜骤冷，降低物料的结晶度，透明性提高，但温度过低会增加制冷费用。流延辊温度一般为 $15\sim20℃$。

流延辊的气刀使膜与流延辊表面形成一层薄薄的空气层，使膜均匀冷却，从而保持高速生产。气刀的风量和吹风角度要控制适宜，风量过大，会使熔融膜过度抖动，引起膜厚度偏差增大；风量过小，压力不足，贴辊效果变差，膜易产生横波，气刀对流延辊的角度一般在 $30°$ 左右。

流延辊线速度的控制要适当且稳定，一般线速度过大，难以冷却充分，牵引作用大，使膜厚度减小。相反，降低流延辊线速度，有利于膜冷却，牵引作用小，使膜厚度增加。如果流延辊线速度波动，膜厚度就会不稳定。机头至流延辊间距大，膜冷却缓慢，结晶度提高，透明度降低。同时间距大，受空气流动的影响，膜厚度变化大。

牵引速度加快可使膜的浊度提高，透明性和光泽性下降。这是因为挤出的热熔膜与流延辊的接触时间短，骤冷效果不好。螺杆转速为 60r/min 时，牵引速度可达 $80\sim90m/min$。

（2）BOPP 珠光膜为什么容易产生光点？应如何解决？

BOPP 珠光膜生产中产生光点的主要原因是挤出机内的熔融物夹带有挥发物或空气。另外，过滤网堵塞，会使机筒中熔体压力较高，也容易出现光点；高产量串联挤出机比单机加计量泵设备更容易产生光点。

有以下解决办法①原料使用前进行预热、干燥；②降低螺杆转速；③降低机筒温度；④及时更换过滤网；⑤在条件允许的情况下，选择适当的设备避免膜出现光点。

习　题

1. 按功能划分，挤出机螺杆可分为三段，是哪三段？它们的功能有什么区别？

2. 单螺杆和双螺杆有什么区别？

3. 螺杆的主要参数有哪些？物理意义是什么？

4. 挤出生产线需要有不同的辅机设备，这些辅机设备主要有哪些功能？

5. 管材成型和板材成型的冷却装置有什么区别？

6. 在板材挤出成型过程中，机头内熔体压力稳定非常重要，在机头前引入哪种辅助设备有助于提高熔体的压力稳定性，其工作原理是什么？

7. 挤出 PP-R 管材时为什么会出现色泽不一致？应如何解决？

8. 在 PVC 管材挤出过程中，如果发现外面有块状物，其可能的原因是什么？如何解决？

9. 在板材的挤出成型过程中，机头内的压力不均匀会导致什么问题？

10. 熔体泵如何提高板材的温度均匀性？

11. 双向拉伸膜与挤出吹膜相比，有哪些优势和劣势？

12. 挤出吹膜时，膜的吹胀比和牵引比应如何确定？

13. 挤出生产 UPVC 型材时，容易出现型材弯曲变形，是什么原因？该如何处理？

14. 如何通过工艺调整提高 UPVC 型材的尺寸精度？

15. 挤出成型的 PVC 双壁波纹管为什么会发脆？应如何解决？

第六章　注塑成型工艺

注塑成型是一种注射兼模塑的成型方法，简称注塑。注塑是将塑料的粒料或粉料置入注塑机料筒内，经过输送、压缩、剪切、拉伸、混合等作用，使物料熔融和均化，又称塑化；然后再借助于柱塞或螺杆向熔融塑化的熔体施加注射压力，经过喷嘴和模具浇道系统注入锁好的模具中，再经过保压冷却、定型、开启、顶出，得到具有一定几何形状和精度的塑料制品的过程。注塑成型法能加工外形复杂、尺寸精确或带嵌件的制品，生产效率高。大多数热塑性塑料和某些热固性塑料（如酚醛塑料）均可用此法进行加工。

早在工业革命末期，塑料、橡胶问世，最初发明的成型方法就是注塑法。

第一节　注塑成型设备

注塑机将热塑性塑料颗粒经熔融、注射、保压、冷却等过程，转变成最终的塑件，因此通常采用最大锁模力或最大注射量来衡量注塑机能力。除了注塑机外，注塑成型的主要辅助设备包括树脂干燥机、材料处理及输送设备、粉碎机、模温机与冷凝器、取件机械手臂及塑件后处理设备等。其中注塑机是最核心的成型设备，按其注射系统与合模系统的位置关系可分为立式注塑机、卧式注塑机和角式注塑机三种，其基本结构如图 6-1 所示。

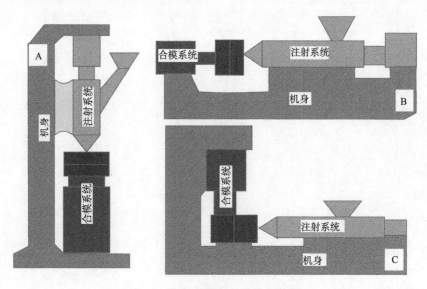

图 6-1　三种注塑机的结构示意图

A. 立式注塑机；B. 卧式注塑机；C. 角式注塑机

卧式注塑机是最常用的类型，其特点是注射系统的中心线与合模系统的中心线同心或一致，并平行于安装地面。它的优点是重心低，工作平稳，模具安装、操作及维修均较方便，模具开档大，占用空间高度小；但占地面积大，大、中、小型卧式注塑机均有广泛应用。

立式注塑机的特点是合模系统与注射系统的轴线呈一线形排列且与地面垂直，具有占地面积小、模具装拆方便、嵌件安装容易、自料斗落入物料能较均匀地进行塑化、易实现自动化及多台机自动线管理等优点。缺点是顶出制品不易自动脱落，常需人工或其他方法取出，不易实现全自动化操作和大型制品注射；机身高，加料和维修都不方便。

角式注塑机的注射系统和合模系统的轴线互成垂直排列。根据注射系统中心线与安装基面的相对位置有卧立式和立卧式之分。其兼有卧式与立式注塑机的优点，特别适用于开设侧浇口非对称几何形状制品的模具。

根据注塑机功能不同，一般有三种：①一般用途注塑机；②精密型注塑机；③高速注塑机。

一、注塑机

注塑机也称注射机，典型的注塑机如图 6-2 所示，主要包括注射系统、模具系统、油压系统、控制系统和合模系统五个单元。

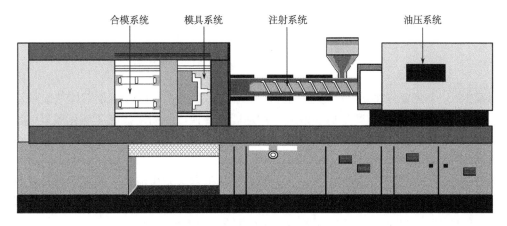

图 6-2　典型注塑机示意图

（一）注射系统

注射系统包括进料系统、螺杆与机筒和喷嘴。注射系统的功能是熔融并输送物料，使物料经进料、压缩、排气、熔融、射出及保压阶段。

注塑机的料斗可以存放塑料颗粒，由重力作用使塑料颗粒经过料斗颈部，进入料筒与螺杆组合内。

注塑机的机筒与挤出机机筒一样，使用电热片加热塑料。

1. 螺杆

注塑机螺杆外观与挤出机螺杆一样，主要作用是输送物料、压缩熔融物料、输送熔体。注塑机螺杆分为进料段、压缩段和均化段三个区段。注塑机螺杆的特点：①注塑机螺杆在旋转时有前后移动，其有效长度处于变化中。②注塑机螺杆的长径比（L/D）和压缩比较小，一般 $L/D = 16\sim25$，压缩比为 $2\sim2.5$。注塑机螺杆运行时，只需对物料熔融塑化，不需要提供稳定的压力，因此熔融时塑料承受的压力是通过调整背压实现的。③注塑机螺杆的螺槽深度较深，可提高生产效率。④注塑机螺杆有轴向位移，因此加料段比较长，约为螺杆长度的一半，而压缩段和均化段为螺杆长度的 1/4。⑤为使注射时不致出现熔料积存，沿螺杆头部可加装止逆环，可减少物料的回流。

2. 喷嘴

喷嘴是注塑机料筒和模具之间最重要的连接件，是连接料筒与浇注系统之间的通道。

当料筒移到最前端的成型位置时，其喷嘴外径包覆在浇道定位环内，构成密封体系，如图 6-3 所示。喷嘴的设定温度应比物料熔融温度高。

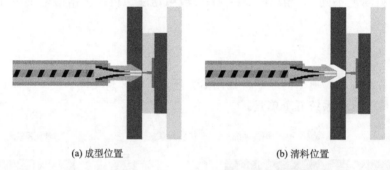

(a) 成型位置　　　　　　　　　(b) 清料位置

图 6-3　在成型（a）和清料（b）位置的喷嘴与料筒

喷嘴的 3 个主要作用是：①预塑化时，在螺杆头部建立背压，阻止熔体从喷嘴流出；②注射时，建立注射压力，产生剪切效应，加速能量转换，提高熔体温度均化效果；③保压时，起保温补缩作用。按结构和功能不同，喷嘴可分为敞开式喷嘴、自锁喷嘴、热流道喷嘴和多流道喷嘴。

敞开式喷嘴结构简单，制造容易，压力损失小，但容易发生流延。轴孔型敞开式喷嘴适宜中低黏度、热稳定性好的物料，如 PE、ABS、PS 等。长锥形敞开式喷嘴适宜高黏度、热稳定性差的塑料，如 PMMA、PVC 等。结构示意图如图 6-4 所示。

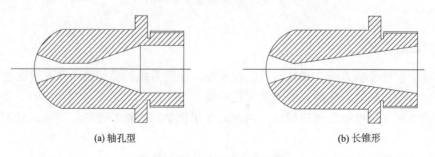

(a) 轴孔型　　　　　　　　　(b) 长锥形

图 6-4　敞开式喷嘴结构示意图

自锁喷嘴主要用于加工某些低黏度物料，如 PA 和聚酯类，防止预塑时发生流延。

热流道喷嘴流道很细，又与模具主浇套接触，容易散热，经过保压、冷却后喷嘴中的余料变冷而封堵，因此常采用热流道喷嘴与热流道模具配合，形成一套完整的热流道系统，可缩短注塑成型周期，节约原料，降低能耗。热流道喷嘴结构形式有绝热式和内加热式两种。

多流道喷嘴与两个及以上注塑装置配合，注塑混色、双层或多层的复合制品，也可称为混合喷嘴和复合喷嘴。

（二）模具系统

模具将熔融塑料在型腔内定型，并于冷却后将塑件顶出。模具通常以模具钢加工制成。定模板安装在机器料筒一侧，经由导柱与动模板相接；母模板通常装在定模板上，连接到喷嘴；公模板装在动模板上，沿导柱移动。

模具系统包括导杆、定模板、动模板和型腔、流道系统、顶出系统和冷却管路的模板。模具系统是一个热交换器，使热塑性塑料的熔体在模穴内凝固成需要的形状及尺寸。

（三）油压系统

注塑机的油压系统提供开启与关闭模具的动力，蓄积并维持锁模力吨数，旋转与推进螺杆，推动顶出机构，以及移动公模等。

（四）控制系统

控制系统提供成型机一致性的重复操作，监控温度、压力、射出速度、螺杆转速与位置及油压位置等制程参数。制程控制直接影响塑件品质和制程的经济效益。控制系统包括简单的开/关继电器控制与复杂的微处理器闭回路控制器等。

（五）合模系统

合模系统是用于开启/关闭模具、支撑与移动模具、防止模具被注射压力推开的组件。锁模机构可以是肘节机构锁定、油压机构锁定或是上述两个基本形态的组合。

二、注塑辅机

与挤出成型相比，注塑成型用的辅机更简单，主要包括树脂干燥机、材料处理及输送设备、粉碎机、模温机与冷凝器、取件机械手臂及塑件后处理设备等。

模温机又称为模具温度控制机，是注塑模具高温控制的主要设备，按控温范围一般分为水温机和油温机，模温机的控温精度可以达到±0.1℃。冷凝器是降低模具温度的设备，主要工作是维持模具在低温状态，缩短成型周期，提高注塑成型效率。

机械手近年来在注塑车间得到快速推广，其功能也由早先的取件发展到剪飞边、放置嵌件等，大幅提高了注塑车间的自动化程度。在使用中，最重要的是机械手与注塑机的动作配合，以减少时间耗费。通常机械手取出制品后要移至另一个位置复位，所用时间为 5~7s，比注塑机合模、注射、预塑、冷却的时间短。在选择机械手时，应考虑主机注塑制品的最短成型周期，使机械手能够满足其最短成型周期的要求。一般来说，气动式机械手有很高的横向行走速率。当选择机械手工作速率时，应考虑所产生的惯性振动能否被注塑机合模机构所吸收。当注塑周期长时，应降低机械手工作速率。在其基础上还开发出了一些新型的注塑成型技术，如模内贴标（in mould labelling，IML）等成型技术。

第二节　注塑成型原理

按注塑成型的主要过程，注塑成型原理可分为预塑原理、充模原理、增密保压原理和冷却定型原理。

一、注塑成型工艺过程

注塑成型是利用塑料的热物理性质，把物料从料斗加入料筒中，料筒外由加热圈加热，使物料熔融，物料在螺杆的作用下沿着螺槽向前输送并压实，物料在外加热和螺杆剪切的双重作用下逐渐塑化、熔融和均化，当螺杆旋转时，物料在螺槽摩擦力及剪切力的作用下，把已熔融的物料推到螺杆的头部，与此同时，螺杆在物料的反作用下后退，使螺杆头部形成储料空间，完成塑化过程；然后，螺杆在注射油缸的活塞推力作用下，以高速、高压将储料室内的熔融料通过喷嘴注射到模具的型腔中，型腔中的熔融料经过保压、冷却、定型后，开启模具，并通过顶出装置把定型好的制品从模具顶出落下。

注塑成型工艺过程主要包括：合模—注射—保压—预塑化—冷却—脱模—顶出制品 7 个阶段，如图 6-5 所示。其中注射、保压、预塑化、冷却最为重要，直接决定制品的成型质量，而且这 4 个步骤是一个完整的连续过程。

图 6-5　注塑成型工艺流程图

（一）合模

合模是注塑循环过程的第一步，合模一般采用先慢后快再慢的方式，既可以保证成型效率，又不致损伤机器。

（二）注射

注射是整个注塑循环过程中最关键的一步，时间从模具闭合开始注塑算起，到模具型腔填充到大约 95% 为止。理论上，注射时间越短，成型效率越高，但实际上注射时间和注射速度受很多条件的制约。

为了提高注塑质量，目前多采用多级注射。

高速注射时剪切速率较高，熔体黏度因剪切稀化而下降，流动阻力较低；局部的加热影响也会使固化层厚度变薄，因此在流动控制阶段，填充行为往往取决于待填充的体积大小。在流动控制阶段，由于高速填充时熔体的剪切变稀效果很显著，而薄壁的冷却作用并不明显，于是注射速度控制填充过程。

低速注射过程以热传导控制为主。低速注射时，剪切速率较低，局部黏度较高，流动阻力较大。塑料补充速度较慢，流动较为缓慢，使热传导效应较为明显，热量迅速被冷模壁带走。又由于较少量的黏滞加热现象，固化层厚度较厚，进一步增加了壁部较薄处的流动阻力。

（三）保压

保压是在注射结束后，通过螺杆缓慢向前移动维持型腔内熔体压力的过程。其作用是当其熔融物冷却/固化收缩时，保持一定压力，继续注入熔融物来填补物料的体积收缩，减少或避免凹痕的产生。保压段的设定压力不能超过挤压段的设定压力，否则飞边有可能在保压段产生。由于收缩缓慢，螺杆的前进速度也是缓慢的，如 2%的速度便足够了。注塑机的节能主要是在保压时将泵的流量调低到如 3%，与流量永远是 100%的定量泵比，便节省了 97%。保压时间越长（壁厚越大），节省的电耗便越多。

（四）预塑化

预塑化是螺杆反转着后退储料的过程，也称为熔胶或预塑。预塑化时形成了一个关键压力，即背压。在塑料熔融塑化过程中，熔体不断向料筒前端移动，且越来越多，逐渐形成一个压力推动螺杆向后退，为了阻止螺杆后退过快确保熔体均匀压实，需要给螺杆提供一个反方向的压力，这个反方向阻止螺杆后退的压力即为背压。背压越大，熔体越密实。采用背压高，储料密度高，在相同储料容积内储料量多；背压低，储料密度低，储料少。

高背压有利于色料的分散和塑料的熔化，但同时延长了螺杆旋转后退的时间，缩短了塑料基体中纤维的长度，增加了注塑机的压力，因此背压应该低一些，一般不超过注射压力的20%。注塑泡沫塑料时，背压应该比气体形成的压力高，否则螺杆会被推出料筒。有些新型注塑机可以实现背压程序化，以补偿预塑化期间螺杆长度的缩减导致的输入热量减少，防止温度下降。但是这种变化的结果难以估计，因此不易对机器做出相应的调整。

（五）冷却

在预塑化完成后，型腔中的制件需进一步冷却至具有足够的刚性，避免制件脱模时因受到外力而产生变化。注塑成型的成型周期由合模时间、注射时间、保压时间、冷却时间及脱模时间组成，其中冷却时间占比最大，为 70%～80%，因此设计良好的冷却系统可以大幅缩短成型时间，提高注塑生产率，降低成本。注塑成型模具中，冷却系统的设计非常重要。设计不当的冷却系统会使成型时间延长，增加成本；冷却不均匀会进一步造成塑料制品的翘曲变形。

冷却系统的基本要求是所设计的冷却通道要保证冷却效果均匀而迅速。设计冷却系统的目的在于维持模具适当而有效率的冷却。冷却孔应使用标准尺寸，以方便加工与组装。设计冷却系统时，设计者必须根据塑件的壁厚与体积决定设计参数。

由熔体进入模具的热量通过两个途径散发，仅有 5%经辐射、对流传递到大气中，其余95%从熔体传导到模具。塑料制品在模具中由于冷却水的作用，热量由型腔中的塑料通过热传导经模架传至冷却水管，再通过热对流被冷却水带走。少数未被冷却水带走的热量继续在模具中传导，直至接触外界后散溢于空气中。

一般来说，制品设计、模具材料及其冷却方式、冷却水管配置方式以及材料的选择都会影响制品的冷却速度。

制品壁厚对制品的冷却速度影响非常大。制品厚度越大，冷却时间越长。一般而言，冷却时间约与塑料制品厚度的平方成正比，或与最大流道直径的 1.6 次方成正比，即塑料制品厚度加倍，冷却时间增加到 4 倍。

模具材料，包括模具型芯、型腔材料及模架材料对冷却速度的影响很大。模具材料热传导系数越高，单位时间内将热量从塑料传递出的效果越佳，冷却时间越短。

冷却水管越靠近型腔，管径越大，数目越多，冷却效果越佳，冷却时间越短。冷却液流量越大（一般以达到紊流为佳），冷却液以热对流方式带走热量的效果越好。冷却液的黏度越低，热传导系数越高，温度越低，冷却效果越佳。

塑料热传导系数越高，热传导效果越佳，或塑料比热容低，温度容易发生变化，因此热量容易逸散，热传导效果较佳，所需冷却时间较短。

（六）脱模

脱模是冷却完成后的一个环节。虽然制品已经冷固成型，但脱模还是对制品的质量有很重要的影响，脱模方式不当，可能会导致产品在脱模时受力不均，顶出时引起产品变形等缺陷。脱模的方式主要有两种：顶杆脱模和脱料板脱模。

对于选用顶杆脱模的模具，顶杆的设置应尽量均匀，并且位置应选在脱模阻力最大及塑件强度和刚度最大的地方，以免塑件变形损坏。脱料板一般用于深腔薄壁容器以及不允许有推杆痕迹的透明制品的脱模，其特点是脱模力大且均匀，运动平稳，无明显遗留痕迹。

脱模阶段塑料制品温度应低于制件的热变形温度，以防止塑料制件出现因残余应力导致的松弛现象或脱模外力所造成的翘曲及变形。

（七）顶出制品

顶出制品（取件）是注塑成型循环中的最后一个环节，随着注塑成型自动化程度的不断提高，机械手取件在工业上已日益普及。

二、预塑原理

预塑化时螺杆不仅有旋转运动还有后退的直线运动，螺杆边旋转边后退，属于复合运动。螺杆后退的直线运动是螺杆在旋转时，处于螺槽中的物料和螺杆头部的熔体对螺杆进行反作用的结果。螺杆一边后退一边旋转，将熔体从均化段的螺槽中向前挤出，使物料汇集在螺杆头部的空间里，形成熔体储存室或计量室，并在此建立熔体压力，此压力称为预塑背压。螺杆旋转时正是在背压的作用下克服了系统阻力才后退的，一直退到螺杆所控制的计量行程为止。当螺杆后退停止时，螺杆旋转运动就终止，预塑阶段结束，程序进入下一循环注射周期的等待阶段。

注塑机螺杆预塑化，不像在挤出机那样可直接得到连续的制品，而是将塑化好的熔体积存起来为下一个循环周期做准备，因此称预塑或预塑化。螺杆的这种不连续地、周期性地重复运动使物料在螺槽中的熔融机理与挤出机不完全一样，但基本原理相似。

三、充模原理

（一）充模阶段

注射充模周期包括：①注射充模流动阶段；②保压补缩流动阶段；③保压切换倒流阶段。

注射充模周期是从螺杆预塑后的位置向前运动开始的，计量室中的熔体在注射油缸推力的作用下，使螺杆头部产生注射压力，将熔体经过喷嘴流道、模具流道（主流道、分流道），最后经由浇口充满型腔。

注射充模阶段的流动特点是压力随时间变化的非线性函数，图 6-6 为一个注塑周期中压力随时间变化的周期图。图 6-6 中曲线 1 是注射压力随时间变化的曲线，又称注射压力曲线；曲线 2 是喷嘴末端的压力曲线，又称喷嘴压力曲线；曲线 3 是浇口流道的末端或型腔流道起始处的压力曲线，称为型腔压力曲线；曲线 4 是型腔末端压力曲线。压力周期图中的 OA 段是熔体在注射压力 p_i 作用下从料筒流入型腔始端的时间，A 点是型腔的始点（浇口末端）。当喷嘴内动压力达到 p_z 时，型腔始端压力达到与之相对应的压力 p_B，熔体充满型腔后，型腔始端压力从 p_B 增到 p_C 时，型腔末端压力从 p_{B_1} 增到 p_{C_1}，与此同时喷嘴压力也迅速从 p_z 增加至接近注射压力 p_i。

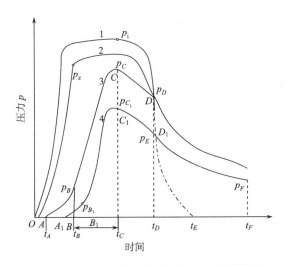

图 6-6 注塑周期中压力随时间变化的周期图

$t_A \sim t_B$ 为充模时间。高分子熔体在此时间内必须克服流道阻力迅速充满型腔，否则若压力不足，速度不够，流动会停止。由于剪切速率的作用，大分子发生取向和结晶。这一段是在动压作用下高压、高速充模过程，型腔起始处压力 p_B 和末端压力 p_{B_1} 之差取决于型腔压力损失的大小。

$t_B \sim t_C$ 时间，型腔压力迅速增至最大，是压实熔体过程。

$t_C \sim t_D$ 为保压时间，此时要继续推进熔体实现补缩，提高制品的致密程度。这时的注射压力称为保压压力，保压阶段的特点是熔体在高压、慢速流动，螺杆有向前微小的补缩位移，一直持续到浇口冻封为止。

$t_D \sim t_E$ 为保压切换倒流阶段，浇口冻封，保压结束，螺杆预塑开始，喷嘴压力下降为零。这时浇口虽然冻封，但模内熔体尚未完全凝固，在型腔压力反作用下，必向浇注系统回流，型腔压力从 p_D 降至 p_E，型腔压力 p_E 称为封断压力。倒流时间及封断压力 p_E 取决于材料性质、喷嘴与模具温度、流道结构及尺寸等。

$t_E \sim t_F$ 为冷却定型阶段，是制品进一步冷却的过程，使其在具有一定刚性和强度下脱模，防止顶出变形。脱模时制品剩余压力为 p_F，并以应力形式集中于浇口处。

充模过程中，熔体温度随压力变化上升到最高值，熔体注入型腔后，型腔表面温度有所升高，随后又降低，型腔表面温度在两个极限温度之间进行变化。当熔体被注入型腔时，型腔表面最高温度接近于熔体的温度，随后又降至模具表面的工作温度。

（二）喷嘴流动

1. 喷嘴流道形式

喷嘴是注塑机料筒和模具之间最重要的连接件，是连接计量室与浇注系统之间的通道。根据高分子熔体性质的不同常采用三种流道形式，如图 6-7 所示。图 6-7（a）为锥形流道喷嘴，用于一般高分子熔体的标准喷嘴，这种锥形孔压力损失较高。图 6-7（b）为长形流道喷嘴，有一段 3～4mm 的短孔，可减小压力损失，熔料不易凝固。图 6-7（c）是适用于加工结晶高分子材料的倒锥形喷嘴，与模具接触时能形成凝固的料塞，便于开模时带出料把。

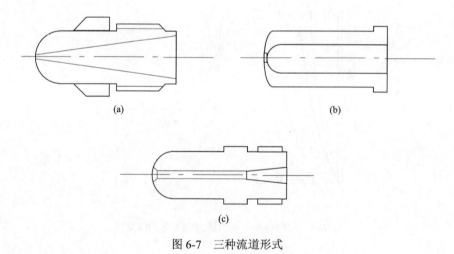

图 6-7　三种流道形式

2. 压力-温度的关系

喷嘴和浇口都有加速熔体流动速率、势能-动能转变、提高和均化熔体温度等作用。

喷嘴尺寸应与注射参数相匹配，对熔体温度有影响，但如果压力不变，喷嘴长度对温度没有明显影响。喷嘴细孔附近温度升高与熔体平均流速成正比。在恒定平均流速下，短喷嘴内熔体温升的幅度比长喷嘴大，这是由于喷嘴长，向外传导的热量多。

实验表明，喷嘴压力对温度有很大的影响，喷嘴细孔部分，从第一次注射开始温度就剧增，经过几个周期后，温度达最大值。可以看出，注射压力对流经喷嘴的熔体温有很大影响，而直径对熔体升温的影响却不是很大，见表 6-1。

表 6-1　喷嘴直径、注射压力对熔体升温的影响

喷嘴直径/mm	注射压力/MPa	温度升高/℃
0.5	50	26
0.5	100	46
0.7	50	26
0.7	100	47
1.0	50	25
1.0	100	45
1.46	50	23
1.46	100	43
2.0	50	19
3.0	50	18

　　熔体的注射压力取决于熔体的温度和通过喷嘴的速度，在喷嘴直径和剪切速率一定的条件下，通过喷嘴的出口压力可得到各种高分子材料的注塑温度范围，压力与熔体温度的关系常用压力的对数和热力学温度的倒数来表示，如图 6-8 所示，根据曲线可判断聚合物分解温度和给定剪切速率下的最低注射温度，曲线表达了聚合物变形阻力与温度之间的关系。曲线上有 2 个转折点，可分为三段，与高分子材料的三种物理状态相适应。第一段是下拐点的温度范围，属化学分解区；第二段黏流区，属注塑温度区；第三段熔体通过喷嘴阻力急剧上升，在这一区域应力的增长速率超过了应力松弛速率，对温度有很大影响。第三段是高弹变形占有优势的区域，不适合注塑成型。因此，在高于化学分解区和低于高弹变形区温度成型，所得制品的性能较差，对结晶聚合物、聚酰胺非常明显，在温度进入高弹变形区，超过上拐点后很小的温度变化就会引起很大的压力波动。使用小直径喷嘴会使注塑温度区大大缩小。

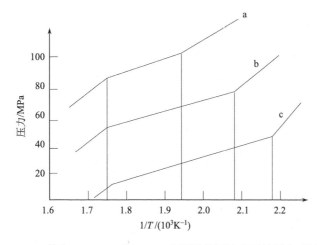

图 6-8　MFR 值为 5g/10min 的 LDPE 在不同剪切速率下的压力-温度曲线

a. $2.4 \times 10^5 s^{-1}$；b. $3.5 \times 10^4 s^{-1}$；c. $1.2 \times 10^4 s^{-1}$；

3. 压力分布

注射时，在喷嘴的进口处会产生很大的压力降 Δp_e。喷嘴的压力降 Δp 由进口压力降 Δp_e、

黏性效应引起的压力降 Δp_{c} 和出口剩余压力降 Δp_{w} 组成，如图 6-9 所示。而进口压力降又由黏性效应引起的压力降 Δp_{ec} 和弹性效应引起的压力降 Δp_{ea} 组成，即

$$\Delta p_{\mathrm{e}} = \Delta p_{\mathrm{ec}} + \Delta p_{\mathrm{ea}} \tag{6-1}$$

一般情况下，黏性效应压力降只占进口压力降的 5%左右，因此可近似认为 $\Delta p_{\mathrm{e}} \approx \Delta p_{\mathrm{ea}}$ 。

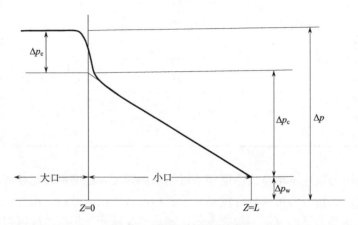

图 6-9　喷嘴压力降分布图

　　喷嘴进口压力降与剪切速率及聚合物性质有关，剪切速率增加越快，入口能量损失越大，入口压力降越大。入口处的能量损失与喷嘴入口角有关，如果入口角的温度超过聚合物所允许的温度则熔体产生降解。为了使入口的剪切速率不至于增加得太快，超过极限值，可降低入口角、延长入口区，但受到具体结构限制。

　　入口角相同时，不同聚合物的熔体剪切速率值会有很大的区别。越偏离非牛顿行为的聚合物，入口剪切速率变化越大，应该选择入口角小的喷嘴，防止入口剪切速率过大引起降解。

（三）型腔中熔体的流动

　　充模过程是高温熔体向相对较低温的型腔中流动的阶段，决定制品的定向和结晶，直接影响制品质量，制品质量和工艺参数与注塑机性能密切相关。

　　根据充模速度的快慢，熔体充模过程可分为稳定流动或非稳定流动。熔体从浇口进入型腔的初始流动情况取决于工艺条件、浇口尺寸和制品厚度等。熔体从浇口流出是一股细流，如果浇口深度比型腔入口深度小得多，这时充模速度较低，在剪切速率没有超过临界剪切速率时，不会发生不稳定的弹性湍流，而是一股连续的细流，这种细流从浇口流出时会表现出无规则的波动，细流的表面情况与高剪切速率下的情况类似，表面粗糙。这时前面细流阻碍后面的流动，造成滞流堆积。

　　图 6-10 给出了型腔中不同充模速度的情况。如果在浇口很小的情况下，充模速度很高，就出现不稳定的射流，如图 6-10（a）所示；当浇口深度比型腔深度略小时，射流不明显，如图 6-10（b）所示，因为射流出口膨胀作用与先前射流前缘相熔合，因此射流效应表现并不明显；如果采用低充模速度，提高模温和熔体温度会消除射流效应而成为扩展流动，如图 6-10（c）所示；若低速转为高速流动，会发生如图 6-10（d）的变化。

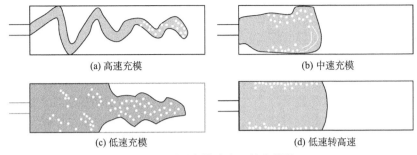

(a) 高速充模 (b) 中速充模

(c) 低速充模 (d) 低速转高速

图 6-10 不同充模速度下的充模情况

当浇口深度接近型腔深度时,充模速度低,易形成扩展流动,如图 6-10(c)所示。在一般注射条件下不会产生射流,但是熔体从浇口到稳定扩展流动有一段不稳定的过渡段,是高分子熔体的出口黏弹性效应所致。扩展流动能得到较好的表面质量,射流容易使制品有明显的缺陷。

扩展流动前峰波发展有三个较典型的阶段:①前峰波呈圆弧形的初始阶段;②前峰波从圆弧渐变为直线形的过渡阶段;③以前峰波为主流的充满模阶段。熔体从浇口流出的瞬间,与型腔壁接触,快速径向扩展流动形成圆弧形前峰波,呈扇形向外扩张直到与型腔侧壁接触,从圆弧前峰波向直线演变,这是由于熔体与侧壁接触处剪切应力增加,而中部剪切应力为零,在熔体前峰区的微元体内产生拉伸应力,使前峰波向两侧拉伸,如图 6-11 右半部所示。这样作用的结果是使熔体前缘长度缩短,微元体的长度也缩短,靠近模壁熔体的流动方向开始偏转,微元体的缩小程度较型腔中部大,前峰波圆弧形中部发生变形,转变为熔体的动能,靠近型腔侧壁的熔体前缘运动速率增大,中部降低,形成如图 6-12 所示的流动前缘的形成过程[图 6-12(a)]及速度分布[图 6-12(b)]。

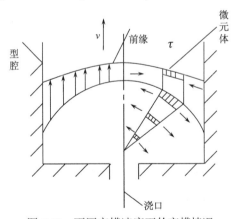

图 6-11 不同充模速度下的充模情况

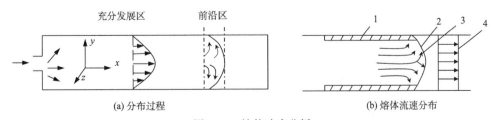

(a) 分布过程 (b) 熔体流速分布

图 6-12 熔体速度分析

1. 热塑性塑料凝固层;2. 熔体前缘;3. 熔体流动微元体的运动;4. 空气熔体界面的速度分布

　　熔体前缘在垂直和水平方向上都有明显的速度轮廓线。熔体前峰波缘和空气界面相接，温度下降，黏度增加，形成黏弹性熔膜，使各点速度一致。熔体中心速度总大于前峰波的速度，当后面微团赶上前峰波缘后，其速度减小到前缘的速度，并在邻近的模壁处做层状流动。前峰波内的微团，运动方向总是指向模壁的，因此大分子在此的取向方向总是垂直于模壁。当冷壁使大分子一端的活动性变小时，大分子就扭转过来，另一端从垂直于壁的方向转向沿着前峰波运动的方向，形成靠近模壁的大分子拉伸取向，如图 6-12（b）所示。熔体充模过程是新熔体流不断地从内层压出，推动前峰波的滞流移动，同时峰波前缘不断地受到拉伸形成波纹，流动阻力使稍后的熔体压力上升，又将前面刚形成的波纹压平构成制品表面。

　　如果熔体遇到型芯和嵌件之类的障碍物时，会分成两股料流，流线形状、运动特性和能量损失与障碍物的形状有关，两股熔体在重新汇合时将形成熔合缝。

四、增密保压原理

（一）增密和保压

　　由图 6-6 可知，当喷嘴压力（近似注射压力）达到最大值时，型腔压力并未达到最大值，即型腔压力滞后于注射压力。从 B 点到 C 点是熔体增密流动过程，是一个很短的时间，充模压力是动压，当达到增密压力时，充模压力达到最大值，熔体充满模具型腔，使模具产生胀模力，发生变形，影响制品的重复精度，当超出锁模力时，模具将产生分型面溢料。

　　高压下熔体是可压缩的，密度场不稳定。密度场不仅是位置函数，也是时间函数，也就是说制品不同位置的密度在不同时间不一样。在增密流动中型腔压力达最大值。充模时，型腔压力产生很大冲击动能，要胀开模具，此力与锁模力正好相反，因此称为胀模力。胀模力大小和作用时间使注塑机合模机构-模具系统发生变形。在正常变形条件下、模具微胀有放气作用，但过大时会造成熔体溢边和制品精度下降。

　　熔体在保压阶段仍有流动，称为保压流动。这时的注射压力称为保压压力，又称二次注射压力。保压流动和增密流动都是在高压下的致密流动。流动特点是流速小，不起主导作用，而压力是影响过程的主要因素，在保压阶段，模内压力和密度不断地变化。产生保压流动的原因是型腔壁附近熔体受冷收缩，密度发生变化，在入口凝封之前，熔体在保压压力作用下继续向型腔补充熔体，产生补缩的保压流动。

（二）保压流动

　　保压是紧随注射之后的步骤，保压的主要目的是压实熔体，提高制品密度（增密），同时补偿熔体冷却时的收缩。当熔体在型腔中冷却时，热胀冷缩效应和冷却过程中的相变会导致制品体积收缩，因而需向型腔中补充适量的熔体。在保压压实过程中，注塑机螺杆慢慢地向前做微小移动，熔体的流动速度也非常小，称为保压流动。在保压阶段，型腔中已经填满熔体，型腔中的压力会快速增加，而且熔体受模壁冷却固化加快，熔体黏度增加也很快，因此模具型腔内的阻力很大。在保压的后期，塑件密度持续增大，塑件逐渐成型，保压阶段要一直持续到浇口固化封口为止。

　　与多级注射一样，保压一般也是多段保压。在保压阶段，熔体呈现部分可压缩特性。在压力较高区域，熔体较为密实，密度较大；在压力较低区域，塑料较为疏松，密度较小，因此造成密度分布随位置及时间发生变化。保压时熔体流速极低，流动不再起主导作用，压力成为影响保压效果的主要因素。保压过程中熔体已经充满型腔，逐渐固化的熔体作为传递压力的介质，型腔中的压力借助塑料传递至模壁表面，形成胀模力，有撑开模具的趋势，因此需要适当的锁模力进行锁模。若胀模力过大，易造成成型品毛边、溢料，甚至撑开模具。因此在选择注塑机时，应选择具有足够大锁模力的注塑机，以防止飞边和溢料，进行有效保压。

五、冷却定型原理

（一）熔体倒流

保压阶段结束后保压压力即被撤销，螺杆随即后退，型腔中熔体随之倒流。倒流过程由型腔倒流时间决定。如果浇口还没有完全凝封就撤销保压压力，熔体在高模作用下会发生明显的倒流，使型腔压力下降，倒流持续到浇口凝封为止。

（二）冷却与定型

1. 冷却时的型腔压力

当浇口凝封后，进入冷却时间。型腔里的熔体压力随冷却时间延长进一步下降，直至开模以残余压力形式保压在制品中。如果熔体是一定的，从热传导方程可知聚合物平均温度由冷却时间决定，尽管这样忽略了一些实际的因素，简化了条件，但大多数情况下仍是较准确的。

保压切换温度越高，物料的凝封温度越高，凝封时型腔压力越低；脱模时在相同的型腔压力（残余压力）下，凝封温度高，脱模温度也高，凝封温度低则脱模温度也低。

2. 熔体冷却速度

型腔中熔体温度与型腔温度和凝固层厚度密切相关。假设熔体是密实的，热传导限定在固体层范围内，凝固层壁厚的增长速度慢，则凝固层温度按线性关系下降。

（三）脱模顶出

型腔浇口凝封后，熔体在型腔的冷却过程直接受型腔压力、平均温度和密度的影响。若保持等容，则压力和温度呈线性关系，称为等容线。制品脱模温度应低于某一临界温度 T_s，顶出制品时，不致发生变形。如果脱模时制品的剩余压力大于某一临界值，则制品在开模顶出时会发生应力断裂或表面损伤。特别是在有型芯时，由于冷却收缩，包在型芯上产生收缩应力，更容易在脱模时发生断裂或严重刮伤。

六、注塑成型工艺参数

注塑成型时物料受到高温、高压作用，在高剪切速率下流动成型，原料特性、注塑设备和注塑成型工艺会协同影响最终制品的性能。如果原料选定、注塑机的技术参数和模具结构均符合注塑成型条件要求，则制品质量直接与注塑成型工艺有关。因此，注塑成型的工艺参数非常重要，常见的注塑成型工艺参数包括压力、温度、成型周期、注射速度、行程等。

（一）压力

注塑成型工艺中的压力参数主要包括预塑化压力、注射压力、保压压力和锁模力等。

1. 预塑化压力

预塑化压力（p_b）也称为背压或熔胶压力，指的是在预塑化时头部熔体的压力，与螺杆反转着后退储料所需要克服的压力大小相等。背压对熔体温度影响明显，在料筒温度不变的情况下，熔体温度随背压升高而升高。增加背压会提高熔体的剪切效果，大分子热能增加，导致熔体温度升高程度变大。在设定预塑化螺杆位置后，再较大幅度调节背压时，必须注意重新设定预塑化螺杆位置，否则易造成制品飞边或射胶不足。

通过背压的调节可实现喷嘴不流延，制品表面无料花，产品内部无气泡，且产品表面光泽度好。适当的背压能压实料筒内的熔体，增加注射时的射胶量，提高制品的尺寸稳定性，减少制品的表面收缩；背压还能将由物料带进的空气或其他气体排出，从而减少制品表面的气化现象和内部气泡，提高制品的光泽均匀性；在预塑化时，在料筒前端建立与背压匹配的熔体压力，降低螺杆后退速度，使物料在料筒内充分塑化，塑化质量更高，改善熔体充膜时的流动性，消除制品表面的冷胶纹，充分塑化也能增加色粉、色母料的混合均匀度，避免出现制品混色。

背压过低时，螺杆后退很快，流入机筒前端的熔体密度小，易混入空气，最终导致制品有气泡，表面有料花，产品内部有气泡；螺杆后退快会降低熔体的塑化质量，使射胶量不稳定，降低制品的尺寸稳定性，甚至出现收缩，表面光泽度也较差。

背压过高时，螺杆后退很慢，预塑周期长，生产效率下降。高背压还会增加剪切热，剪切应力过大，使高分子材料发生降解，影响制品质量。对于热稳定性差的物料，如 PVC 或含阻燃剂物料等，因熔体温度高且在机筒中受热时间长而发生热分解，或着色剂变色程度增大，制品的表面光泽度变差；背压过高时喷嘴处易流延，且由于高压导致各段射出的位置不易控制，致使注射精度不易控制；同时，当背压过高时，机筒前端的熔体压力过大，料温高，黏度下降，熔体在螺槽中的逆流和料筒与螺杆间隙的漏流会增大，降低了塑化效率。

在调整注塑工艺时，如果产品表面有料花，可能是由于背压过低，应适当地调高背压。如果浇口拉丝严重，应将背压调小。但浇口拉丝也有可能是由于喷嘴温度过高，因此需学会判断。常用的办法是将注射座后退，降低背压，如果依然流延，说明喷嘴温度过高；如果不流延，说明背压过高。

背压调整应考虑与物料的性质、模具、喷嘴结构及转速相匹配。通过背压与转速多级控制，有利于消除熔体轴向温差并提高塑化质量。

2. 注射压力

注射压力（p_i）是指注射时在螺杆头部熔体的压力，其作用是克服熔体从料筒流向型腔的阻力，给予熔体一定的充模速度并对熔体进行简单压实。注射压力需根据塑料熔体黏度和塑料流程比设定。若注射压力太低，制品注射量不足，会导致制品出现凹痕、熔接痕及尺寸不稳定等缺陷；注射压力太高时，制品容易出现飞边、变色和黏模顶出困难等情况。

注射压力由注射系统的液压系统提供。液压缸的压力通过注塑机螺杆传递到塑料熔体上，塑料熔体在压力的推动下，经注塑机的喷嘴进入模具的主流道、分流道，并经浇口进入模具型腔，这个过程即为注射过程，或称为填充过程。压力的存在是为了克服熔体流动过程中的阻力，或者反过来说，熔体在流动过程中的阻力需要注射压力来抵消，以保证填充过程顺利进行。在注射过程中，注塑机喷嘴处的压力最高，以克服熔体全程的流动阻力。之后，压力沿着流动长度向熔体最前端波前处逐步降低，如果型腔内部排气良好，则熔体前端最后的压力就是大气压。

注射时，注射压力必须克服熔体从喷嘴→流道→浇口→型腔的过程中的阻力和局部压力损失后才能充满型腔。总压力损失包括两部分：总动压损失（Δp_D）和总静压损失（Δp_S）。其中 Δp_D 由喷嘴动压损失（Δp_{Dr}）、浇口动压损失（Δp_{Dg}）和型腔动压损失（Δp_{Dc}）三部分组成；Δp_S 由喷嘴静压损失（Δp_{Sr}）、浇口静压损失（Δp_{Sg}）和型腔静压损失（Δp_{Sc}）三部分组成。

Δp_D 发生在注射流动期间，动压损失与模具温度关系不大，与熔体温度及流率成正比，与各段长度、断面尺寸及流变性质有关。Δp_S 指注射和保压流动之后的压力损失，与熔体的温度、型腔温度和喷嘴压力有关。浇口尺寸大时则动、静压力损失减小；浇口尺寸小时，压力损失大。若浇口截面不变而改变浇口长度时，则对压力损失影响很大。

影响熔体填充压力的因素很多，概括起来有三类：①材料因素，如塑料的类型、黏度等；②结构性因素，如浇注系统的类型、数目和位置，模具的型腔形状以及制品的厚度等；③成型的工艺要素。

注射压力对制品定向程度、制品重量、收缩率、料流长度、冷却时间有重要影响，如图6-13所示。

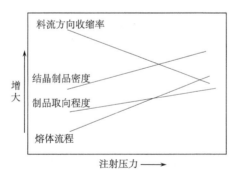

图6-13　注射压力的影响

3. 保压压力

保压压力（p_n）指充模后增密补缩保持的注射压力。熔体充满型腔增密后，为了补缩继续保持熔体流动的注射压力，因此注射压力和保压压力都控制了充模压力，选择和调整注射与保压压力对制品质量起着重要作用。

在注射过程将近结束时，螺杆停止旋转，继续向前推进，此时注塑进入保压阶段。保压过程中注塑机的喷嘴不断向型腔补料，以填充由于制件收缩而空出的容积。如果型腔充满后不进行保压，制件会收缩2.5%左右，特别是厚壁处由于收缩过大而形成收缩痕迹。保压压力一般不超过充填最大压力的85%。保压可继续给模具型腔补塑，确保制品饱满。保压压力设定过高，开模顶出制品时易顶白或翘曲，另外模具流道浇口易被补充塑料胀紧，浇口断在流道内；保压压力过低时，制品有凹痕及尺寸不稳定。

保压压力和保压时间对制品凝固点及收缩率有明显影响,提高保压压力,延长保压时间,凝固推迟,有助于减小制品收缩率,且径向收缩率大于轴向。

4. 锁模力

锁模力是指注射时为克服型腔内熔体对模具的胀开力,注塑机施加给模具的锁紧力。当原料以高压注入模穴内时会产生一个撑模的力量,因此注塑机的锁模单元必须提供足够的锁模力使模具不至于被撑开。

锁模力根据模具型腔的投影面积大小和注射压力高低而定。锁模力不足,制品易飞边,重量增加;锁模力过大,开模就困难。一般锁模力设定不超过 $120Pa/cm^2$。

注塑机上的注射压力、保压压力都是通过调节注射系统油路压力实现的,因此注射、保压阶段任何影响油路系统压力稳定的因素都会引起注射压力和保压压力的波动,最终影响充模压力和制品质量,图 6-14 为油压与型腔压力之间的关系。

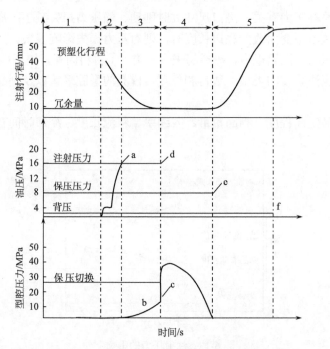

图 6-14　油压与型腔压力之间的关系

1. 原始阶段;2. 速度控制;3. 压力控制;4. 保压控制;5. 背压控制与计量

a. 注射压力到保压压力切换;b. 充模过程;c. 保压;d. 保压切换;e. 螺杆后退;f. 预塑终止

(二)温度

注塑成型工艺中的温度参数主要包括烘料温度、料筒与喷嘴温度、模具温度和油温,其中模具温度和油温密切相关,可当同一温度处理。

1. 烘料温度

高分子材料加工时必须考虑物料的干燥,如果含水量超过允许限度,会出现剥层、银纹等不良现象。经验证明,不同类型的聚合物所允许的含水量不一样。总体来说,注塑成型比挤出成型允许的吸水量可放宽一些,如表 6-2 所示。

表 6-2 常见热塑性高分子材料成型时允许的含水量（质量分数）

材料	允许含水量/%		材料	允许含水量/%	
	注塑	挤出		注塑	挤出
ABS	1.10～0.20	0.03～0.05	LDPE	0.05～0.01	0.03～0.05
聚丙烯酸树脂	0.02～0.10	0.02～0.04	HDPE	0.05～0.01	0.03～0.05
PA	0.04～0.08	0.02～0.06	PP	0.05	0.03～0.10
PC	最大 0.02	0.02	PS	0.10	0.04
PVC	0.08	0.08			

表 6-3 为部分聚合物烘干时间和温度。

表 6-3 部分聚合物烘干时间和温度

材料	时间/h	温度/℃	材料	时间/h	温度/℃
ABS	2～3	80	PI（聚酰亚胺）	2～3	120
PA6	4～5	75	PMMA	3～4	80
PA66	4～5	75	POM	2～3	100
PC	2～3	120	PP	1	90
PE	1	85	PPO	1～2	100～120
PBT	3～4	120～140	PS	1	80
PET	3～4	110～160	PUR（聚氨酯）	2～3	80～100
PETG（含玻纤的 PET）	3～4	65～70	PVC	1	70

2. 料筒与喷嘴温度

料筒温度是指料筒表面的设定温度。在设定温度时必须注意物料的熔融温度和分解温度、所用物料的黏度、所用注塑机的类型，以及制品的结构与模具的特点。

根据聚合物在料筒内的塑化机理，分三段加热：第一段是固体输送段，靠近料口处，温度要低一些，水冷却，防止物料架桥，保证较高的固体输送效率；第二段是压缩段，物料处于压缩状态并逐渐熔融，温度设定比第一段要高出 20～25℃；第三段是均化段，物料全部熔融，预塑时这一段相应于螺杆均化段，在预塑终止后形成计量室储存塑化好的熔料。一般情况下，第三段温度比第二段要高 20～25℃，保证物料处于熔融状态。料筒表面与其内壁温度存在温度梯度，内壁温度接近熔体的温度。预塑化时的剪切作用会使物料温度升高，第三段熔体的实际温度还可能比料筒温度高。因此，料筒温度和熔体温度有密切关系，料筒温度也是控制熔体温度和制品质量的核心工艺参数。熔体温度对充模压力、熔合缝强度、热变形温度、料流长度、制品取向程度和收缩率等的影响趋势如图 6-15 所示。

图 6-16 为 PS 和 HDPE 注塑时熔体温度与料筒温度的关系。目前，实验已证实熔体温度随料筒温度升高呈线性关系，对结晶物料更为明显；螺杆转速及背压对熔体温度也有重要影响，说明预塑化时螺杆旋转部分的机械能已转变为高分子材料的热力学能，提高了熔体温度。

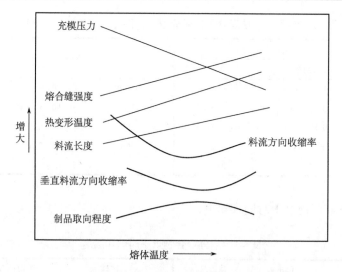

图 6-15　熔体温度对制品性能的影响趋势

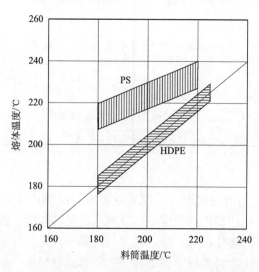

图 6-16　PS 和 HDPE 注塑时熔体温度与料筒温度的关系

　　喷嘴本身热惯性很小，但与具有大热惯性的模具、前模板接触，产生热交换会很快带走热量。为了防止熔体在喷嘴处凝固，就需要提高喷嘴加热圈的温度，其实际温度一般比料筒的第三段温度高，其具体设定温度视聚合物性质、喷嘴及模具流道不同而异，常由工艺试验确定。料筒及喷嘴温度用温度传感器（热电偶）检测，通过控制器对加热时间和功率进行控制。能够一次注塑符合制品质量的标准温度，可以认为是工艺合适温度。在工艺调整时，一般应逐渐从低温向高温调节，调到合适温度为止。但在高温区不应停留时间过长，以防止物料分解。在预试验对空注射时，温度不能太高，以防止喷溅烧伤。如果料筒温度设定较低，则可相应地将模具温度提高些，降低注射压力；当注射行程较短时，也应考虑降低料筒温度。

　　3. 模具温度

　　模具温度是指与制品接触的型腔表面温度，将直接影响制品在型腔中的冷却速度，因此选择合适的模温可缩短成型周期，提高制品质量，减小废品率。模温与其他参数之间的定性关系如图 6-17 所示。图 6-17 表明，提高模温会减小制品的定向作用和流线的方向性，会增加结晶制品密度与制品表面光洁度以及垂直于料流方向和料流方向的收缩率，会降低取向程度。

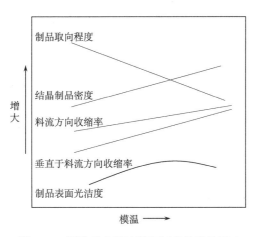

图 6-17　模温对成型过程和制品性能的影响

对于机筒温度，在中间的压缩段前半部的设定应低于材料的熔点，后半段和均化段应高于其熔点并使材料达到熔融，高温有利于提高制件的透明度和光洁度，并减少内应力，应用于薄壁、结构复杂、带有镶件的制品；低温时，制件则呈现出脆性。

事实上，注塑机的预塑始终面临着外加热能和机械输入功率之间的比例调节问题。对于喷嘴温度，低一点可以防止流延，但过低易堵塞和产生冷料。对于模温，必须低于材料的玻璃化温度和热变形温度，对于无定形原料主要是影响黏度和冷却时间，可采用较低的模温，但黏度大的应采用高温，以防止凹陷、产生内应力和开裂。

注塑温度是影响注射压力的重要因素。注塑机料筒有 5～6 个加热段，每种原料都有其合适的加工温度（详细的加工温度可以参阅材料供应商提供的数据）。注塑温度必须控制在一定的范围内，温度太低，熔料塑化不良，影响成型件的质量，增加工艺难度；温度太高，原料容易分解。在实际的注塑成型过程中，注塑温度往往比料筒温度高，高出的数值与注射速度和材料的性能有关，最高可达 30℃。这是因为熔料通过注料口时受到剪切而产生很高的热量。在做模流分析时可以通过两种方式来补偿这种差值，一种是设法测量熔料对空注塑时的温度，另一种是建模时将喷嘴也包含进去。

（三）成型周期

成型周期是注塑成型综合性的工艺参数，与各段程序执行的时间有关，直接影响物料固体、熔体和制品所经过的热历程及受力作用的时间，影响制品质量和生产效率。注塑成型的周期由合模时间、注射时间、保压时间、冷却时间及脱模时间组成，其中冷却时间占比最大，为 70%～80%。影响制品最终质量和成型效率的主要是保压时间和冷却时间，虽然注射过程也可以由时间来控制，但在工业上绝大部分注射过程都是位置控制。需要指出的是，成型周期的设定要尽量准确，否则累积的时间误差也会影响物料的热历程。

保压时间太短，制品表面凹陷并产生残余应力；保压时间太长，生产效率低。

注射时间很短，为冷却时间的 1/15～1/10，对成型周期的影响很小，这个规律可以作为预测塑件全部成型时间的依据。

开模和闭模时间与调节慢速-快速-慢速和低压保护转换时间有关。注射、保压与螺杆的计量时间要根据塑料性质、制品及模具而定，与注射压力、注射速度、螺杆转速、背压及温度等因素有关，在保证质量的前提下力求最短时间。螺杆转速及背压直接影响螺杆的计量时间，采用高效螺杆可减少预塑化时间。冷却时间的设定应考虑塑料的性质、制品和温度等条件，制品实际冷却时间包括了保压和预塑化时间，因此预塑化最好能在制品所需的最短冷却时间内完成。

其中，最短冷却时间可由式（6-2）计算得到：

$$t_{min} = \frac{h^2}{2\pi a} \ln \left[\frac{0.785(T_P - T_M)}{T_M - T_0} \right] \tag{6-2}$$

式中，t_{min} 为最短冷却时间，s；h 为制品厚度，cm；a 为塑料热扩散系数，cm^2/s；T_P、T_M、T_0 分别为熔体温度、型腔表面温度及制品脱模温度。

温度（T_P、T_M、T_0）对成型周期的影响十分显著，如图6-18所示。a 线、b 线表示在相同模温和脱模温度下，熔体温度高则周期长；在相同脱模温度下，模温低则成型周期短，如 c 线所示。

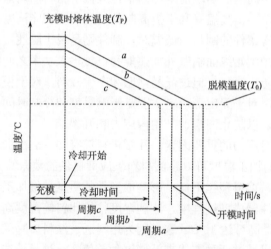

图 6-18　温度对成型周期的影响

（四）注射速度

注射速度指单位时间内注入型腔中熔体的容积，是注射的重要参数之一，对许多工艺因素产生影响，如图6-19所示。提高注射速度将使充模压力提高，高速充填可维持熔体较高的温度，流体的黏度低，流道阻力损失小，可得到较高的型腔压力，同时可使流动长度增加并使制品质量均匀而密实。但过高的注射速度会增加压力损失和熔体的不稳定流动，发生弹性湍流或由于熔体速度前缘的冲击，导致胀膜溢边现象。此外，注射速度越快，熔体在型腔内形成的凝固层厚度越薄。

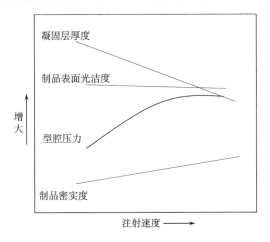

图 6-19　注射速度对制品性能的影响

（五）行程

预塑行程 L_s 指预塑时螺杆后移的距离。预塑行程与注射行程在数值上相等，即 $L_s=S_i$。每次注射程序终止后，螺杆是处在料筒的最前位置，在预塑时，螺杆在物料反压作用下后退，直至到限位为止。螺杆行程称预塑的计量行程，也正是下次注射的行程，因此制品所需的注射容积是用预塑行程 L_s 确定，即

$$L_s = \frac{V_i}{0.785 D_S^2} \tag{6-3}$$

式中，L_s 为预塑行程；V_i 为螺杆推进容积；D_S 为螺杆直径。

由此可知，注射量由预塑行程控制，如果行程调节太小会使注射量不足，太大会使每次注射余料太多，因此预塑行程的重复精度将影响注射量的波动。料温沿计量行程分布是不均匀的，增加预塑行程会加大料温的不均匀性。

注塑工艺调整需全面统筹兼顾。若制品尺寸变化大，可着手从塑料原料上考虑，是结晶塑料还是非结晶塑料，树脂分子量的大小等。若是结晶塑料，要考虑制品结晶度和分子取向，成型时流动行为的变化引起制品内应力变化，造成制品收缩变化。

总之，注塑工艺调整不能单一从某点入手，必须从注塑工艺原理入手全面统筹兼顾考虑问题，可从多方面逐个调整或多个问题一次调整，但调整方法和调整原理要视生产的制品质量和工艺状况而定。

第三节　常见的注塑缺陷及解决办法

制品质量有内在质量和外观质量，内在质量主要是机械强度，内应力的大小直接影响制品机械强度高低，产生内应力的主要原因有制品结晶度和塑料成型中分子的取向性等。制品外观质量就是制品表观质量，主要的缺陷可分为三类：①注射不足或注射过多，常见的是欠注和飞边；②尺寸不稳定或变形，常见的有制品凹痕、缩痕、翘曲变形、尺寸不稳定等；③制品表面质量差，常见的有熔接痕、表面流纹、银丝、表面黑点主条纹、烧焦、糊斑、变

色及色泽不均、表面光泽不良、困气等。这些成型缺陷均与成型温度、压力、流量、时间和位置等参数有关。

一、注射不足或注射过多

（一）欠注

欠注是指注塑成型时熔体进入型腔后没有充填完全，导致产品缺料的现象，也称短射，如图 6-20 所示。欠注是注塑成型最常见的成型缺陷之一，产生欠注的根本原因是注射量不足，即进入型腔的熔体总量不足。其故障分析及排除方法如下所述。

图 6-20　注塑成型时的欠注现象

1. 设备选型不当

在选用设备时，注塑机的最大注射量必须大于制品及浇注系统总重，而注射总重不能超出注塑机塑化量的 85%。当成型时发现欠注时，需检查止逆阀和料筒内壁是否磨损严重；检查加料口是否有料或是否架桥。若加料口处温度过高，也会引起落料不畅，因此应疏通并冷却加料口，目前常用的控制加料的办法是定体积加料法。

2. 成型温度偏低

模具温度、熔体温度和喷嘴温度过低时，都有可能引起欠注。

当模具温度过低时，熔体进入低温型腔后会因冷却太快而无法充满型腔。因此，开机前需将模具预热至工艺要求的温度，刚开机时，应适当节制模具内冷却水的通量。若模具温度升不上去，应检查模具冷却系统的设计是否合理。

通常，在适合成型的范围内，料温与充模长度接近于正比例关系，低温会降低熔体的流动性能，使充模长度减短。当熔体温度低于工艺要求的温度时，应检查料筒加料器是否完好并设法提高料筒温度。刚开机时，料筒温度比料筒加热器仪表指示的温度要低，应将料筒加热至设定温度后恒温一段时间才能开机。如果为了防止熔体分解不得不采取低温注射时，可适当延长注射循环时间，克服欠注。对于热敏性物料，若不能通过升温的方式降低熔体黏度，则需加大流道尺寸。

成型时喷嘴与模具接触，模具温度低于喷嘴温度，且温差较大，两者频繁接触后会使喷嘴温度下降，导致熔体在喷嘴处部分冷却，形成冷料。如果模具中没有冷料井，冷料进入型腔后立即凝固，后面的熔体无法充满型腔。因此，可考虑在开模时使喷嘴与模具分离，减少模温对喷嘴温度的影响，使喷嘴处的温度保持在工艺要求的范围内。如果喷嘴温度很低且升不上去，应检查喷嘴加热器是否损坏，并设法提高喷嘴温度，否则熔体充模时的压力降过大会导致欠注。

3. 注射压力或保压不足

注射压力与充模长度接近于正比例关系，注射压力太小，会导致充模长度短，型腔填充不满。因此，可通过降低注射速度，适当延长注射时间等办法来提高注射压力。在注射压力无法进一步提高的情况下，可通过提高料温、降低熔体黏度、提高熔体流动性能补救。值得注意的是，若熔体温度太高会使熔体热分解，影响制品的使用性能。

此外，如果保压时间太短，也有可能导致填充不足。因此，应将保压时间控制在适宜的范围内，但需要注意，保压时间过长也会引起其他故障，成型时应根据制品的具体情况酌情调节。

4. 注射速度太慢

注射速度与充模速度直接相关。如果注射速度太慢，熔体充模缓慢，低速流动的熔体很容易冷却，使其流动性能进一步下降产生欠注。对此，应适当提高注射速度。需要注意的是，注射速度太快容易引起其他成型故障。

5. 模具设计及制品结构设计不合理

模具浇注系统和排气系统不合理常会导致成型缺陷，严重时会出现欠注。

一模多腔时，往往因浇口和浇道平衡设计不合理导致制品外观缺陷。设计浇注系统时，要注意浇口尺寸平衡，各型腔内制品的重量需与浇口大小成正比，使各型腔同时充满。若浇口或流道小、薄或长，熔体的压力在流动过程中沿程损失太大，流动受阻，容易产生填充不完全。

模具内因排气不良而残留的大量气体受到流料挤压，产生大于注射压力的高压时，就会阻碍熔体充满型腔造成欠注。对此，应检查冷料井或位置是否正确，对于型腔较深的模具，应在欠注的部位增设排气沟槽或排气孔；在合模面上，可开设深度为 0.02~0.04mm、宽度为 5~10mm 的排气槽，排气孔应设置在型腔的最终充模处。使用水分及易挥发物含量超标的原料时也会产生大量的气体，导致模具排气不良。此时，应对原料进行干燥及清除易挥发物。

如果通过工艺的调整和模具结构的调整均不能解决欠注的问题，那么原因就是制品结构设计不合理。当制品厚度与长度不成比例，形体十分复杂且成型面积很大时，熔体很容易在制品薄壁部位的入口处流动受阻，使型腔很难充满。因此，在设计制品的形体结构时，应注意制品的厚度与熔体充模时的极限流动长度有关。

在注塑成型中，制品的厚度采用最多的为 1~3mm，大型制品为 3~6mm，一般推荐的最小厚度为：聚乙烯 0.5mm、醋酸纤维素和醋酸丁酸纤维素塑料 0.7mm、 乙基纤维素塑料 0.9mm、聚甲基丙烯酸甲酯 0.7mm、聚酰胺 0.7mm、聚苯乙烯 0.75mm、聚氯乙烯 2.3mm。通常，制品的厚度超过 8mm 或小于 0.5mm 都对注塑成型不利，设计时应避免采用这样的厚度。

此外，在成型形体复杂的结构制品时，在工艺上也要采用必要的措施，如合理确定浇口的位置，适当调整流道布局，提高注射速度或采用快速注射，提高模具温度或选用流动性能较好的树脂等。

（二）飞边

飞边是指在模具分型面或顶杆等部位出现多余的塑料，如图 6-21 所示。飞边的出现主要是由于注射时熔体压力大于合模力而有少量溢出，因此解决飞边的方法主要从以下四个方面考虑。

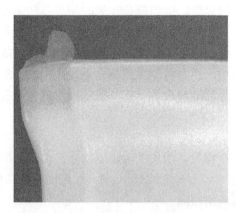

图 6-21　制品飞边示意图

1. 合模力不足

当注射压力大于合模力使模具分型面密合不良时容易产生溢料或飞边。对此，应检查增压是否过量，同时应检查制品投影面积与成型压力的乘积是否超出了设备的合模力。成型压力为模具内的平均压力，常规情况下以 40MPa 计算。生产箱形制品时，LDPE、PP、PS 及 ABS 的成型压力值约为 30MPa；生产流程长的制品时，成型压力值约为 36MPa；在生产体积小于 10cm³ 的小型制品时，成型压力值约为 60MPa。如果计算结果为合模力小于制品投影面积与成型压力的乘积，则表明合模力不足或注塑定位压力太高，应降低注射压力或减小注料口截面积，也可缩短保压及增压时间，减小注射行程，或考虑减少型腔数及改用合模吨位大的注塑机。

2. 料温太高

高温熔体的熔体黏度小，流动性能好，熔体能流入模具内很小的缝隙中产生溢料飞边。因此，出现溢料飞边后，可考虑适当降低料筒、喷嘴及模具温度，缩短注射周期。对于聚酰胺或聚酯等黏度较低的熔体，很难通过改变成型条件来解决溢料飞边缺陷，应在适当降低料温的同时，尽量使用精密加工模具，减小模具间隙。

3. 模具缺陷

模具缺陷是产生溢料飞边的常见原因，在出现较多的溢料飞边时必须认真检查模具，应重新验核分型面，使动模与定模对中，并检查分型面是否密着贴合，型腔及模芯部分的滑动件磨损间隙是否超差。分型面上有无黏附物或落入异物，模板间是否平行，模板有无弯曲变形，模板的开距有无按模具厚度调节到正确位置，导销表面是否损伤，拉杆有无变形不均，排气槽孔是否太大太深。

4. 工艺条件控制不当

注射速度太快、注射时间过长、注射压力在型腔中分布不均、充模速度不均衡，以及加料量过多、润滑剂使用过量都会导致溢料飞边，操作时应针对具体情况采取相应的措施。

值得重视的是，排除溢料飞边故障必须先从排除模具故障着手，如果因溢料飞边而改变成型条件或原料配方，往往对其他方面产生不良影响，容易引发其他成型故障。

二、尺寸不稳定

正常情况下，注塑制品的形状和尺寸应与设计的形状和尺寸大小一致，但如果成型工艺和成型物料选用不当，可能会出现制品形状和尺寸与设计形状和尺寸不一致的情况，即尺寸不稳定，常见的有翘曲变形、制品凹痕、尺寸偏小或偏大等。

（一）翘曲变形

翘曲变形是薄壳塑料件常见缺陷之一，如图 6-22 所示。当翘曲变形量超过允许误差后，就成为成型缺陷，进而影响产品装配。因此，需要对翘曲变形量进行控制和准确预测，不同材料、不同形状的注塑件的翘曲变形规律差别很大。总体来说，当薄壁大尺寸制品或制品不同部位厚度差异较大时容易出现翘曲变形。

图 6-22　制品翘曲变形示意图

充模时大部分聚合物分子链沿着流动方向排列，沿熔体流动方向上的分子链取向远大于垂直流动方向上的分子链取向，充模结束后，取向的分子链试图恢复原有的卷曲状态，制品在沿熔体流动方向上的长度缩短。因此，制品沿熔体流动方向上的收缩也就大于垂直流动方向上的收缩。由于在两个垂直方向上的收缩不均衡，制品必然产生翘曲变形，因此翘曲变形很大程度上取决于制品径向和切向收缩的差值。

基于上述分析，翘曲变形的排除方法主要有以下 4 种。

1. 减少分子链取向不均衡

为了尽量减少由于分子链取向差异产生的翘曲变形，应减少流动取向及缓和取向应力的松弛，其中最有效的方法是降低熔体温度和模具温度。同时与制品的热处理结合起来，否则减小分子链取向差异的效果往往是暂时性的。料温及模温较低时，熔体冷却很快，制品内会残留大量的内应力，使制品在今后使用过程中或环境温度升高时仍旧出现翘曲变形。

如果制品脱模后立即进行热处理，将其置于较高温度下保持一定时间再缓冷至室温，即可大量消除制品内的取向应力。

2. 提高冷却效果

如果模具的冷却系统设计不合理或模具温度控制不当，制品冷却不足，会引起制品翘曲变形。特别是当制品壁厚的厚薄差异较大时，由于制品各部分的冷却收缩不一致，制品特别容易翘曲变形。因此，在设计制品的形体结构时，各部位的断面厚度应尽量一致。

此外，塑料件在模具内必须保持足够的冷却定型时间。例如，硬质聚氯乙烯的导热系数较小，若其制品的中心部位未完全冷却就将其脱模，制品中心部位的热量传到外部，使制品软化变形。

对于模具温度的控制，应根据成型件的结构特征来确定阳模与阴模、模芯与模壁、模壁与嵌件间的温差，利用控制模具各部位冷却收缩速度的差值抵消取向收缩差，避免制品按取向规律翘曲变形。对于形体结构完全对称的制品，模温应相应保持一致，使制品各部位的冷却均衡。在控制模芯与模壁的温差时，如果模芯处的温度较高，制品脱模后就向模芯牵引的方向弯曲。例如，生产框形制品时，若模芯温度高于型腔侧，制品脱模后框边就向内侧弯曲，特别是料温较低时，熔体流动方向的收缩较大，弯曲现象更为严重。

对于模具冷却系统的设计，必须注意将冷却管道设置在温度容易升高、热量比较集中的部位，对于那些比较容易冷却的部位，应尽量进行缓冷，使制品各部位的冷却均衡。通常，模具的型腔和型芯应分别冷却，冷却孔与型腔的距离应适中，不宜太远或太近，一般控制在15～25mm；水孔的直径应大于 8mm，冷却小孔的深度不能太浅，水管及管接头的内径应与冷却孔直径相等，冷却孔内的水流状态应为紊流，流速控制在 0.6～1.0m/s，冷却水孔的总长度应在 1.5m 以下，否则压力损失太大；冷却水入口与出口处温度的差值不能太大，特别是对于一模多腔的模具，温差应控制在 2℃以下。

3. 模具脱模及排气系统设计不合理

制品在脱模过程中受到较大的不均衡外力的作用时会产生较大的翘曲变形。例如，模具型腔的脱模斜度不够，制品顶出困难，顶杆的顶出面积太小或顶杆分布不均，脱模时塑料件各部分的顶出速度不一致，以及顶出太快或太慢，模具的抽芯装置及嵌件设置不当，型芯弯曲或模具强度不足，精度太差等都会导致制品翘曲变形。

对此，在模具设计方面，应合理确定脱模斜度、顶杆位置和数量，提高模具的强度和定位精度；对于中小型模具，可根据翘曲规律设计和制作反翘曲模具，将型腔事先制成与翘曲方向相反的曲面，抵消取向变形，不过这种方法较难掌握，需要反复试制和修模，一般用于批量很大的制品。在模具操作方面，应适当减慢顶出速度或增加顶出行程。

此外，模具排气不良对于制品的翘曲变形也有一定的影响，应予以注意。

4. 工艺操作不当

在工艺操作过程中，如果注射压力太低、注射速度太慢、保压时间及注射时间太短、原料干燥处理时烘料温度过高，以及制品退火处理工艺控制不当，都会导致制品翘曲变形。对此，应针对具体情况分别调整对应的工艺参数。

（二）制品凹痕

制品凹痕指注塑制品在壁厚处出现表面下凹的现象，也称为缩水，包括表面缩凹和内部缩孔，其根本原因是体积较厚的部位冷却时熔体补充不足。制品凹痕会严重影响制品的外观质量，从而形成不良品。制品表面凹痕示意图如图 6-23 所示。

注塑成型时，熔体充满型腔后，高分子熔体温度降低，由于热胀冷缩产生体积收缩以及熔体冷却结晶产生体积收缩，在制品壁厚较大处形成凹痕。形成制品凹痕的主要原因是注射量偏少、保压补偿的物料量偏少或制品的厚度太大等。因此，制品凹痕的主要解决办法有以下 4 个方面。

1. 成型条件控制不当

如果制品凹痕出现在制品厚度较大的地方，则工艺方面最可能的原因是注射压力太低、注射及保压时间太短、注射速度太慢、料温及模温太高、制品冷却不足、脱模时温度太高、嵌件处温度太低或供料不足。对此，应适当提高注射压力及注射速度，增加熔体的压缩密度，延长注射和保压时间，补偿熔体收缩。但保压不能太高，否则会引起凸痕。

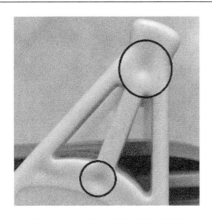

图 6-23 制品表面凹痕示意图

如果制品凹痕发生在浇口附近，可以通过延长保压时间来解决。

如果嵌件周围由于熔体局部收缩引起凹痕，主要是由嵌件的温度太低造成的，应对嵌件进行预热。如果注塑机的喷嘴孔太小或喷嘴处局部阻塞，也会因为注射压力局部损失太大引起凹痕。对此，应更换喷嘴或进行清理。

此外，制品在模内的冷却必须充分。一方面可通过调节料筒温度，适当降低熔体温度；另一方面，可采取改变模具冷却系统的设置，降低冷却水温度，或在尽量保持模具表面及各部位均匀冷却的前提下，对产生凹陷的部位适当强化冷却。否则，制品在冷却不足的条件下脱模，不但容易产生收缩凹陷，还会导致制品在顶杆局部凹陷。

2. 模具缺陷

如果模具的流道及浇口截面太小、充模阻力大，浇口设置不对称、充模速度不均衡，进料口位置设置不合理，以及模具排气不良，会由于影响供料和补缩导致制品表面产生凹痕，对此，应结合具体情况，适当扩大浇口及浇道截面，浇口位置尽量设置在对称处，进料口应设置在制品厚壁的部位。

如果凹痕发生在远离浇口处，一般是由于模具结构中某一部位熔体流动不畅，熔体充模压力损失过大。对此，应适当扩大模具浇注系统的结构尺寸，特别是对于阻碍熔体流动的"瓶颈"处必须增加注道截面，最好是将注道延伸到产生凹痕的部位。

3. 原料不符合成型要求

如果成型原料的收缩率太大或流动性能太差，以及原料内润滑剂不足或原料潮湿，也会引起制品表面产生凹痕。因此，对于表面要求比较高的制品，需选用低收缩率的树脂。

如果由于熔体充模压力损失过大引起欠注凹痕，可在原料中增加适量润滑剂，改善熔体的流动性，或加大浇注系统结构尺寸。如果由于原料潮湿引起制品表面产生凹痕，应对原料进行预干处理。

4. 制品形体结构设计不合理

如果制品各处的壁厚相差很大，厚壁部位由于压力不足，成型时很容易产生凹痕。因此，设计制品形体结构时，壁厚应尽量一致。对于特殊情况，若制品的壁厚差异较大，可通过调整浇注系统的结构参数来解决。

（三）尺寸偏小或偏大

尺寸偏小或偏大是指制品成型后外形尺寸与要求尺寸不一致的现象。注塑成型时，注射压力太低、保压时间太短、模温太低或不均匀、料筒及喷嘴温度太高、制品冷却不足都会导致制品尺寸不稳定。一般情况下，采用较高的注射压力和注射速度，适当延长充模和保压时间，提高模温和料温，有利于克服尺寸不稳定。

如果制品成型后外形尺寸大于要求尺寸，应适当降低注射压力和熔体温度，提高模具温度，缩短充模时间，减小浇口截面积，从而提高制品的收缩率。若成型后制品的尺寸小于要求尺寸，应采取与之相反的成型条件。环境温度的变化对制品成型尺寸的波动也有一定的影响，应根据外部环境的变化及时调整设备和模具的工艺温度。

成型原料的收缩率对制品尺寸精度影响很大。如果成型设备和模具的精度很高，但成型原料的收缩率很大，则很难保证制品的尺寸精度。一般情况下，成型原料的收缩率越大，制品的尺寸精度越难保证。因此，在选用成型树脂时，必须充分考虑原料成型后的收缩率对制品尺寸精度的影响。对于选用的原料，其收缩率的变化范围不能大于制品尺寸精度的要求。

各种树脂的收缩率差别较大，通常结晶和半结晶树脂的收缩率比非结晶树脂大，而且收缩率变化范围也比较大，与之对应的制品成型后产生的收缩率波动也比较大；对于结晶树脂，结晶度高，分子体积缩小，制品的收缩大，树脂球晶的大小对收缩率也有影响，球晶小，分子间的空隙小，制品的收缩较小，而制品的冲击强度比较高。

此外，如果成型原料的颗粒大小不均，干燥不良，再生料与新料混合不均匀，每批原料的性能不同，也会引起制品成型尺寸的波动。

三、制品表面质量差

制品表面质量差是指制品表面在光泽、颜色等方面达不到要求，常见的有熔接痕、表面光泽不良、银丝、黑点、裂纹、分层脱皮、变色、烧焦、糊斑等。

（一）熔接痕

熔接痕也称夹水纹，是制品表面的线状痕迹。它是由注射过程中多股熔体在型腔内分流汇合界面的融合未完成产生的，或是由不同位置浇口处流出的熔融塑料汇聚时形成的交接痕迹。熔接痕是制品的薄弱环节，不但影响制品的外观，而且由于微观结构的松散，易造成应力集中，从而使该部分的强度降低而发生断裂。

由于喷泉流动的原因，在熔体流动波前面的分子链取向几乎平行流动波。两股塑料熔体在交汇时，接触面的分子链互相平行；加上两股熔体性质各异（在型腔中滞留时间不同，温度、压力也不同），造成熔体交汇区域在微观上结构强度较差。在光线下将制品摆放好，用肉眼以适当的角度观察，可以发现有明显的接合线产生，这就是熔接痕的形成机理。

熔体汇合时形成的接缝可分为熔合线和熔接痕两种，熔合线的性能明显优于熔接痕。一般而言，两股熔体汇合角大于135°时形成熔合线，小于135°时形成熔接痕，如图6-24所示。熔合线的性能明显优于熔接痕，汇合角对熔接痕的性能有重要影响，因为它影响了熔接后分子链熔合、缠结、扩散的充分程度，汇合角越大，熔接痕性能越好。

一般而言，在高温区产生熔接的熔接痕强度较佳，因为高温情形下，高分子链活动性较佳，可以互相穿透缠绕，此外高温区域两股熔体的温度较为接近，熔体的热性质几乎相同，增加了熔接区域的强度；反之在低温区域，熔接强度较差。

注塑制品熔接痕是始终存在的，不明显时，对制品性能影响也不明显，可以不用处理。但过于明显的熔接痕会影响制品的外观性能和使用强度，减小熔接痕对制品的影响可主要从以下 4 个方面考虑。

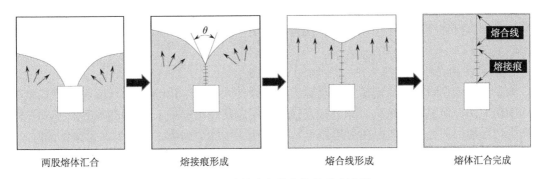

两股熔体汇合　　　　　　熔接痕形成　　　　　　熔合线形成　　　　　　熔体汇合完成

图 6-24　熔接痕和熔合线的形成过程

1. 熔体温度过低

从工艺的角度分析，熔体温度过低是形成熔接痕的最主要因素，因此提高熔体温度可以有效缓解熔接痕的问题。低温熔体的分流汇合性能较差，容易形成熔接痕。如果制品的内外表面在同一部位产生熔接细纹，往往是由于料温太低引起的熔接不良。对此，可适当提高料筒及喷嘴温度或者延长注塑周期，促使料温上升。同时，应减少模具内冷却水的通过量，适当提高模具温度。一般情况下，制品熔接处的强度较差，如果能对模具中产生熔接的相应部位进行局部加热，提高成型件熔接部位的局部温度，往往可以提高制品熔接处的强度。

由于特殊需要，必须采用低温成型工艺时，可适当提高注射速度和注射压力，改善熔体的汇合性能。也可在原料配方中适当增用少量润滑剂，提高熔体的流动性能。

2. 模具设计不合理

模具的浇注系统和排气系统设计不合理也会导致明显的熔接痕。

模具浇注系统的结构参数对熔体的熔接情况有很大的影响，熔接不良主要产生于熔体分流后再汇合。因此，应尽量采用分流少的浇口形式并合理选择浇口位置，避免充模速度不一致及充模中断。在可能的条件下，应选用一点式浇口，因为这种浇口不易产生多股料流，熔体不会从两个方向汇合，避免熔接痕。

如果在模具的浇注系统中，浇口太多或太小，多浇口定位不正确或浇口到流料熔接处的间距太大，浇注系统的主流道进口部位及分流道的流道截面太小，导致料流阻力太大都会引起熔接不良，使制品表面产生较明显的熔接痕。对此，应减少浇口数，合理设置浇口位置，加大浇口截面，设置辅助流道，扩大主流道及分流道直径。为了防止低温熔体注入型腔产生熔接痕，在模具内需设置冷料井。

此外，制品熔接痕的产生部位经常由于高压充模而产生飞边，产生这类飞边后熔接痕不会产生缩孔，因此这类飞边不能作为故障排除，而是在模具上产生飞边的部位开一个很浅的小沟槽，将制品上的熔接痕转移到附加的飞边小翼上，待制品成型后再将小翼除去，这也是排除熔接痕故障时常用的一种方法。

3. 脱模剂使用不当

脱模剂用量太多或选用的品种不正确都会引起制品表面产生熔接痕。在注塑成型中，一般只在螺纹等不易脱模的部位才均匀地涂用少量脱模剂，原则上应尽量减少脱模剂的用量。

对于各种脱模剂的选用，必须根据成型条件、制品外形及原料品种等条件来确定。例如，纯硬脂酸锌可用于除聚酰胺及透明塑料外的各种塑料，但与油混合后即可用于聚酰胺和透明塑料。又如，硅油甲苯溶液可用于各种塑料，涂刷一次可使用很久，涂刷后需加热烘干，用法比较复杂。

4. 制品结构设计不合理

如果制品壁厚设计得太薄或厚薄悬殊较大及嵌件太多，会引起熔接不良。薄壁件成型时，熔体固化太快，容易产生缺陷，熔体在充模过程中总是在薄壁处汇合形成熔接痕，一旦薄壁处产生熔接痕，就会导致制品的强度降低，影响使用性能。因此，设计制品形体结构时，应确保制品的最薄部位必须大于成型时允许的最小壁厚。此外，应尽量减少嵌件的使用且壁厚尽可能趋于一致。

当原料水分或易挥发物含量太高、模具中的油渍未清洗干净、型腔中有冷料或熔体内的纤维填料分布不良、模具冷却系统设计不合理、熔体固化太快、嵌件温度太低、喷嘴孔太小、注塑机塑化能力不够、注塑机料筒中压力损失太大时，都会导致不同程度的熔接不良。因此在操作过程中，应针对不同情况，分别采取原料预干燥、定期清理模具、改变模具冷却水道设置、控制冷却水的流量、提高嵌件温度、换用较大孔径的喷嘴、改用较大规格的注塑机等措施予以解决。

（二）表面流纹

表面流纹是注塑成型过程中极常见的制品表面瑕疵，按其出现的地方可分为近浇口和远浇口两种。制品在近浇口的流纹表现为以浇口方向为中心，树脂流动的痕迹以同心圆的形状在制品表面出现，如图 6-25 所示。熔体流动性较差及熔体的不稳定流动是形成近浇口处表面流纹的主要原因。

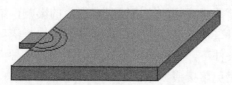

图 6-25　制品表面流纹示意图

当流动性较差的高黏度熔体在浇口及流道中以半固化状态注入型腔后，熔体沿型腔表面流动并被不断注入的后续熔体挤压形成回流及滞流，从而在制品表面产生以浇口为中心的年轮状表面流纹。当浇口尺寸很小而注射速度很大时，熔体是以细而弯曲的射流态注入型腔的，若熔体的冷却速度很快，会与后续充模的不规则流料熔合不良，导致浇口附近产生表面流纹。有时少量冷料会沿着型腔表面移动，使表面混浊及表面流纹产生在离浇口较远的部位。

因此，造成表面流纹的原因包括：过低的熔体温度和模具温度，过低的注射速度、注射压力或者流道和浇口太小，流动阻力太大。根据目前的认知，表面流纹的产生可能是因为熔体流动前锋部分在型腔壁面冷却，并且与后面的熔体持续的翻滚和冷却效应。基于上述分析，表面流纹形成的可能原因及排除方法有如下 4 种。

1. 熔体流动性不良

针对这一故障产生的原因，可分别提高模具及喷嘴温度，提高注射速度和充模速度，增加注射压力和保压时间。也可在浇口处设置加热器增加浇口部位的局部温度，或适当扩大浇口和流道截面积。浇口及流道截面最好采用圆形，圆形截面的充模效果最好。此外，注料口底部及分流道端部应设置较大的冷料井，料温对熔体的流动性影响较大，更要注意冷料井尺寸的大小，冷料井的位置必须设置在熔体沿注料口流动方向的端部。

在条件允许的情况下，选用低黏度的树脂。

2. 熔体在流道中不稳定流动

当熔体从流道狭小的截面流入较大截面的型腔时或模具流道狭窄时，如果模具光洁度不够高，熔体流动很容易形成湍流，导致制品表面形成螺旋状流纹。对此，可适当降低注射速度或对注射速度采取慢-快-慢分段控制。模具的浇口应设置在厚壁部位，浇口形式最好采用柄式、扇形或膜片式。也可适当扩大流道及浇口截面，减少料流的流动阻力。

此外，应控制模具内冷却水的流量，使模具保持较高的温度。在工艺操作温度范围内适当提高料筒及喷嘴温度，有利于改善熔体的流动性。

3. 挥发性气体过多

若加工温度较高，树脂及润滑剂产生的挥发性气体会使制品表面产生云雾状表面流纹。对此，应适当降低模具及机筒温度，改善模具的排气效果，降低料温及充模速度，适当扩大浇口截面，还应考虑更换润滑剂品种或减少数量。这一情况多出现在易发生热降解的物料，或配方中含有易挥发的助剂，如 ABS、PVC 等。

4. 熔体破裂导致制品表层发生移动产生表面流纹

熔体注入型腔后先在模具腔壁上形成一层薄的表壳，当这层表壳在充模过程中受到后续熔体的挤压时，就会导致熔体破裂。一旦该层表壳被撕破或发生移动，制品表面即产生表面流纹。例如，在 MFR 较小的 LDPE 制品上，其表面经常可以看到明暗交替的条形区域，其产生的部位一般离浇口有一定距离，且遍布整个表面，尤其是薄壁制品最容易产生这类缺陷，这主要是由于熔体在充填小熔腔尚未结束前受到较大的压力，熔体破裂形成表面缺陷。

因此，要降低熔体在充模过程中的冷却速度和表壳层的形成速度，通过适当提高模具温度或提高熔体破裂部位的局部温度来排除这一缺陷。对于型腔表面的局部加热，可利用安装在浇口附近及熔体破裂部位的小型管式电加热器来实现。

（三）银丝

银丝是低分子挥发物、水汽等气体在注塑制品表面形成的喷溅状银白色条纹。银丝的常见形式是一些被拉长的扁气泡形成的针状银白色条纹，其主要种类有降解银丝和水汽银丝。

降解银丝和水汽银丝均产生于从料流前端析出的挥发物。例如，降解银丝是热塑性塑料受热后发生部分降解，以及气体分解时形成小气泡分布在制品表面，这些小气泡在制品表面留下的痕迹一般排布成"V"字形，"V"字形的尖端背向浇口中心。水汽银丝产生的主要原因是原料中水分含量过高，水分挥发时产生的气泡导致制品表面产生银丝，特别是聚酰胺高吸水性树脂，如果熔体中的水分挥发产生的气体不能完全排出，就会在制品表面形成水汽银丝。

基于上述分析，解决银丝的主要方法有以下 3 种。

（1）在原料选用及处理方面，对于降解银丝，要尽量选用粒径均匀的树脂，筛除原料中的粉屑，减少再生料的用量，清除料筒中的残存异料；对于水汽银丝，必须按照树脂的干燥要求，充分干燥原料。

（2）在工艺操作方面，对于降解银丝，应降低料筒及喷嘴温度，缩短熔体在料筒中的滞留时间，防止熔体局部过热，也可降低螺杆转速及前进速度，缩短增压时间；对于水汽银丝，应调高背压，加大螺杆压缩比，降低螺杆转速或使用排气型螺杆，提高螺杆的排气效率。

（3）模具设计和操作方面，对于降解银丝，应加大浇口、主流道及分流道截面，扩大冷料井，改善模具的排气条件；对于水汽银丝，应增加模具排气孔或采用真空排气装置，尽量排清熔料中留存的气体，并检查模具冷却水道是否渗漏。

此外，注射过程中，脱模剂也会产生少量挥发性气体，应尽量减少其用量，可通过提高模具型腔表面光洁度来减少脱模阻力。

（四）表面黑点及条纹

表面黑点及条纹是指制品表面出现无规律的黑点，或黑点有规律地连续出现形成条纹。这种无规律的黑点主要是物料在挤出机机筒或在模具型腔中分解产生的，从本质上分析，条纹是黑点大量出现的一种表现，其产生的原因与黑点一致。

当物料从加料口进入料筒后，物料温度升高并开始熔融，熔体温度太高导致过热分解，形成炭化物，随熔体无规律挤出后最终形成表面黑点。为了避免熔体过热分解，对于聚氯乙烯等热敏性热塑材料，必须严格控制料筒尾部温度不能太高。

当发现制品表面出现黑点及条纹后，应立即检查料筒的温度控制器是否失控，并适当降低料筒及模具温度。表面黑点及条纹出现的主要原因及排除方法有以下 3 种。

1. 熔体温度过高

熔体温度过高有两种主要原因：工艺温度设定过高和熔体摩擦热量过高。如果注射速度太快，注射压力太大，充模时熔体与型腔腔壁的相对运动速度太快，很容易产生摩擦过热，使熔体分解产生黑点及条纹。对此，应适当降低注射速度和注射压力。

2. 物料滞留

如果螺杆与料筒的磨损间隙太大，会使熔体在料筒中滞留，导致滞留的熔体局部过热分解产生黑点及条纹。对此，可先稍微降低料筒温度，观察故障能否排除；其次，应检查料筒、喷嘴及模具内有无储料死角并修磨光滑；此外，当喷嘴与模具主流道吻合不良时，浇口附近也会产生滞料炭化并随熔体注入型腔，在制品表面形成黑点及条纹，应及时调整喷嘴与模具主流道的相对位置使其吻合良好。

如果模具的热流道设计或制作不良，熔体在流道内流动不畅滞留炭化，也会使制品表面产生黑点及条纹。对此，应提高热流道的表面光洁度，降低流道的加热温度。

3. 原料不符合成型要求

如果原料中易挥发物含量太高，水敏性树脂干燥不良，再生料用量太大，细粉料太多，原料着色不均，润滑剂品种选用不正确或使用超量，都会不同程度地导致制品表面产生黑点及条纹。对此应针对不同情况，采取相应措施分别排除。

（五）烧焦

烧焦是指型腔内气体不能及时排出，在流动最末端产生烧黑现象。烧焦是注塑成型中非常常见的一种成型缺陷，如果制品在流程末端处或表面熔接痕附近的同一位置反复出现黑点，这种黑点不能被误认为表面黑点或条纹。产生这类斑点的主要原因是模具排气不良，它是熔体高温分解后形成的炭化点。

当熔体快速充模进入型腔时，如果排气孔设置不当，型腔内被熔体挤压的残留空气便无法及时排出，气体在高压下被强力挤压，逐渐变小，最终被压缩成一点，被压缩空气的分子动能在高压下转变为热能，熔体汇料点处的温度升高，当其温度等于或略高于原料的分解温度时，熔接点处便出现黄点；当其温度远高于原料的分解温度时，熔接点处便出现黑点，即有烧焦的表现。这种残留空气被压缩一般出现在流程的末端或两股熔体汇合处，特别是熔接痕与合模线或嵌缝不重合时容易出现。

解决烧焦的办法主要有以下 2 个。

（1）改善模具的排气效果。模具排气孔被脱模剂及原料析出的固化物阻塞、模具排气设置不够或位置不正确，以及充模速度太快，都会使树脂分解焦化。应清除阻塞物，降低合模力，改善模具的排气效率。

（2）降低注射速度。特别是降低最后一段的注射速度，延长末端空气的排出时间，减少烧焦的发生。

（六）糊斑

糊斑是指在塑件的表面或内部有许多暗黑色条纹或黑点。当熔体高速高压注入型腔时，极易产生熔体破裂现象，使熔体表面出现横向断裂，断裂点粗糙地夹杂在制品表层形成糊斑。特别是少量熔体直接注入过大的型腔时，熔体破裂更为严重，呈现的糊斑也就越大。

熔体破裂的本质是熔体的弹性行为，当熔体在料筒中流动时，靠近料筒附近的熔体受到筒壁的摩擦阻力较大，熔体的流动速度较小，熔体一旦从喷嘴进入型腔，管壁作用的阻力消失，料筒中部的熔体流速极高，筒壁处的熔体被中心处的熔体携带而加速，熔体的流动是相对连续的，内外层熔体的流动速度将重新排列，趋于平均速度。在此过程中，熔体发生急剧的应力变化将产生应变，注射速度极快，受到的应力特别大，远远大于熔体的应变能力，导致熔体破裂。

如果熔体在流道中有突然的形状变化，如厚度骤增或骤减，熔体与正常熔体的受力不同，剪切形变较大，当这部分熔体混入正常熔体时，两者的形变恢复不一致，不能弥合，若差距很大，则发生断裂破裂，其表现形式也是熔体破裂。

要避免产生糊斑，需克服熔体破裂，减少物料分解。常用的方法有以下 3 种。

（1）适当控制注射速度和螺杆转速。预塑化时由于螺杆退回时的旋转时间太长而产生过量的摩擦热，可通过适当降低螺杆转速、缩短成型周期、降低螺杆背压、提高料筒供料段温度及采用润滑性差的原料等方法予以克服，一般注塑机的螺杆转速应小于 90r/min，背压小于 2MPa，可避免料筒产生过量的摩擦热；注射速度过快时易形成紊流，不但表面容易出现糊斑，而且制品内部容易产生气孔，因此要降低注射速度，确保熔体在层流状态充模。

（2）在原料中添加低分子物，因为熔体分子量越低、分布越宽，越有利于减轻弹性效应。

（3）消除流道中的死角，使流道尽量流线化，减少物料滞留，减少分解产生的糊斑；合理设置浇口位置及浇口形式，采用扩大型点浇口或潜伏浇口较为理想。浇口位置选在熔体先注入过渡腔后再进入较大的型腔，避免熔体直接进入过大的型腔产生不稳定流动，最终导致糊斑。

（七）变色及色泽不均

制品变色是指注塑制品的色泽与预期制品的色泽不一致，且制品的色泽不均匀。如果整个制品变色或色泽不均，往往与成型工艺条件有关，当料筒温度太高时，高温熔体在料筒中容易过热分解，使制品变色。若喷嘴处温度太高，熔体在喷嘴处焦化积留，也会引起制品表面色泽不均。

制品表面无规则的变色与着色剂质量较差和其他助剂分解有关。着色剂的性能直接关系到制品成型后的色泽质量。如果着色剂的分散性、热稳定性及颗粒形态不能满足工艺要求，制品变色就不可避免。着色剂或添加剂的热稳定性差，在料筒中受热分解，导致制品变色。此外，着色剂很容易飘浮在空气中，沉积在料斗及其他部位，污染注塑机及模具，引起制品表面色泽不均。因此，选用着色剂时应对照工艺条件和制品的色泽要求认真筛选，特别是对于耐热温度、分散特性等比较重要的指标必须满足工艺要求，着色剂最好采用湿混的方法或作用母粒添加。

如果原料中易挥发物含量太高，混有异料或干燥不良；纤维增强原料成型后纤维填料分布不均，聚积外露或制品表面与溶剂接触后树脂溶失，纤维裸露；树脂的结晶性能太差，影响制品的透明度，都会导致制品表面色泽不均。

色泽不均产生的原因也有所不同。若进料口附近或熔接处色泽不均，一般是着色剂分布不均匀或着色剂的性质不符合使用要求造成的。有些着色剂的形态呈铝箔及薄片状，混入熔体中成型后会形成方向性的排列，导致制品表面色泽不均。有些着色剂用干混的方法，与原料搅拌后黏附在料粒表面，进入料筒后分散性不好，也会导致色泽不均。此外，螺杆转速、注射背压及注射压力太高，注射和保压时间太长，注射速度太快，塑化不良，料筒内有死角，以及润滑剂用量太多，都会导致制品表面色泽不均。

（八）表面光泽不良

表面光泽不良是指制品表面昏暗没有光泽，透明制品的透明性低下，造成光泽不良的原因很多，其他的一些注塑缺陷也是造成光泽不良的原因。

制品的表面是模具型腔面的再现，如果模具型腔表面有伤痕、腐蚀、微孔等表面缺陷，就会反映到制品表面产生光泽不良；若型腔表面有油污、水分，脱模剂用量太大或选用不当，也会使制品表面发暗。因此，模具的型腔表面应具有较好的光洁度，最好采取抛光处理或表面镀铬；同时，型腔表面必须保持清洁，及时清除油污和水渍。

模具温度对制品的表面质量有很大影响。不同种类的塑料在不同模温条件下表面光泽差异较大，模温过高或过低都会导致光泽不良。若模温太低，熔体与模具型腔接触后立即固化，会使模具型腔面的再现性下降。为了增加光泽，可适当提高模温，最好是采用在模具冷却回路中通入温水的方法。但必须注意，若模温太高，也会导致制品表面发暗。此外，脱模斜度太小、断面厚度突变、筋条过厚，以及浇口和浇道截面太小或突然变化、浇注系统剪切作用太大、熔体呈湍流态流动、模具排气不良等都会影响制品的表面质量，导致表面光泽不良。

注射工艺也可能导致制品表面光泽不良。注射速度太快或太慢、注射压力太低、保压时间太短、增压器压力不够、缓冲垫过大、喷嘴孔太小或温度太低、纤维增强塑料的填料分散性能太差、填料外露或铝箔状填料无方向性分布、料筒温度太低、熔体塑化不良及供料不足都会导致制品表面光泽不良。若在浇口附近或变截面处产生暗区，可通过降低注射速度、改变浇口位置、扩大浇口面积以及在变截面处增加圆弧过渡等方法予以排除。若制品表面有一层薄薄的乳白色，可适当降低注射速度。如果是填料的分散性太差导致表面光泽不良，应换用流动性较好的树脂或换用混炼能力较强的螺杆。

原料不符合要求也会导致制品表面光泽不良。成型原料中水分或其他易挥发物含量太高，成型时挥发成分在模具的型腔壁与熔体间凝缩，导致制品表面光泽不良。原料或着色剂分解变色导致光泽不良，应选用耐温较高的原料和着色剂。原料的流动性太差，使制品表面不密导致光泽不良，可用流动性较好的树脂或提高注射温度。结晶树脂由于冷却不均导致光泽不良，应合理控制模温和加工温度，对于厚壁制品，如果冷却不足，也会使制品表面发毛，光泽偏暗，可将制品从模具中取出后，立即放入浸在冷水中的冷压模中冷却定型。原料中再生料回用比例太高，影响熔体的均匀塑化，应减小其用量。

模具温度对熔体固化时的结晶度影响较大，应使模具均匀冷却。例如，在成型聚酰胺等结晶塑料时，若模具温度较低，熔体结晶缓慢，制品表面呈透明色；若模具温度较高，熔体结晶较快，制品则呈半透明或乳白色。对此，可通过调整模具和熔体温度控制制品的表面色泽。

（九）困气

困气是指空气被困在型腔内而使制件产生气泡。当熔体快速注入型腔时，型腔内的空气被压缩，如果熔体在充模时被分成两股或多股，则有可能两股熔体在汇合时将不能及时从分型面、顶杆或排气孔中排出气体，从而将气体包覆在制品内，形成制品内部缺陷。

因此，形成困气的 3 个重要原因是：①型腔内气体排出不及时；②两股熔体汇合速度过快；③成型过程中产生的气体过多。

基于上述分析，避免困气的常用方法有以下几种。

（1）降低注射速度，特别是降低最后一段的注射速度。困气一般发生在注射行程的末端，因此降低最后一段的注射速度可有效避免困气。

（2）提高模具的排气效率。特别是高速注射时，模具内的气体来不及排出，导致熔体内残留气体太多，易形成气泡。提高模具的排气效率，可将型腔内的气体及时排出，避免形成困气。

（3）减少熔体分解。注射时熔体分解聚集于注射行程末端，会使排气更加困难，导致困气。因此，可以通过降低注射速度、降低熔体温度等方法减少熔体分解。

第四节　热固性塑料的注塑成型

与热塑性塑料不同，热固性塑料的原料为分子量较低的线型或支链的预聚体，分子内含有反应基团，预聚体在某一特定温度范围内可以熔融，但随温度的升高，受热时间延长，分子链通过自带反应基团的作用或反应活性点与交联剂的作用而发生交联，使线型变成体型结构，预聚体会发生交联反应，分子链从线型结构变成网状结构，最终形成立体结构，完成不可逆的固化反应，并固化定型。因此，热固性塑料有很高的耐热性、优良的电性能和抗变形能力等许多突出的优点。

早期热固性塑料以模压成型为主，但模压成型的生产效率低，因而受到一定的限制。20世纪60年代以后，热固性塑料的注塑成型技术开发成功，并逐渐成熟，得到了推广。目前可用于注塑的热固性塑料有热固性酚醛树脂、热固性氨基树脂、热固性不饱和聚酯、热固性环氧树脂、热固性有机硅树脂和热固性聚酰亚胺树脂等。

一、注塑设备

1. 塑化装置

热固性塑料注塑机与普通注塑机的主要区别是塑化装置。为精确地控制物料温度，防止物料在螺槽或喷流道中固化，在料筒外面安装电加热、水冷却装置的结构。在螺杆表面安装冷却水套，在水套外面安装电加热圈，并通过固定在料筒壁的温度传感器形成对料筒温度的闭环控制，最终达到对螺槽各段料温的闭环控制与调节。但是，由于结构原因，加热圈的加热位置与测温元件的监测位置并不在一个点，料筒壁的热惯性也会影响温控精度。

2. 螺杆

热固性塑料注塑机与普通注塑机的螺杆有显著区别。热固性塑料注塑机的螺杆几乎没有压缩比，以减少树脂输送过程中的剪切热；热固性塑料注塑机的螺杆头部结构更简单，轮廓流畅，这是为了减少热固性塑料熔体在螺杆头部的滞留和剪切热。

二、注塑原理

热固性塑料和热塑性塑料的主要区别在于：加热前和加热后两者的高分子形态不同，前者当加热到某一定温度时，分子之间发生交联反应（化学变化）形成大分子体型结构，而且是不可逆的。因此注塑时，是将物料在较低温度塑化，注入温度更高的模具型腔后固化，形成高分子聚集态的缠绕结构，最终得到制品。

热固性塑料注塑成型对工艺和设备都有新的要求，主要为：①尽可能使熔体有更大的密实度；②在预塑过程中，要求对熔体有更高的计量精度；③温控精度要求严格，无论在塑化还是注射时，熔体的温差必须控制在所允许的温度范围内，不能在料筒、螺杆中发生提前固化；④熔体各部分温度的分布要均匀可控；⑤熔体各部分的固化反应度要均匀一致。

（一）预塑密实度

对于热固性类的高黏性物料，在螺杆中进行塑化时，塑化所得的熔体料段不密实，组织疏松，甚至带有空穴。这种不密实的程度与塑化压力 p、螺杆转速 N 及料筒温度 T_h 有关。计量料段密实度的变化将导致注射量波动。可通过提高塑化压力提高计量段物料的密实性，但这将以降低塑化能力为代价。因此，对一种特定的热固性塑料注射量而言，应找到保证密实度所必需的塑化压力 p_{min}。此压力取决于材料性质和塑化参数。塑化压力对控制制品精度有重要意义。因此，对于热固性塑料注塑机，必须有更加稳定而精确的预塑压力控制系统。

为了精确地计量，在塑化装置上，螺杆只是周期性地旋转，没有轴向移动，螺杆旋转将物料按要求料量输送到料筒储料室中，然后在注射活塞的作用下将物料通过喷嘴注入型腔中；当螺杆旋转时，螺杆把物料推向出口，受到刀架板的阻止，物料聚集在料筒的前端。当达到定量后，刀架板抬起，与此同时螺杆向前移动，将高黏度物料挤压到口模，然后刀架板落下，将料段切下，落入注射料筒中。然后在注射活塞的作用下将定量好的料段注入模具中，成型出较为精确的制品。

上述热固性塑料注塑机塑化装置结构与普通注塑机的塑化装置之间的原则区别在于：普通塑化装置，在每次注射程序完成之后，模具的浇道系统及料筒中注射的余料总是和下一周期预塑的新料混合在一起，这样余料累积得越多，越会导致加料量误差剧烈变化。

（二）塑化时间与温度

热固性塑料塑化时，物料在螺槽中的流动取决于螺杆转速及螺槽出口处的压力，即塑化压力影响塑化能力。随着塑化压力或螺杆转速的提高，剪切热剧增，物料温度升高，如图 6-26 所示。

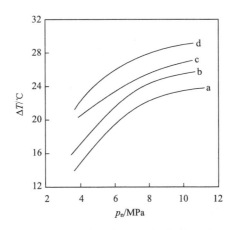

图 6-26 塑化压力与物料温升的关系

a. 15rpm；b. 25rpm；c. 35rpm；d. 45 rpm

塑化压力对热固性塑料塑化能力的影响远小于热塑性塑料。因此，在加工热固性塑料时，可以用提高转速、降低背压的方法缩短成型周期，提高生产率。在单工位注塑机上，塑化时间本来就远小于热固性塑料的注射保压和固化时间，由于受到工位限制，缩短塑化时间并无意义，只有在多工位热固性塑料注塑机上，缩短塑化时间才有意义。但是，提高螺杆转速是有限度的，因为剪切加剧，摩擦加剧，产生了过多的剪切热和摩擦热，使螺杆出口处料温 T_B 增加，其增加值可用经验公式表达：

$$T_B = T_h + aN + bp$$

式中，T_h 为料筒温度；a、b 为常数；N 为螺杆转速；p 为塑化压力。

三、热固性塑料注塑工艺

(一)热固性塑料注塑工艺过程

热固性注塑过程是将热固性塑料加入料筒后,通过料筒的外加热及螺杆旋转时的摩擦热对塑料进行加热,提升并控制温度,使物料熔融,在保持流动性的温度条件下通过螺槽将物料推进至螺杆头部,螺杆在塑化背压作用下,连续地后退直至预塑计量位置,完成预塑过程。然后在注射压力作用下将熔融物料通过喷嘴、流道注入浇口,充满型腔。在高温(180±10℃)和保压条件下,在模腔中进行化学反应,经过一定时间固化成型。最后打开模具,取出固化制品。

(二)热固性塑料注塑工艺分析

(1)供料。料斗内塑料靠自重落到加料口处的螺槽内。粉末状塑料易发生架桥现象,以颗粒状、片状为宜。

(2)预塑。螺杆旋转将物料向前端推移,在外加热、摩擦热、剪切热的联合作用下,料温升至110℃左右开始熔融。

为了控温稳定,料筒壁通热水或热油加热,同时通过控制螺杆转速和背压控制物料剪切热。在塑化过程中,剪切热往往超过塑料所需的塑化热,因此外加热往往只用于平衡料筒向周围空气的散热。有时还需对料筒实施降温,吸收多余的摩擦热。

因此,对热固性塑料以及高黏度或玻璃纤维增强流动性差的塑料,料筒设定温度宜比一般材料低10～20℃。

(3)计量。螺杆预塑的同时即是计量。螺槽不断地把塑化好的熔料向喷嘴方向推移,同时在熔融料反作用力下,螺杆后退,熔料集聚到一次注射量时,螺杆停止旋转,等待注射。物料计量精度将直接影响制品密度。

(4)注射及保压。预塑完成后,螺杆在注射油缸作用下产生推力,使熔料从喷嘴射出,经模具流道注入模具,直到充满为止。

熔料在高压、高速流经喷嘴、流道、浇口时,摩擦而生热,使熔料从70～90℃瞬时提高到 130℃左右,达到临界固化状态,也是流动性最佳状态,此时注塑料的物理作用与化学反应同时进行。注射压力为50～150MPa,注射速度一般为0.3～0.45m/s,为防止未及时固化的熔料瞬间倒流,注射压力必须保持到熔料完全固化为止。

一般情况注射时间为2～10s,过长容易发生局部固化或烧焦等缺陷,高速注射具有和高温预塑、高温成型相同的效果,补偿了料筒不能高温预热的不足。

注射压力高,塑件密度增大,力学性能、电性能都能显著提高,但内应力大。

(5)固化成型。130℃左右的熔料高速进入高温型腔后,固化反应迅速开始,热固性树脂大分子键缩合、交联成网状体型结构。经过 1～3min,固化程度可达到1/3～1/2。保温保压后,即硬化定型,固化时间视注塑料质量、制品厚薄、结构复杂程度及模温控制精度而定,熔料在型腔内固化时间以制件最大壁厚计算,一般为8～12s/mm。

(6)启模制品顶出。固化成型后,动模板启模后退,打开模具,顶出制品并取出。下一模的预塑最好与上模保压工序同步进行。与固化反应和取塑件的时间重合,完成预塑以缩短成型周期。

　　成型过程中树脂在不同阶段的黏度和温度的关系如图6-27所示。物料进入料筒后，物料受热，温度逐步上升，黏度逐步下降。当物料在螺杆前端积料时，温度快速上升，此时预聚体开始轻微的聚合反应，但反应程度很低，熔体黏度未明显上升，熔体黏度反而继续下降；开始注射后，熔体被高速剪切，温度进一步上升，且由于剪切稀化，熔体黏度进一步下降，通过喷嘴时，黏度达到最低。熔体进入温度更高的型腔后，温度进一步提高，与模具温度保持一致，物料的固化反应快速进行，因此黏度迅速上升，直至固化基本完成。

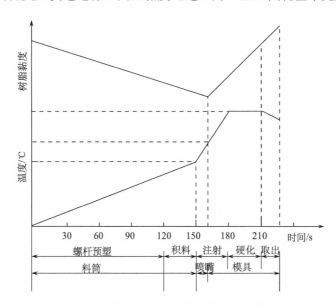

图 6-27　树脂在不同阶段的黏度和温度的关系

（三）热固性塑料注塑工艺控制

1. 工艺要点

（1）热固性塑料在料筒中处于黏度最低的熔融状态。

（2）如果热固性塑料中含有40%以上填料，黏度与剪切阻力较大，要加大注射压力。

（3）热固性注塑料在固化反应中产生缩合水和低分子气体，模具型腔对外必须有排气结构，否则制品表面会留下气泡、流痕。

　　必须选择最合适的成型条件，见表6-4。

表 6-4　常见热固性塑料注塑成型条件

工艺参数	酚醛树脂	环氧树脂	邻苯二甲酸二烯丙酯	不饱和聚酯树脂	三聚氰胺树脂
料筒前段温度/℃	40～50	30～40	30～40	30～40	45～55
料筒后段温度/℃	75～100	80～90	80～90	70～80	80～105
喷嘴温度/℃	90～100	80～90	80～90	80～100	85～95
模具温度/℃	160～169	150～170	160～175	170～190	150～190
注射压力/MPa	98～147	49～118	49～147	49～147	59～78

续表

工艺参数	酚醛树脂	环氧树脂	邻苯二甲酸二烯丙酯	不饱和聚酯树脂	三聚氰胺树脂
螺杆转速/（r/min）	40～80	30～60	30～80	30～80	40～50
固化时间/s	15～50	60～80	30～60	15～30	20～70
背压/MPa	0～0.49	<7.8	0	0	0～0.49

2. 料筒温度控制

料筒温度是通过电加热、水冷却实现温度控制。料筒温度不是均匀分布，而是从加料口起至喷嘴呈梯度上升。在良好预塑前提下，料筒温度越低越好。

如果料筒温度太低，熔料流动性差，料与螺杆、料筒壁间产生大的剪切力，增大螺杆负荷，螺槽表面塑料剧烈摩擦发生热固化；料筒壁塑料处于冷态，由于温度过低，螺杆扭矩骤增，停止转动。但如果料筒温度过高，线型分子交联、发生热固化，熔料失去流动性，固化在料筒中，只能停机，排出料筒中的固化废料。

可通过对空注射从料流外观来判断料筒温度是否正常。以酚醛注塑料为例，如果射流直径比喷嘴孔径略大，表面毛糙或带有螺旋状细条，断面与表面无大的孔隙，色泽灰暗，料黏，可捏成一团，说明塑化正常。如果物料对空注射时伴有"噼啪"声，射流直径明显大于喷嘴孔径，断面有大的空隙或分层脱皮现象，说明料筒温度太高，无法连续成型，即使成型出制品，也会产生缺料、焦斑、接痕等缺陷。此种情况下，应降低料筒温度。如果射流极细，并伴有"嘶嘶"的声音，说明接近喷嘴物料可能固化堵塞，物料局部固化成小孔，应拆卸喷嘴取出固化料，并降低喷嘴温度。如果射流直径与喷嘴孔径相同，表面乌黑光亮，断面结构致密，且射出速度慢，则说明熔料温度太低，需提高料筒、喷嘴温度。

预塑时，应使喷嘴紧靠在高温模具的浇口上，以增加喷嘴温度。

第五节　介质辅助注塑成型

介质辅助注塑成型是指以气体或液体为介质辅助注塑成型的技术。气辅注塑成型（GAIM）是指在塑胶充填到型腔适当的时候（90%～99%）注入高压惰性气体，气体推动熔融塑胶继续填满型腔，用气体保压代替塑胶保压过程的一种新兴的注塑成型技术。水辅注塑成型（WAIM）则是在 GAIM 基础上发展起来的一种辅助注塑技术，其原理和过程与 GAIM 类似。WAIM 用水代替 GAIM 的 N_2 作为排空、穿透熔体和传递压力的介质。

一、气辅注塑成型

气体辅助注塑成型又称气辅注塑成型，是一种新的注塑成型工艺。它是自往复式螺杆注塑机问世以来，注塑成型工业最重要的发展之一。气辅注塑成型是注塑成型的延伸，是以注塑成型技术和结构泡沫注塑成型为基础发展起来的。典型的 GAIM 制品如图 6-28 所示。

图 6-28　典型的 GAIM 制品——手柄

（一）气辅注塑成型设备

早期的气辅注塑成型装置只需要在现有的注塑机上增设一个供气装置即可实现。供气装置由气泵、高压气体发生装置、气体控制装置和气体喷嘴构成。气体控制装置用特殊的压缩机连续供气，通过电控阀控制使压力保持恒定。

为了更高效地完成气辅注射，现代气辅注塑已逐步形成了完善的气辅注塑专用设备，由高压氮气源、压力控制器、高压管路三部分组成。其中高压氮气源最复杂，主要包括压缩空气源、压缩空气净化处理系统、氮气分离系统、高压氮气压缩机、高压氮气储气罐五大部件。

（二）气辅注塑成型原理

GAIM 的基本原理是在注塑成型中用部分气体代替熔体，并在保压阶段利用压力相对低的气体代替型腔内的树脂保压，其成型过程可分为 4 个阶段：①注入熔体，将已塑化好的熔体先注入型腔中，形成一个较厚的凝固层，可满注塑也可欠注塑；②注入气体，通过喷嘴或直接由型腔向熔体中注入气体，推动芯部熔体向阻力小的低压区和高温区流动；③气体推动熔体流动充满整个型腔，气体注入结束；④气体保压结束，在保压状态下，气道中的气体压缩熔体进行补料最终得到制品。

GAIM 的工艺原理如图 6-29 所示。

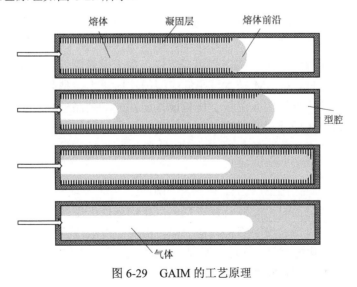

图 6-29　GAIM 的工艺原理

GAIM 一般使用的气体为氮气。气体压力和气体纯度由成型材料和制品形状决定。压力一般为 5～32MPa，最高为 40MPa。高压气体在每次注射中，以设定的压力定时从气体喷嘴注入。气体喷嘴可以是一个或多个，设于注塑机喷嘴、模具的流道或型腔上。

（三）气辅注塑成型分类

GAIM 是向位于流道或型腔的熔体内导入气体，推动熔体沿阻力最小方向的低压区流动，用气体置换出部分熔体，保持压力，冷却定型形成制品。常见的工艺有 4 种，分别是：①欠注塑法；②满注塑法；③溢流注塑法；④顶回注塑法。

欠注塑法是标准气体辅助注塑工艺。模具型腔中注入不完全充满的熔体，当熔体注入 60%～70% 后注入气体。在气体压力作用下，熔体向前流动，但气体又不穿透熔体前锋。在气体注入过程中，黏度比塑料低得多的气体可能会穿透塑料，形成不规则外观表面。气体注入太早或初始压力过高都会使气体穿透熔体，反之注入气体太晚或初始压力过低，熔体流动缓慢或停止充填。

满注塑法是模具型腔被熔体全部充满后，待熔体冷却体积收缩时，再注入气体。气体只起到保压作用，但与熔体保压相比，由于开放气道的作用，气体保压作用更加有效。制件重量的减少取决于熔体体积收缩部分。由于熔体密度和凝固的密度明显不同，结晶聚合物如 PP、PE 重量减少很多，而无定形材料密度变化很小。

溢流注塑法是满注塑后，气体将熔体挤到溢流腔中。在型腔和溢流腔之间设置控制阀，气体开始注入的时间直接影响壁厚。延长充模时间和气体注入的间隔时间，熔体层会固化，壁厚增加。由于型腔完全充满，注射时间间隔不会影响制件表观质量。在试验和成型前排出熔体的体积无法准确计算，因此溢流腔的体积设计成可调节的。此工艺有利于棒状或板状制品的壁厚均匀，并解决缩痕和翘曲缺陷，但质量减轻不明显。

顶回注塑法是熔料注满型腔后，气体从模具一端注入，将型腔熔料顶回到塑化系统中，将螺杆顶回，而顶回行程由气体代替的熔体体积来设定。

（四）气辅注塑成型的优点

经过近 30 年的发展，GAIM 技术日益成熟，已广泛应用于手柄、电视、空调、冰箱等外壳类制品的生产，其优点主要有以下几方面：①原料消耗更少，GAIM 有效降低了制品的实际厚度，因此可节约原料约 25%；②生产周期更快，由于壁厚降低，冷却时间更短，因此周期更快；③成型压力更低，GAIM 技术可降低成型的注射压力、型腔压力和锁模力；④模具成本更低，由于成型压力低，因此降低了材料模具损耗；⑤制品外观质量更优，GAIM 技术可有效克服制品缩痕、翘曲等质量问题。

二、水辅注塑成型

GAIM 在国外用于商业化生产已有 30 多年的历史，后来发现 GAIM 也存在固有的缺点，如生产壁厚较大的管状制品时，气体易穿透气道，在管壁处产生发泡。由于气体的热导率和比热容低，因此制品的冷却速度不够快。基于此，出现了用水代替气体的 WAIM，WAIM 技术日趋成熟，已有商业化的产品。例如，德国 PME 公司在 2005 年前就推出了 WAIM 的全塑"购物车"，其成型周期从 GAIM 的 280s 降至 68s。

WAIM 与 GAIM 具有相似的成型原理，WAIM 只是把 GAIM 中的辅助介质气态的氮气换成液态的水，水具有不可压缩性，而氮气是可压缩的，水不但黏度高于氮气，而且热导率是氮气的 40 倍，其热容量也高于氮气。WAIM 与 GAIM 相比具有明显的不同，如制品壁厚相对较大、制品内壁不够光滑等，因此人们又开始对 WAIM 进行研究。与 GAIM 相比，WAIM 具有诸多优点，如较短的生产周期、较便宜的冷却介质和较小的制品壁厚等，还可以生产内壁非常光滑的塑料制品，因此现已越来越受到重视。

WAIM 的原理与 GAIM 相似。WAIM 形成的空腔不是由水蒸发形成的，而是使水像活塞一样向熔体施压，推动熔体移动而形成。充分发挥液体介质高效率的优势，缩短冷却时间，得到较小的壁厚。WAIM 的过程一般可以分为 3 个阶段：熔体充填、水的注入和水保压与冷却。首先将塑化好的熔体注入模具型腔，然后将水导入模具内的熔体中，水将沿着阻力最小的方向流向熔体的低压区；当水在熔体中流动时，它通过置换物料而掏空厚壁截面，形成中空制件，而被置换出来的熔体填充制件的其余部分；当填充过程完成后，由水继续提供保压压力，解决制件冷却过程中的体积收缩问题，同时冷却制件。WAIM 的排水过程可采用重力排水或附带气压排水装置的压缩空气排水。

根据具体实现方法的不同，WAIM 工艺可以分为 4 种，分别为：①欠注塑法；②回流注塑法；③溢流注塑法；④流动注塑法。

欠注塑法，又称吹胀法，主要特点是熔体射入型腔后，被封闭在型腔内，利用水压推动熔体使之充满型腔，再继续保压、补缩、冷却定型。欠注塑法适合成型厚壁制件。制品不产生废料，也不需要二次处理。其对控制方面的要求很高，如果熔体太少，水容易穿透熔体进入型腔，水压必须大于塑料注射压力才能推动熔体填满型腔。从熔体注塑到水注塑的切换的误差可能导致注塑件表面出现迟滞痕迹而达不到更高的表面精度，且型腔末段的制品壁较厚，延长了冷却时间。

回流注塑法是将熔体完全充满型腔后，打开设置在模具型腔末端的水阀，向流道中的熔体施压，用水压推动型腔中多余的熔体，可回流到注塑机注塑部件喷嘴的前端。回流注塑法的制品表面质量比欠注塑法有明显改善，但需要制作特别喷嘴和挡圈来容纳材料的回流，还必须小心避免水泄漏到料筒内。为了得到稳定一致的回流量，需要严格控制压力。由于回流熔体与料筒内熔体存在温度、压力等差别，难以保证注塑制品的重复质量及其精度。此外，这种方法还需要单独的注水和注气系统，增加了设备成本。

溢流注塑法的模具上除制品的型腔外还设有溢流空腔及溢料阀。熔体充满型腔后，同时打开注水阀和溢料阀，熔体在水压作用下进入溢流空腔。水可以以重力或蒸发的方式排除。溢流法可实现稳定的注塑保压过程，得到高表面质量的制品。与传统注塑方法接近，该法允许较宽的工艺范围。水压较欠注塑法低得多，但溢流材料不能再重复利用，制品需要进行二次修复。

流动注塑法是将欠注塑法和溢流注塑法结合在一起，使水也能溢流得到更好的冷却效果。熔体经欠注塑到型腔后，注入水推动熔体到型腔末端并打开安装在末端的特殊阀门，使水击穿熔体壁进入水循环系统。此法节省材料且高速冷却，但在制品末端会有表面缺陷，也会因模具型腔压力过低使水渗透到型腔和制件间的空隙内。

综上所述，水辅和气辅技术的主要区别在于用冷水代替气体（N_2）。当水注塑到熔体内时，与水接触部位冷凝成高黏度的薄膜，推动熔体前进，而不是熔体迫使水流向外侧流动，因为水相对于气体具有高黏度和不可压缩性。在水压下形成高黏度熔体的前锋，冷却前端的熔体，成型中空制品。

WAIM 技术虽然已有成功的工业化案例，但目前还处于发展阶段，相信未来在更多的应用场景能实现工业化应用。

第六节　反应性注塑成型

一、概述

反应性注塑成型（RIM）是指将具有高化学活性、分子量低的双组分物料经撞击混合后，在常温低压下注入密闭的模具内，完成聚合、交联和固化等化学反应并形成制品的工艺过程。这种将聚合反应与注塑成型相结合的新工艺，具有物料混合效率高、流动性好、原料配制灵活、生产周期短及成本低的特点，适用于生产大型厚壁制品，因而受到广泛重视。与传统注塑不同的是，反应性注塑成型通过在模具内实现交联或聚合而形成制品，不需要采用热型腔以加速反应。实际上，当中间体在热量下混合时会形成发热，因此 RIM 模具通常需要冷却。成型件脱模时间一般不超过 20s。图 6-30 为常见的带拉门的仪器外壳，即常见的反应性注塑产品之一。

图 6-30　反应性注塑产品——带拉门的仪器外壳

RIM 最早仅用于聚氨酯材料，随着工艺技术的进步，RIM 也可应用于多种材料（如环氧树脂、尼龙及聚环戊二烯等）的加工。为了拓宽 RIM 的应用领域，提高 RIM 制品的刚性与强度，使之成为结构制品，RIM 技术得到了进一步的发展，出现了专门用于增强型制品成型的增强反应性注塑成型（RRIM）和专门用于结构制件成型的结构反应性注塑成型（SRIM）技术等。RRIM 和 SRIM 成型工艺原理与 RIM 相同，不同之处主要在于纤维增强复合材料制品的制备。目前，典型的 RIM 制品有汽车保险杠、挡泥板、车体板、卡车货箱、卡车中门和后门组件等大型制品。它们的产品质量比 SMC 产品好，生产速度更快，所需二次加工量更小。

二、反应性注塑成型工艺

（一）工艺过程

RIM 工艺过程为：单体或预聚物以液体状态经计量泵以一定的配比进入混合头进行混合，混合物注入模具后，在模具内快速反应并交联固化，脱模后即为 RIM 制品。这一过程可简化为储存→计量→混合→充模→固化→顶出→后处理，其工艺示意图见图 6-31。

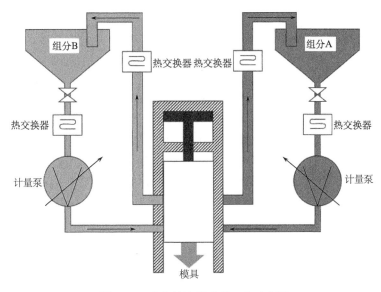

图 6-31　反应性注塑成型工艺示意图

（二）工艺控制

（1）储存。RIM 工艺所用的两组分通常在一定温度下分别储存在两个储存器中，储存器一般为压力容器，如图 6-31 所示，在 0.2～0.3MPa 的低压下，两组分在储存器、热交换器和混合头中不停地循环。对聚氨酯而言，原液温度一般为 20～40℃，温度控制精度为±1℃。

（2）计量。两组分的计量一般由液压系统完成，液压系统由泵、阀及辅件（控制液体物料的管路系统与控制分配缸工作的油路系统）所组成。注射时还需经过高低压转换装置将压力转换为注射所需的压力。原液用液压计量泵进行计量输出，要求计量精度至少为±1.5%，最好控制在±1%。

（3）混合。在 RIM 制品成型中，产品质量的好坏很大程度上取决于混合头的混合质量，生产能力则完全取决于混合头的混合质量。一般采用的压力为 10.34～20.68MPa，在此压力范围内能获得较佳的混合效果。

（4）充模。反应性注塑成型物料充模的特点是料流的速度很快。为此，要求原液的黏度不能过大，如聚氨酯混合料充模时的黏度为 0.1Pa·s 左右。当物料体系及模具确定后，重要的工艺参数只有两个，即充模时间和原料温度。聚氨酯物料的初始温度不得超过 90℃，型腔内的平均流速一般不应超过 0.5m/s。

（5）聚合。聚氨酯双组分混合料在注入型腔后具有很高的反应性，可在很短的时间内完成固化定型。但由于塑料的导热性差，大量的反应热不能及时散发，成型物内部温度远高于表层温度，使成型物的固化从内向外进行。为防止型腔内的温度过高（不能高于树脂的热分解温度），应该充分发挥模具的换热功能来散发热量。

反应性注塑成型模内的反应时间主要由成型物料的配方和制品尺寸决定。另外，反应性注塑成型制品从模内脱出后还需要进行热处理。热处理有两个作用：①继续反应；②涂漆后的烘烤，以便在制品表面形成牢固的保护膜或装饰膜。

三、常见的反应性注塑成型

（一）聚氨酯 RIM

聚氨酯 RIM 所用原料与通用型聚氨酯原料不同的是：要求液体原料黏度低、流动性好及反应活性高，而且原料应配制成 A（多元醇）、B（二异氰酯）两组分。其工艺过程包括：将 A、B 两组分原料分别置于注塑机的原料罐中，并使它们在 N_2 气氛中、于一定温度下保持适宜的黏度（1Pa·s 以下）和反应活性；用定量泵将两组分原料按一定比例压入混合头并注入密封的模具中；混合物在模具内迅速聚合，固化成型。在这一过程中，从原料压出到充满模腔只需 1～4s，而完整的生产周期则为 30～120s。

（二）聚氨酯 RRIM

聚氨酯 RRIM 工艺所用的双组分是多元醇和异氰酸酯。多元醇为聚醚型，官能度为 2～3；异氰酸酯一般为二苯基甲烷二异氰酸酯（MDI）或多异氰酸酯及其异构体的混合物，官能度为 2～7。RRIM 的增强材料主要有两种，即短切增强纤维和磨碎增强纤维。纤维的长度一般为 1.5～3.0mm，这种长度既能保证增强效果，又便于通过注射系统。纤维长度的分散性越大，则增强效果越差。RRIM 制品中的增强纤维含量（质量分数）一般在 20% 以下，对于特殊要求的高强度制品，增强纤维的含量可达 50%。

（三）环氧树脂 RIM

环氧树脂 RIM 制品的拉伸强度和弯曲模量高、线膨胀系数低，并具有优良的耐化学性和较高的耐热性（与聚氨酯和尼龙相比）。为了改善环氧树脂的冲击强度，可在原料中添加带有异氰酸酯基、分子量为 4000 的聚乙二醇预聚物。另外，为进一步提高力学性能，还可加入各种增强材料，如各种纤维、须状粉末、片状粉末、微珠料及长纤维等，使之成为 RRIM 制品，它们在汽车工业的应用中极具竞争力。

（四）尼龙 6 RIM

尼龙 6 RIM 所用的原料包括聚醚多元醇和催化剂制成的预聚物（A 组分）及己内酰胺（B 组分）。加工时，先将己内酰胺加入原料罐中，控制温度为 74～85℃，再加入催化剂，封闭容器，强力搅拌使催化剂溶于己内酰胺中，混合物在 N_2 下脱气 15min。再将己内酰胺和预聚物混合，混合温度 74～85℃，搅拌均匀后脱气。随后在压力作用下，两种液体组分经过混合头进入模具，固化成型。由于预聚物和己内酰胺发生了嵌段共聚反应，因而所得制品柔性好，冲击强度高。

添加了增强材料的尼龙 6 RRIM 制品的刚性更高、线膨胀系数更低。尼龙 6 RIM 和 RRIM 制品用途较广，主要用于汽车工业，如挡泥板、门板、发动机罩和防撞盖等。

（五）双环戊二烯 RIM

双环戊二烯（DCPD）RIM 的原料主要包括 DCPD、催化剂、活化剂、稳定剂、调节剂、填料、抗氧剂、弹性体、发泡剂、阻燃剂及成核剂等。

在 DCPD RIM 体系中，一般将各种原料按配方要求分为 A、B 两组分，其中 A 组分包括 DCPD、催化剂、稳定剂及其他助剂等，B 组分包括 DCPD、活化剂、调节剂及其他助剂等。

加工时，经准确计量的 A、B 两组分在混合头内混合均匀后，被注入密封模具内，在模具中发生快速聚合反应，随之固化成型。需要特别注意的是，在模具未充满前，由聚合反应时间调节剂控制化学反应；充满模具后，大约在 10s 内完成聚合而成型。制品一般不需要经过后熟化过程。

（六）聚脲 RIM

聚脲 RIM 使用的是一种含内脱模剂的自脱模物料体系，成型时由端氨基聚醚、胺扩链剂与端基为异氰酸基的预聚物（MDI）反应制成聚脲。该工艺具有很多优良特性：由于氨基和异氰酸基的反应活性高，因而不需要催化剂；反应物料注入型腔时黏度大，充模时减少了涡流，因此带入空气少，制品的废品率低；物料入模后 1~2s 内即发生凝胶，在模具内仅需停留 20s；脱模时物料不黏附型腔，选用内脱模剂体系受限制较少；加入增强玻璃纤维制备聚脲 RRIM 制品时，对胺与异氰酸酯之间的反应也无影响。

聚脲生成的整个反应过程中不需要催化剂，使制品中无残存催化剂，故聚脲 RIM 制品在高温下不发生降解，制品稳定性好。

四、反应性注塑成型的要求

（一）设备

反应性注塑成型系统的基本元件包括：状态调理系统，用于准备液态中间体；计量泵系统，确保以规定的数量和压力泵送中间体；一个或多个混合头，通过撞流混合方式混合液态中间体；载模架，使模具按要求取向，适时开模和合模，便于清洁和脱模。

与热塑性塑料注塑不同的是，反应性注塑成型在充模过程中采用低黏度液体，仅通过内部产生的压力即可灌制成部件。因此，反应性注塑成型采用的注射压力可低至 50psi（热塑性塑料注塑的压力不低于 5000psi，1psi=6.89476×10^{3}Pa），从而使合模力有限的小型机械也能批量生产较大的部件。基于同一原因，RIM 模具比热塑性塑料工艺的成本低廉得多。但是，采用传统注塑标准制成的 RIM 模具成功率不高。RIM 模具在填充低黏度液体方面有着独特的要求，采用其他工艺的模具难以适应。

反应性注塑成型具有黏度低、模具压力低、模具成本低等特点，特别适合于短流程生产和样机生产。要反应性注塑成型得到成功应用，因地制宜地进行设备选型十分关键。选择设备所依据的主要参数包括：拟用材料的类型（如泡沫、弹性体等）、生产部件的尺寸适合性和所需的产出率。随着技术发展，设备已得到相应的改进。市场上现有多项选择方案，其中之一是采用由多个混合头和设备组成的系统以解决多种加工局限性的问题。就设备而言，也有多种选择方案，包括各种混合头类型和尺寸、材料和模具温度控制、可编程式注射时间控制和流程控制警告等。

（二）材料

最早采用反应性注塑成型的材料是聚氨酯，但是随着技术进步，许多其他材料现在也可采用反应性注塑成型工艺。反应性注塑成型可用于生产柔性泡沫、刚性泡沫和实心弹性体，具体根据采用的中间体而定。例如，反应性注塑成型工艺已用于生产其他工艺无法加工的可再用型泡沫。反应性注塑成型工艺具有较高的灵活性，可解决采用塑料、橡胶甚至钢材等其他材料时无法解决的问题。

第七节　其他注塑成型技术

一、双色注塑成型

1. 双色注塑成型概述

双色注塑成型是指将两种不同色泽的塑料注入同一模具的成型方法。它能使塑件出现两种不同的颜色，并能使塑件呈现有规则的图案或无规则的云纹状花色，以提高塑件的实用性和美观性。双色注塑成型作为现代工业中一种十分重要的加工方法，用以生产各种板料零件，具有很多独特的优势，其成型件具有重量轻、刚度大、强度高、互换性好、成本低、生产过程便于实现机械自动化及生产效率高等优点。

双色注塑成型是指利用双色注塑机的两个料筒和两个喷嘴将两种不同的塑料在同一台注塑机上成型，常见的模具转换方式是旋转式。目前，大部分双色注塑成型使用的是不同颜色的同一种原料，适用范围广和产品质量好，生产效率高，是目前双色注塑成型的趋势，典型的双色注塑成型产品汽车尾灯如图 6-32 所示。

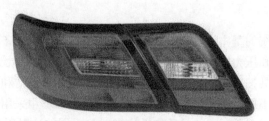

图 6-32　典型的双色注塑成型产品——汽车尾灯

2. 双色注塑成型原理

双色产品模具最常见的形式是两个相同动模对应两个不同的定模型腔，其中第二色壳体制品型腔体积往往大于第一色基体制品型腔体积，在第一次基体制品注射后先开模，然后动模利用注塑机可旋转结构旋转 180°，再合模并采用与第一次注射不同色的原料或不同原料进行第二次注射。

第二次开模后，已完成两次注射的凸模进行脱模动作。第一次注射和第二次注射是同时进行的，要求注塑机有两个注射喷嘴，分别注射不同颜色的原料，同时其动模固定板要附带可旋转 180°的回转装置，对于大部分匹配材料，双色注塑成型都可采用动模固定板旋转来成型。此时动模不顶出，然后合模，进行第二次注塑，保温冷却后，定、动模被打开，动模侧产品被顶出。成型过程如图 6-33 所示。

3. 双色模具的结构类型

1）型芯旋转式双色注塑成型结构

首先通过注射成型出双色制件的第一部分，然后开模、合模，则第一次成型产品转入大型腔中成为嵌件，注射装置向大型腔中注射另一种颜色的塑料，将塑料嵌件进行包封，即可成型出双色制件。与此同时，注射装置向小型腔中注射第一种塑料，成型出下一塑料嵌件，待制品固化成型后开模，推出双色塑料件，动模旋转，闭模，即完成一个注塑成型周期。

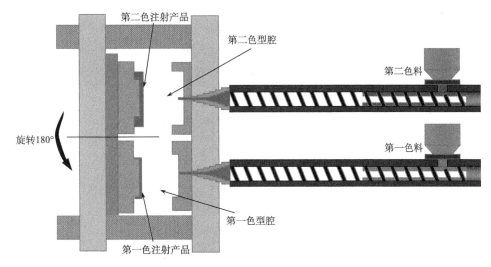

图 6-33　双色注塑成型示意图

利用这一技术可大大提高产品设计的自由度，常用于汽车用调节轮、牙刷及一次性剃须刀等的加工。

2）收缩模具型芯式双色注塑成型结构

收缩模具型芯式双色注塑成型技术主要利用了液压装置，对模具进行压缩操作。首先在液压装置的控制下，将能够上下活动的型芯如同活塞一般被推压到顶部上升的位置，并将塑料原料注入，等到第一种原料固化后，将活动的型芯控制落下，将另一种塑料原料注入，再控制液压装置使型芯上升压制，待其固化成型。

3）脱件板旋转式双色注塑成型结构

先合模，在第一型腔内注射一种塑料，开模后动模部分后退，由于剪切浇口设在定模，故分型时剪切浇道与芯层制件切断分离，但芯层制件仍在动模部分脱件板上。动模继续后退，通过顶杆、拉料杆将主浇道凝料从转轴内的冷料穴中推出脱落，再通过连杆及转轴将脱件板推出。

4）型芯滑动式双色注塑成型结构

先将一次型芯移至模具型腔部位，合模、注射第一种塑料，然后冷却开模，安装在模具一侧的传动装置带动一次型芯和二次型芯的滑动，将二次型芯移至型腔部分，合模、注射第二种塑料，冷却、开模、脱出制品，即完成一次成型。该结构用于成型尺寸较大的塑料制件。

随着产品的日益复杂。三色甚至四色的成型需求开始出现，通常三色机有两种类型，即两工位三色机（俗称"假三色"）和三工位三色机（俗称"真三色"）。实际上，两者的区别不在于真假，而是根据产品结构设计的不同，采用不同的转盘控制方式。同样，四色机也可分为"两工位"及"多工位"的机型。就技术而言，多工位转盘的控制精度要求明显高于两工位的，机台制造成本也相对较高，因此不必盲目追求多工位的多色机，而应根据产品结构选择最恰当的解决方案。

二、包胶注塑成型

包胶注塑成型制品外观也是两种颜色，但它采用的是两种不同原料，成型过程是将一种材料通过注塑的工艺包覆在另一种材质制品的表面或内部，两种材质通过物理（卡扣、表面辊花、螺纹）或化学（共黏、互溶）的接合作用形成一种表观为单一部件但材质为双材质的制品。两种材质一般是由硬质塑料和软质塑料构成，它与双色注塑成型一样，均属于共注塑成型。部分包胶注塑成型制品如图 6-34 所示。

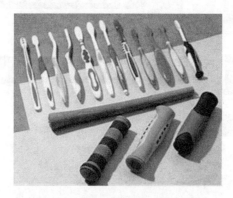

图 6-34　部分包胶注塑成型制品

与双色注塑成型采用双色注塑机相比，包胶注塑成型不一定在同一台注塑机上注塑，也可能是分两次成型，产品从一套模具中出模取出后，再放入另一套模具中进行第二次注塑成型。因此，这种模塑工艺通常由两套模具完成，不需要专门的双色注塑机。在放入模具过程中容易出现放置偏差，造成产品有披锋、拉伤、断差等表面质量问题，导致废品率偏高，且效率较差，成本较高。但如果总产量小，包胶注塑成型的成本比双色注塑成型低。

包胶注塑成型可以是塑料包塑料、软胶包硬塑、软胶包软胶等不同的形式，但目前包胶注塑成型多指软胶包硬塑这种特定的成型工艺，即以 TPE 材料作为第二种材质组分，包覆到各种硬质的普通塑料、工程塑料的表面、局部或内部，实现单一部件多种材质效果。

包胶注塑成型的方法有物理卡扣方法和化学方法。物理卡扣，如靠卡扣设计、表面辊花、表面螺纹包覆上第二种材质实现包覆成型（包胶）。纯靠这种方法实现材质贴合的特点是物理连接部位有较强的附着力，而物理连接部位之外的部位几乎没有附着力。

化学方法是靠两种材质间的分子亲和力、化学键的键合力将两种材质键合在一起，形成单一部件、两种乃至多种组分、材质，是接触界面间有较强附着力的一种工艺。材质间的化学键合是更为牢靠、设计自由度更大的方法，因此实际应用中是物理卡扣和化学键合并用。

最理想的包胶效果是形成 TPE 软胶/硬塑两种材质间的分子链段层面的键合。这种强力的化学键合包括分子或分子链段的互溶、渗透、穿透、分子缠绕。在注射 TPE 时，高温的TPE 熔体敷设在硬塑层表面，通过高温在接触界面形成超薄界面层，两种材料与超薄界面层都处于熔融或半熔融状态，互相渗透并通过分子链的运动穿透到对方界面，冷却后，形成一个薄层的互溶、穿透、渗透界面。

实现 TPE/硬塑的分子链段层面的键合，关键是做到以下 3 点。

（1）TPE 材质与硬塑的极性相近，否则在熔融状态下无法互溶、渗透、穿透，因此所选两种材料的极性要匹配。

（2）TPE 材质的表面张力小于硬塑的表面张力，以便快速铺展在硬塑表面，进而实现烧蚀、材质相互穿透。

（3）TPE 熔体在模具型腔内沿硬塑表面流动时，冷却过程释放热量，能快速、有效地熔化硬塑表层形成可互穿的薄层，因此 TPE 熔体温度要足够高，能烧蚀硬塑表面。

包胶注塑成型的优点：①性能更加优良。单一的塑料往往在性能上有些缺陷，因此难以适应所要求的环境，而将它们通过包胶注塑成型复合在一起，可以获得各自的优点，成为性能更加优良的新型塑料。②降低成本。包胶注塑成型可采用新旧不同塑料，通常塑件内部为旧料，外部为新料，塑件的各种性能几乎与全新料成型的塑件相同，这样既不削弱制品性能，又可以处理掉成型废料，对降低成本大有益处。

三、模内贴标装饰成型技术

模内处理注塑成型技术可分为模内装饰（IMD）注塑成型技术和模内贴标（IML）注塑成型技术两种。IMD/IML 技术是由丝网印刷、成型和注塑相结合的一种新型模内装饰技术，在装饰产品时，IMD/IML 是一种最有效又节省成本的方法，广泛应用于通信器材（手机镜片、装饰件、外壳等）、家用电器（视窗面板、按键面板、装饰面板等）、医疗器材（视窗镜片、机壳、装饰件等）和汽车仪表盘。多样化的应用已使模内装饰变成可以理想取代许多传统后处理装饰的方法，如热转印、表面直接印刷、表面喷涂、直接电镀等。它最适用于 3D 产品，尤其是需要一致性套色图样、背光、多种颜色，还要体现在各种曲面、弧面和斜面上。IMD 和 IML 产品如图 6-35 和图 6-36 所示。

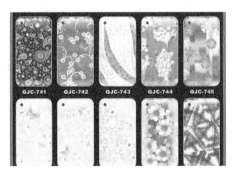

图 6-35　IMD 产品　　　　　　　图 6-36　IML 产品

1. IMD 注塑成型技术

IMD 注塑成型技术是将已印刷成型的装饰片材真空成型后放入注塑模内，然后将熔体注射在成型片材的背面，使树脂与片材接合成一体成型的技术。IMD 是在注塑成型的同时进行镶件装饰的技术，产品和装饰承印材复合成为一体，使产品达到集装饰性与功能性于一身的效果。IMD 注塑成型技术是一种相对新的自动化生产工艺，与传统工艺相比能简化生产步骤和减少拆件组成部件，因此能快速生产，节省时间和成本，同时还具有提高质量、增加图像的复杂性和提高产品耐久性的优点。

IMD 的主要优势如下：①没有转印或张贴的过程，减少环境污染；②经过特殊处理的依附薄膜的保护图案可提供产品更优良的表面耐磨与耐化学特性；③应用薄膜优良的伸展性，可顺利达成所需的产品复杂外观设计需求；④经由一次注塑成型的方法，同时达成成型与装饰工艺，可有效降低成本与工时，提供稳定的生产。

2. 模内贴标注塑成型技术

IML 注塑成型原理与 IMD 类似，区别是 IML 成型中不是将装饰片材放入模内，而是将印刷好的标记膜通过负压紧贴在机械手上，然后放入模具，完成注射后，开模取出制品。IML 的成型过程如图 6-37 所示。IML 的特点是没有剥离层并且一次成型。在成型中标签与主体材料直接成为一体，嵌在容器外壁。标签材料以薄膜类、塑料类为主，不仅会使用于模内贴标的标签更精美，还提高了标签的耐磨性、耐高温性、防水性等。

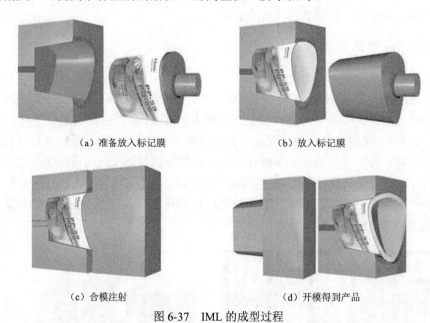

(a) 准备放入标记膜　　　　　　(b) 放入标记膜

(c) 合模注射　　　　　　(d) 开模得到产品

图 6-37　IML 的成型过程

习　题

1. 评价注塑机的主要参数有哪些？
2. 按注射系统与合模系统的位置关系来分，注塑机可分为哪几种？
3. 螺杆是注塑机和挤出机的核心部件，注塑机的螺杆和挤出机的螺杆有什么区别？
4. 注塑机的喷嘴有什么作用？常用的注塑机喷嘴有哪几种？有什么区别？
5. 注塑成型包含哪些基本步骤？
6. 注塑成型中的压力参数主要包括塑化压力、注射压力和保压压力，三者之间有什么区别？
7. 注射压力曲线和喷嘴压力曲线有什么区别？
8. 喷嘴尺寸和注射压力对熔体温度有什么影响？
9. 注射熔体经过喷嘴时的压力降由哪几部分构成？
10. 熔体进入模具型腔时，哪些工艺条件容易产生射流？
11. 简述注塑制品断面层的取向分布。

12. 保压的目的是什么？什么是多段保压？有什么优势？

13. 高速注射有什么优势？

14. 注塑成型时高背压和低背压各有什么优势？

15. 保压压力过大或过小可能会导致制品出现哪些潜在缺陷？保压时间如何确定？

16. 欠注和飞边都是常见的注塑制品缺陷，料筒温度对这两种缺陷有什么影响？

17. 注塑制品产生翘曲变形的原因是什么？如何减少注塑制品内分子链在不同方向上的取向差异？

18. 熔接痕和熔合线有什么区别？为什么注塑制品熔接处的强度较低？

19. 注塑制品的表面流纹可分为哪几种？

20. 注塑制品产生表面糊斑与无规律的黑点的原因有什么区别？

21. 注塑制品表面光泽不良是由什么原因导致的？

22. 注塑制品内部出现困气的原因是什么？

23. 热固性塑料的注塑成型与热塑性塑料的注塑成型原理有什么区别？

24. 热固性塑料注塑成型时，在不同阶段树脂黏度与树脂温度有什么关系？

25. 简述气辅注塑成型过程。气辅注塑成型与水辅注塑成型有什么区别？

26. 气辅注塑成型常见的工艺有哪4种？有什么区别？

27. 反应性注塑成型与热固性塑料的注塑成型过程都有剧烈的化学反应，这两种成型工艺有什么区别？

28. 双色注塑成型和包胶注塑成型有什么区别？

第七章 中空吹塑成型工艺

中空吹塑是制造中空塑料制品的成型方法，它是借助气体压力使闭合在模具型腔中处于类橡胶态的型坯吹胀成为中空制品的二次成型技术。用于中空吹塑成型的热塑性塑料品种很多，最常用的是 PE、PP、PVC 和热塑性聚酯等，也可以 PA、PC 和纤维素塑料等为原料。吹塑制品主要是用作各种液状货品的包装容器，如各种瓶、壶、桶等，如图 7-1 所示。吹塑制品要求具有优良的耐环境应力开裂性、良好的阻透性和抗冲击性，有些还要求有耐化学药品性、抗静电性和耐挤压性等。

图 7-1 典型的中空吹塑制品

按型坯制造方法的不同，吹塑工艺可分为挤出吹塑和注射吹塑两种。挤出吹塑是用挤出机挤出管状型坯，当型坯达到规定长度后立即合模，并靠模具的切刀将管坯切断，吹入压缩空气使型坯吹胀紧贴模壁而成型的过程。注射吹塑是用注塑成型法先将塑料制成有底型坯，

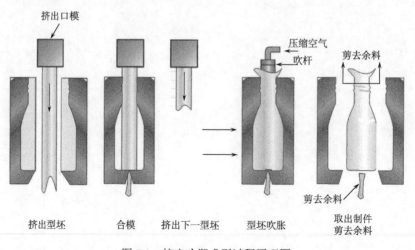

挤出型坯　　　合模　　　挤出下一型坯　　　型坯吹胀　　　取出制件 剪去余料

图 7-2 挤出吹塑成型过程原理图

再把型坯移入吹塑模内进行吹塑成型。挤出吹塑法生产效率高，型坯温度均匀，熔接痕少，吹塑制品强度较高；设备简单，投资少，对中空容器的形状、大小和壁厚允许范围较大，适用性广。挤出吹塑成型过程原理图见图7-2。

第一节　吹塑过程现象

挤出吹塑中的型坯成型主要受离模膨胀和垂伸控制，离模膨胀使型坯的直径与壁厚变大，并使其长度缩短；垂伸则使型坯的长度变长，但会使型坯的直径和壁厚缩小。这两种效应决定了型坯在吹塑模具闭合前的尺寸与形状。

一、型坯的离模膨胀与垂伸

高分子熔体挤出时的离模膨胀是熔体黏弹性的表现，与分子链在离开口模后的解取向和弹性回复有关。

挤出吹塑中管坯的离模膨胀可用直径膨胀（B_D）与壁厚膨胀（B_H）描述型坯的膨胀（图7-3）：

$$B_D = D_p / D_0 \tag{7-1}$$

$$B_H = H_p / H_0 \tag{7-2}$$

式中，D_0 和 H_0 分别为型坯在离开口模时的直径和壁厚；D_p 和 H_p 分别为型坯底部的直径和壁厚。

型坯膨胀对吹塑制品的性能与成本均有很大影响。若型坯的 B_D 太大，吹胀时会产生过多的飞边或制品上出现褶纹。吹塑非对称制品时，B_D 过小会使某些部位（如边把手）出现缺料现象。B_H 太小时，制品壁太薄，其机械强度不足；B_H 太大会造成原料的浪费。因此，有效预测型坯离模膨胀现象可最大限度地节省原料。

例如，HDPE 在 170℃时，熔体离开口模几秒钟内有 70%～80%的离模膨胀发生，且会保持 2～3min。对于聚丙烯，在 190℃

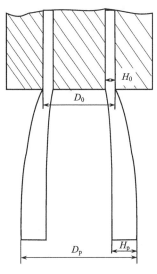

图7-3　型坯挤出时离模膨胀

时，熔体离开口模几秒钟内只有 50%的离模膨胀发生，之后需要十多分钟达到最终的离模膨胀值。管坯挤出时出现的卷边是时间依赖性的现象。口模内的熔体在挤出前有一段不流动状态，其后熔体得到松弛，熔体挤出前所受的剪切力很小，导致分子取向和熔体离模膨胀均比熔体仅直接通过口模时小。熔体的卷边和黏弹性使型坯在底部离模膨胀最小（卷边处），沿着型坯向上逐渐升高，然后再降低。当然，熔体下垂也会使顶部型坯离模膨胀比减小。

随温度降低，离模膨胀会缓慢增加，可以通过控制口模加热器电源来控制离模膨胀。型坯在模具闭合前暴露于空气的时间非常短，型坯周围的空气温度也比较高，因此在型坯成型过程中温度的下降非常小，通常小于 5℃。这样，型坯的成型即可被看成等温过程。

材料的支链和分子量分布对离模膨胀有很大影响。对于线型聚合物，分子量分布宽的材料离模膨胀比较大，支化度较高的材料离模膨胀比较大，但是当支化度和分子量分布都发生变化时很难预测离模膨胀如何变化。

口模内流道分布对离模膨胀有显著的影响，图 7-4 为四种不同的流道分布，分别是（a）平直流道、（b）发散流道、（c）（d）收敛式流道。在流道间隙不变的平直机头中，熔体只发生剪切流动，无拉伸流动。剪切流动使熔体沿流向产生一定的取向效应，可认为在与流向垂直的平面上，熔体的膨胀是各向同性的，即型坯的 $B_D = B_H$。在发散流道机头中，熔体有径向拉伸流动，抵消了部分由剪切流动产生的沿流向的取向，从而减小了 B_D。采用发散机头成型 HDPE 型坯的实验表明，发散角在 30°时，可出现 $B_D < 1$ 的情况。在（c）和（d）的收敛流道机头中，收敛段流道的横截面积逐渐减小，使熔体在径向被压缩，沿流向被拉伸，大大增强了沿流向的取向效应，因此 B_D 明显比 B_H 大。机头流道间隙的逐渐减小使熔体沿流向加速，增强了熔体沿流向的拉伸流动及分子取向，增大了 B_D 和 B_H。

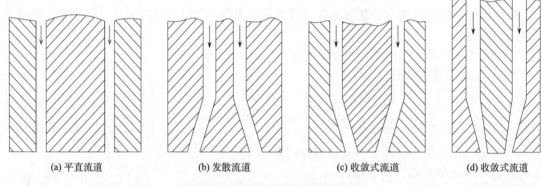

|　(a) 平直流道　|　(b) 发散流道　|　(c) 收敛式流道　|　(d) 收敛式流道|

图 7-4　口模四种典型的流道分布

与离模膨胀相反，挤出吹塑时型坯会因自重导致下垂并拉伸（垂伸），从而增加型坯的长度、降低型坯的直径和壁厚，甚至还可能使型坯断裂。聚合物熔体具有明显的黏弹性，难以建立型坯垂伸量与熔体黏度之间的定量关系。但可以通过一些经验方法来推测型坯的垂伸量。

型坯垂伸量的大小主要受垂伸时间、熔体拉伸黏度和松弛时间影响。垂伸时间长、熔体拉伸黏度小、熔体松弛时间短，都会导致型坯垂伸量增加。聚合物的分子量、支链结构、熔体温度都会通过影响材料的熔体黏度和松弛时间进一步影响垂伸量。

考虑型坯垂伸量时要考虑熔体的可恢复弹性形变与永久黏性流动。如果型坯垂伸时间比熔体松弛时间长，则黏性流动起主要作用，此时拉伸黏度的大小对垂伸量影响很大；如果垂伸时间比熔体松弛时间短，则弹性形变起主要作用。

图 7-5 为三种情况下型坯长度随时间的关系曲线。图中的线性部分对应型坯的挤出阶段，挤出一旦停止，型坯长度就完全由离模膨胀和型坯垂伸决定。图中的曲线 1 对应只有离模膨胀而无垂伸的情形；曲线 3 表示只有垂伸而无离模膨胀的情况；实际情况（即既有垂伸也有离模膨胀）则对应曲线 2。可见，起始时型坯长度有少量减小，随后较缓慢地增加，这表明型坯离模膨胀对时间有复杂的依赖关系。

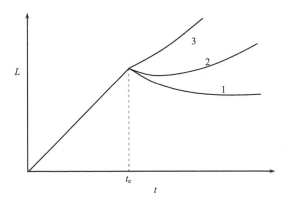

图 7-5　型坯长度随时间的变化

二、熔体破裂与皱折

第二章已讲过，熔体破裂是挤出成型过程中不稳定流动的表现。聚合物熔体挤出过程中，随着熔体剪切速率和剪切应力的增加，会出现表面熔体破裂现象。挤出物表面失去光泽性，流动呈现不稳定状态，直至挤出物出现较严重的"鲨鱼皮"状，挤出物呈规则畸变（光滑段与粗糙段交变，螺旋状等），直至出现不规则畸变。对 HDPE 等线型聚合物，在表面熔体破裂与整体熔体破裂之间会出现假稳定区，即不稳定流动很细密，波动频率很高，挤出物表面呈现微小的粗糙度，基本不影响制品的使用性能。此时，假稳定区对应的剪切速率比初始稳定区的剪切速率高 1～2 个数量级，在挤出吹塑时，为提高成型效率，可将挤出速度设置在该区域。

与离模膨胀一样，熔体破裂也是聚合物熔体弹性的一种表现，熔体弹性是导致熔体破裂的主要原因。对 LDPE 等含支链聚合物，流动曲线不受熔体破裂的影响，熔体黏度与剪切速率的关系呈连续状；对线型聚乙烯，如 HDPE 和 LLDPE 等，由于机头壁面处的滑移，剪切应力下降，在高剪切速率下其熔体黏度表现出明显的不连续性。在评价熔体破裂时，以剪切应力（τ）为依据比剪切速率（$\dot{\gamma}$）更为合理。以 LDPE 为例，当熔体温度由 130℃提高至 230℃时，开始发生熔体破裂的剪切应力（τ_c）仅增加约 30%，而临界剪切速率（$\dot{\gamma}_c$）则要增加 100倍。非极性聚合物（如 PS、PP、PE）的 τ_c 较低，极性聚合物（如 PA、PET）开始发生熔体破裂的 τ_c 较高（约为 1MPa）。

聚合物开始发生熔体破裂的 τ_c 随其重均分子量（$\bar{M}_W$）的倒数线性增加，即 τ_c 随 $\bar{M}_W$ 的增加而降低。挤出吹塑一般采用分子量较高的聚合物，故不宜高速挤出。分子量分布（D）对 τ_c 的影响有不同的实验结果。

熔体破裂是因 τ 超过临界值而出现的，型坯挤出速度、熔体温度、机头结构与模口尺寸等均对熔体破裂的发生有影响。

型坯的连续挤出多数是在稳定流动区进行的，仅当挤出速度很高时，才会发生熔体破裂。采用间歇方式挤出 HDPE 等型坯时，可考虑在假稳定区进行，以缩短型坯挤出时间。通过程序控制型坯来吹塑壁厚相差较大的制品时，由于机头模口间隙变化较大，有可能出现不同程度的熔体破裂。

当型坯顶部的熔体不足以承受因型坯重量造成的周应力而发生型坯翘曲称为型坯皱折，

是挤出吹塑中一种严重的缺陷。因为皱折会导致吹塑制品产生鼓包，所以生产中必须尽量避免皱折发生。管状型坯离开机头模口时表面光滑，但型坯下降一定距离后可能出现皱折。

离模膨胀过大或口模狭缝过小时，皱折发生的可能性明显增加。目前还不清楚哪种流变特性可决定熔体抗皱折的能力，但提高型坯熔体强度、降低型坯离模膨胀或增大机头模口间隙都有利于减小型坯皱折。

三、取向与结晶

在型坯吹胀成制品时，聚合物分子链沿拉伸方向取向，分子链在最终制品中平行排列。拉伸过程的工艺条件决定了取向程度，进而决定了制品最终使用性能。对结晶聚合物而言，取向有利于结晶，取向材料的结晶速度比未取向材料的结晶速度快，因此也对制品最终性能有影响。

拉伸或吹塑时，聚合物如果处于其玻璃化温度以上，则会发生分子链的取向。显然，温度越高，聚合物分子链取向越容易。另外，升高温度意味着增加原子和分子链段的布朗运动，从而使取向破坏，有利于完全随机的非晶相熵增大（图7-6），整体取向唯一的原因是迅速拉伸时机械应力赋予的临时取向超过了无序热运动，取向完成后，通过冷却或结晶冻结将取向态冻结。

分子量增加，熔体强度增加，而且在拉伸取向中长链分子可以相互滑移，拉伸取向程度更高。拉伸速率越快，越有利于取向。温度和拉伸比互成正比。温度越高，分子运动能力越强，分子随机运动程度加大，因此需要快速拉伸保持取向。适当选择二者的关系，可在较高温度和快速拉伸条件下得到最大的取向程度。如图7-6所示，虽然在 $T_1 \sim T_f$ 很宽的温度范围内都可以进行拉伸或吹塑，但要想得到较高的取向度，需将拉伸温度和吹塑温度限定在 $T_1 \sim T_2$ 的狭小温度区间。

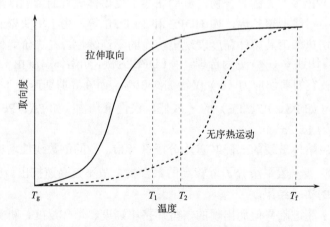

图 7-6　加热拉伸时拉伸取向和无序热运动的关系

规整结晶聚合物（如 PE、PP 和 PA）在一个很窄的温度范围迅速结晶，高于此温度熔体强度太低不能拉伸，而且分子运动能力太强，拉伸取向不能保持；低于此温度则由于结晶使材料太硬不能吹塑、拉伸和取向，因此结晶塑料吹塑难度较非结晶塑料大。

PET 分子结构规整使其能够排入晶格，但分子链具有一定刚性又阻碍其形成完善晶格，因此可以通过骤冷得到非晶态，这种形态很容易进行后续的重新加热吹塑和拉伸取向。当其受热拉伸时，分子运动能力和取向达到平衡，分子排入晶格形成结晶，通过后续在玻璃化温度和熔点之间淬火的方法完成结晶，通过调节结晶温度，可得到任意结晶速度和任意结晶度的制品。

第二节　中空吹塑成型设备

中空吹塑成型设备可分为型坯成型装置、吹胀装置和辅助装置。其中，型坯成型装置包括挤出机和机头；吹胀装置包括吹气机构和吹塑模具；辅助装置包括型坯厚度控制装置、型坯长度控制装置和切断装置。对于注射吹塑过程而言，无须型坯厚度控制装置、型坯长度控制装置和切断装置。

一、型坯成型装置

挤出吹塑的型坯成型装置由挤出机和口模组成，注射吹塑的型坯成型装置与普通注塑成型设备并无差异，在第六章已有讲述，此处不再赘述。

（一）挤出机

挤出吹塑用挤出机与普通的挤出机相比并无特殊之处，一般挤出机均可用于吹塑。为了降低螺杆转速，同时保证挤出量，多选用螺杆直径较大的挤出机，型坯的挤出速度与最佳吹塑周期协调一致。一般挤出吹塑时螺杆转速应不高于 70r/min。

挤出机螺杆的长径比应适宜。长径比太小，物料塑化不均匀，供料能力差，型坯的温度不均匀；长径比大，分段向物料进行热和能的传递较充分，料温波动小，料筒加热温度较低，使型坯温度均匀，可提高产品的精度及均匀性，并适用于热敏性塑料的生产。对于给定的储料温度，料筒温度较低，可防止物料的过热分解。

挤出吹塑成型的型坯挤出温度较低，因此熔体黏度较大，可减少型坯下垂保证型坯厚度均匀，但要求挤出机能承受较高的剪切压和背压。

（二）机头及口模

吹塑机头的流道应呈流线型，流道内表面要有较高的光洁程度，没有阻滞部位，防止熔料在机头内流动不畅而产生过热分解。吹塑机头一般分为转角机头、直通式机头和带储料缸的机头三种类型。

（1）转角机头由连接管和与之呈直角配置的管式机头组成，结构如图 7-7 所示。这种机头内流道有较大的压缩比，口模部分有较长的定型段，适合于挤出聚乙烯、聚丙烯、聚碳酸酯、ABS 等塑料。

由于熔体流动方向由水平转向垂直，熔体在流道中容易产生滞留，且进入连接管环状截面各部位到机头口模出口处的长度有差别，机头内部的压力平衡受到干扰，造成机头内熔体性能差异。为使熔体在转向时自由平滑地流动，不产生滞留点和熔接痕，多采用螺旋状流动导向装置和侧面进料机头。这种结构使熔体流道更加流线型化，螺旋线的螺旋角为 45°～60°，收敛点机加工成刃形，位于型芯一侧，与侧向进料口相对，在侧向进料口中心线下方 16～

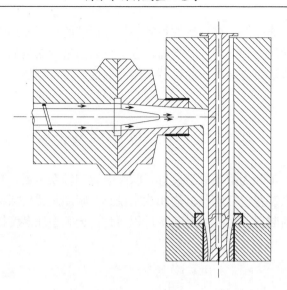

图 7-7　转角机头

19mm 处。这种结构还不能完全消除熔接痕。改进的措施：一是各分流道的物料应充分汇合，以达到在机头内均匀的停留时间；二是提高机头压力，促进熔体的熔合。在管芯的分流梭下方安装一个节流阀，成为可调的移位节流阀式机头。节流阀使机头内通道的有效截面缩小，增大了熔体压力。

（2）直通式机头。直通式机头与挤出机呈一字形配置，避免了塑料熔体流动方向的改变，可防止塑料熔体过热而分解。直通式机头的结构能适应热敏性塑料的吹塑成型，常用于硬质 PVC 透明瓶的制造。

（3）带储料缸的机头。生产大型吹塑制品，如啤酒桶及垃圾箱等，由于制品的容积较大，需要一定的壁厚以获得必要的刚度，因此需要挤出大的型坯，而大型坯的下坠与缩径严重，制品冷却时间长，要求挤出机的输出量大。对于大型制品，一方面要求快速提供大量熔体，减少型坯下坠和缩径；另一方面，大型制品冷却时间长，挤出机不能连续运行，从而发展了带有储料缸的机头，其结构如图 7-8 所示。

由挤出机向储料缸提供塑化均匀的熔体，按照一定的周期所需熔体数量储存于储料缸内。在储料缸系统中由柱塞（或螺杆）定时，间歇地将所储物料（熔体）全部迅速推出，形成大型的型坯。高速推出物料可减轻大型型坯的下坠和缩径，克服型坯由于自重产生下垂变形而造成制品壁厚的不一致，同时挤出机可保持连续运转，为下一个型坯备料。该机头既能发挥挤出机的能力，又能提高型坯的挤出速度，缩短成型周期。但应注意，当柱塞推动速度过快，熔体通过机头流速太大，可能产生熔体破碎现象。确定口模直径时，首先应选取适合制品外径的吹胀比，即制品的外径与型坯外径之比。确定型坯的最大外径，还要考虑口模膨胀问题，最后确定口模的直径。

口模缝隙宽度大，树脂熔体受到的剪切速率变小，不易因熔体破碎引起型坯表面粗糙。机头定型段长，机头内部熔体压力上升，有利于消除熔接痕，但易产生压力损失。定型段长度（L）与缝隙（t）之比（L/t）一般取 10 左右为宜。对挤出机和机头的总体要求是均匀地挤出所需要直径、壁厚和黏度的型坯。

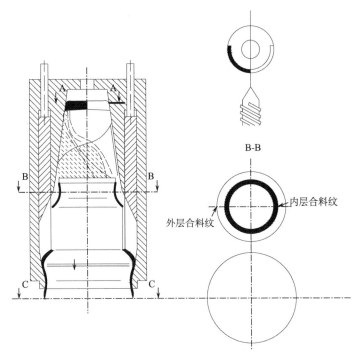

图 7-8　典型带储料缸的机头示意图

二、型坯吹胀装置

型坯进入模具并闭合后，吹胀装置将型坯吹胀成型腔所具有的精确形状，进而冷却、定型、脱模取出制品。吹胀装置包括吹气机构、吹塑模具及冷却系统、排气系统等部分。

（一）吹气机构

吹气方式有针管吹气法、型芯顶吹法和型芯底吹法三种。

（1）针管吹气法（针吹法）。如图 7-9 所示，吹气针管安装在模具型腔的半高处，当模具闭合时，针管向前穿破型坯壁，压缩空气通过针管吹胀型坯，然后吹针缩回，熔融物料封闭吹针遗留的针孔。另一种方式是在制品颈部有一伸长部分，以便吹针插入，又不损伤瓶颈。在同一型坯中可采用几支吹针同时吹胀，以提高吹胀效果。

针吹法适用于不切断型坯连续生产的旋转吹塑成型，吹制颈尾相连的小型容器，更适合吹塑有手柄的容器，以及手柄本身封闭与本体互不相通的制品。

（2）型芯顶吹法。其结构如图 7-10 所示，模具颈部向上，当模具闭合时，型坯底部夹住，顶部开口，压缩空气从型芯通入，型芯直接进入开口的型坯内并确定颈部内径，在型芯和模具顶部之间切断型坯。该法型芯可由两部分组成，一部

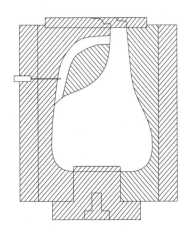

图 7-9　吹针结构

分定瓶颈内径，另一部分是在吹气型芯上滑动的旋转刀具，吹气后，滑动的旋转刀具下降，切除余料。

　　该法直接利用型芯作为吹气芯轴，压缩空气从十字机头上方引进，经芯轴进入型坯，吹气机构简单。但型芯顶吹法不能确定内径和长度，需要附加修饰工序，且压缩空气从型芯通过，影响机头温度，因此应设计独立的与机头型芯无关的顶吹芯轴。

　　（3）型芯底吹法。其结构如图 7-11 所示，挤出的型坯落到模具底部的型芯上，通过型芯对型坯吹胀。型芯的外径和模具瓶颈配合以固定瓶颈的内外尺寸。为保证瓶颈尺寸的准确，在此区域内必须提供过量的物料，这就导致开模后所得制品在瓶颈分型面上形成两个耳状飞边，需要后加工修饰。

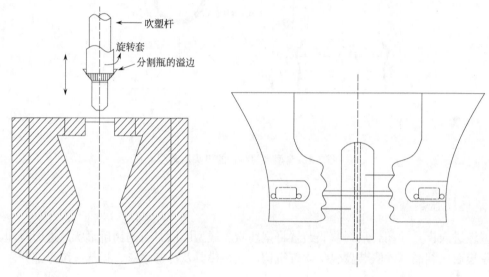

图 7-10　具有定径和切径作用的顶吹装置　　　　　图 7-11　底吹结构示意图

　　型芯底吹法适用于吹塑颈部开口偏离制品中心线的大型容器，有异形开口或有多个开口的容器。但型芯底吹法的进气口选在型坯温度最低的部位，也是型坯自重下垂厚度最薄的部位，当制品形状较复杂时，常造成制品吹胀不充分。另外，瓶颈耳状飞边会留下明显的痕迹。

　　（二）吹塑模具

　　吹塑模具通常是由两瓣合成，并设有冷却系统和排气系统。

　　（1）冷却系统。冷却系统直接影响制品性能和生产效率，因此合理设计和布置很重要。冷却水道与型腔的距离各处应保持一致，保证制品各处冷却收缩均匀，其距离一般为 10～15mm，根据模具的材质、制品形状和大小而定。在满足模具强度的要求下，距离越小，冷却效果越好；冷却水温度保持在 5～15℃为宜；为加快冷却，模具可分段冷却，按制品形状和实际需要调节各段冷却水流量，以保证制品质量。

　　（2）排气系统。排气系统是在型坯吹胀时排除型坯和型腔壁之间的空气，如排气不畅，吹胀时型腔内的气体会被强制压缩滞留在型坯和型腔壁之间，使型坯不能紧贴型腔壁，导致制品表面产生凹陷和皱折，图案和字迹不清晰，不仅影响制品外观，甚至会降低制品强度。

因此，模具应设置排气孔或排气槽。

排气孔（或排气槽）开设的位置和形式有：在一瓣模具分型面上加工出宽度 5～15mm、深度 0.1～0.2mm 的排气槽，加工要求平直光洁，制品上不留痕迹；在型腔内直接开排气孔，孔径 0.1～0.2mm、深度 0.5～0.2mm，其后部孔径 3～5mm 接通外部；在型腔内开设直径 5～10mm 的大孔，孔中应嵌入轴向对称、两面各磨去 0.1～0.2mm 的圆轴，利用磨削面的缝隙排气，在制品上不会留下痕迹；在型腔内嵌入多孔金属圆柱，圆柱直径为 5～10mm，圆柱顶端加工成多个排列均匀的微孔，直径 0.1～0.2mm、深度 2～3mm，其后加工成大孔接通外部，制品上不留痕迹；在模具的上、中、下模块接合面加工宽度 5～15mm、深度 0.1～0.2mm 的排气槽，采用磨削或铣削加工，要求光洁平直，制品上不留痕迹；在型腔内嵌入多孔金属块，在其背面加工成多个通气孔，这种排气结构制品上易留下痕迹，因此可将端面轮廓形状做成花纹、图案或文字进行装饰。排气孔（或排气槽）的形式、位置和数量应根据型腔的形状而定，排气孔（或排气槽）直接与制品接触，要求加工精度比较高。

三、辅助装置

（一）型坯厚度控制装置

型坯从机头口模挤出时，会产生膨胀现象，使型坯直径和壁厚大于口模间隙，悬挂在口模上的型坯由于自重会产生下垂，引起伸长使纵向厚度不均和壁厚变薄（指挤出端壁厚变薄）而影响型坯的尺寸乃至制品的质量。控制型坯尺寸的方式有以下几种。

（1）调节口模间隙。在口模处安装调节螺栓以调节口模间隙。用圆锥形的口模，通过液压缸驱动芯轴上下运动，调节口模间隙，控制型坯壁厚。

（2）改变挤出速度。挤出速度越大，由于离模膨胀，型坯的直径和壁厚也就越大。利用这种原理挤出，使型坯外径恒定，壁厚分级变化，能改善型坯下垂的影响和适应离模膨胀，并赋予制品一定的壁厚，又称为差动挤出型坯法。

（3）改变型坯牵引速度。通过周期性改变型坯牵引速度来控制型坯的壁厚。

（4）预吹塑法。当型坯挤出时，通过特殊刀具切断型坯使之封底，在型坯进入模具之前吹入空气称为预吹塑法。在型坯挤出的同时自动地改变预吹塑的空气量，可控制有底型坯的壁厚。

（5）型坯厚度的程序控制。它是通过改变挤出型坯横截面的壁厚来达到控制吹塑制品壁厚和质量的一种方法。

吹塑制品的壁厚取决于型坯各部位的吹胀比。吹胀比越大，该部位壁越薄；吹胀比越小，壁越厚。

对于形状复杂的中空制品，为使壁厚均匀，不同部位型坯横截面的壁厚应按吹胀比的大小而变化。型坯横截面壁厚是由机头芯棒和外套之间的环形间隙决定的，因此改变机头芯棒和环形间隙就能改变型坯横截面壁厚。

现代挤出吹塑机型坯程序控制是根据对制品壁厚均匀的要求，确定型坯横截面沿长度方向各部位的吹胀比，通过计算机系统绘制型坯程序曲线，通过控制系统操纵机头芯棒轴向移动距离，同步变化型坯横截面壁厚。型坯横截面壁厚沿长度方向变化的部位（即点数）越多，制品的壁厚越均匀。根据型坯吹胀比确定型坯横截面壁厚变化程序点，称为"型坯程序"。程

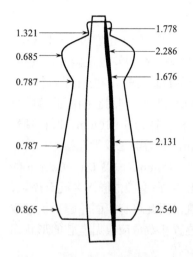

1.321
0.685
0.787

0.787

0.865

1.778
2.286
1.676

2.131

2.540

图 7-12　吹塑制品与型坯横截面的
壁厚变化关系（单位：mm）

序点的分布可呈线性或非线性，程序点现已多达 32 点。程序点越多，制品壁厚越均匀，节省原材料越多。图 7-12 为吹塑制品与型坯横截面的壁厚变化关系，右边尺寸表示型坯横截面壁厚，左边尺寸表示制品横截面壁厚。

在上述五种控制型坯壁厚的方式中，广泛采用的是调节口模间隙。

（二）型坯长度控制装置

型坯的长度直接影响吹塑制品的质量和切除尾料的长短，尾料涉及原材料的消耗。型坯长度取决于在吹塑周期内挤出机螺杆的转速，转速快，型坯长；转速慢，型坯短。此外，加料量波动、温度变化、电压不稳、操作变化均会影响型坯长度。通常型坯厚度与长度控制系统联合使用。

（三）型坯切断装置

型坯达到要求长度后应进行切断。切断装置要适应不同塑料品种的性能。在两瓣模组成的吹胀模具中，是依靠型腔上、下口加工成刀刃式切料口切断型坯。切料口的刀刃形状直接影响产品的质量。切料口的刀刃有多种形式，自动切刀有平刃和三角形刀刃。对硬质 PVC 透明瓶型坯，一般采用平刃刀，而且对切刀应进行加热。

第三节　挤出吹塑成型工艺及质量控制

挤出吹塑过程实际上可以分为挤出型坯和吹胀两部分，影响挤出吹塑制品性能的因素主要是型坯的质量和吹塑工艺，因此这两个工艺过程对最终制品性能都有很大的影响。

一、型坯的质量控制

型坯是吹塑制品的半成品，其质量将直接影响最终制品的性能，甚至影响成型过程，影响型坯质量的因素主要包括原料、型坯温度、螺杆转速及挤出型坯口模质量等。

1. 原料

吹塑原料的选择非常重要。首先要求原料的性能满足制品的使用要求，其次是原料的加工性能必须符合吹塑工艺要求，一般选用吹塑级树脂，即熔体流动速率（MFR）偏低的树脂。例如，HDPE 吹塑制品，其 MFR 取值一般为 0.01～1.0g/10min，MFR 值低的树脂有利于防止型坯下垂，容易得到壁厚均匀的型坯。但是当螺杆转速增加时，MFR 值低的熔体外表容易粗糙。因此，中大型吹塑制品以防止下垂为主，宜取 MFR 值更低的物料；小型吹塑制品宜选用吹塑级物料中 MFR 值偏高的物料，制品表面更光滑。

2. 型坯温度

型坯温度与挤出温度密切相关，型坯温度低，熔体黏度大，型坯熔体强度高，有利于减少型坯垂伸，也有利于缩短型坯的定型和冷却时间，提高生产效率。但型坯温度过低，会导致离模膨胀过大，型坯长度收缩、壁厚增大，型坯表面质量下降，甚至失去光泽。型坯温度过高，会因自重而导致垂伸明显，引起型坯纵向厚度不均匀，厚度误差大，延长降温冷却时间，甚至是难以成型。

理想的型坯温度应使型坯表面光亮，不产生明显下垂，壁厚均匀，吹塑时不易破裂。

经验表明，挤出吹塑时熔体的零剪切表观黏度（η_a）、型坯长度（L）、熔体密度（ρ）和挤出速度（v）之间应满足下列关系式：

$$\eta_a=158L^2\rho/v \qquad\qquad (7\text{-}3)$$

在挤出吹塑时，如果 L、ρ、v 都一定时，可计算得到所需的 η_a，结合物料的流动曲线，通过调节型坯的挤出温度，使熔体的实际黏度大于计算黏度，即可得到良好的型坯形状。需要注意的是，不同材料的熔体黏度受剪切速率和温度的影响各异，因此需要考虑熔体的流变特性。型坯温度一般设定在树脂的 $T_g\sim T_f$（T_m）之间，且偏向于 T_f（T_m）一侧。一般来说，MFR 值高的树脂选用低的温度，MFR 值低的树脂选用高的温度。

在挤出型坯的过程中，挤出机的温度控制非常重要。挤出温度的选择主要取决于树脂的性质。例如，PC 吹塑瓶的挤出温度波动控制在 ±3℃。对于 PVC 热敏性塑料，更要注意控制温度，以防止其热分解。三种常见塑料挤出吹塑温度如表 7-1 所示。

表 7-1　三种常见塑料挤出吹塑温度

树脂	HDPE	PVC	PP
机身温度 1 段/℃	110～120	155～165	170～180
机身温度 2 段/℃	130～140	175～185	200～210
机身温度 3 段/℃	140～150	185～195	200～215
机头温度/℃	130～140	190～200	190～200
储料缸温度/℃	140～150		180～190

3. 螺杆转速

螺杆转速是影响挤出型坯质量的另一个重要因素。高的挤出速度可以提高产量，减少型坯的下垂，但是型坯的表面质量下降，尤其是剪切速率过大，可能会造成某些塑料（如 HDPE）出现熔体破裂现象。螺杆转速的提高容易产生大量摩擦热，对于 PVC 等热敏性塑料有热分解的危险。一般吹塑成型选用螺杆直径偏大的挤出机，在保证产量的同时使螺杆转速不超过 70r/min。

4. 口模的尺寸及质量

口模是决定型坯尺寸及形状的主要装置，因此要求口模内表面光滑、表面粗糙度低，以利于制得表面光滑的型坯。口模定型段长度一般选择 8 倍于口模与芯棒之间的间隙距离。

二、吹塑工艺控制

在型坯的吹塑过程中，影响成型工艺的因素主要包括吹塑压力、吹气速度、吹胀比和吹塑模具温度等。

1. 吹塑压力

型坯的吹塑压力取决于分子链柔顺性、熔体强度、熔体弹性及加工温度，一般由压缩空气提供。压缩空气有两个作用：①利用压缩空气的压力使半熔融状的管坯吹胀而紧贴型腔壁，形成所需的形状；②对吹塑制品起冷却作用。空气压力取决于塑料的品种及型坯温度，一般控制在 0.2~1.0MPa。对于熔体黏度较小、容易变形的塑料，取较低值；对于熔体黏度较大的塑料（如 PC），取较高值。

吹塑压力还与制品的容积和厚度有关，大容积制品宜采用较高的吹塑压力，小容积制品宜采用较小的吹塑压力。最适宜的吹塑压力应能使制品在成型后外形、花纹等表现清晰。对于厚壁制品，由于温度下降缓慢，型坯的黏度不会急速增大导致无法吹塑成型，因此可选用较低的吹塑压力；对于薄壁制品，则需要较高的吹塑压力来保证容器的完整性。

2. 吹气速度

吹气速度是指充入空气的容积速度。吹气速度大可缩短型坯的吹塑时间和冷却时间，使制品厚度均匀且表面质量好。吹气速度过大会在空气进口处因文杜里效应而产生局部真空，造成这部分型坯内陷，甚至将型坯从口模处拉断，导致无法成型。因此，可采用较大的吹气管实现低气流速度注入大流量空气。

3. 吹胀比

吹胀比是指塑件最大直径和型坯直径之比，是型坯吹胀的倍数。当型坯的尺寸和质量一定时，制品的尺寸越大，型坯的吹胀比越大，但是制品的厚度越薄。通常根据塑料的种类、性质、制品的形状和尺寸以及型坯的尺寸来确定吹胀比的大小。吹胀比增大，制品厚度变薄，虽然可以节约原料，但会使制品强度和刚度降低，同时成型也变得困难。吹胀比一般控制在 2~4。

4. 吹塑模具温度

模具温度是指型坯吹塑成型制品时的模具温度，一般控制在 20~50℃。吹塑模具的温度对制品的质量（特别是外观质量）有较大的影响。通常模具的温度分布应均匀，尽可能使制品均匀冷却。模具温度的高低与塑料的 T_g、结晶能力以及制品的厚度及大小有关。

原料的 T_g 越高，所需模具温度越高。但模具温度过高会导致制品冷却降温时间延长，生产周期增加。如果冷却时间不足，制品脱模后易产生变形、收缩率大及表面无光泽。若模具温度偏低，型坯在模具中降温快，则型坯吹塑困难，制品轮廓不清，外表花纹、文字模糊，夹口处熔料伸长性降低，成型难度增加。

吹塑小型容器时模具温度可取较低值，而大型薄壁制品的成型模具温度需取较高值。较理想的模具温度应控制在低于原料软化温度40℃左右。

第四节　注射吹塑成型工艺

注射吹塑是用注塑成型法先将塑料制成有底型坯，再把型坯移入吹塑模内进行吹塑成型。注射吹塑又有注坯吹塑和注坯拉伸吹塑两种方法。

一、注坯吹塑

注坯吹塑成型过程如图 7-13 所示。由注射机在高压下将熔融塑料注入型坯模具内并在芯模上形成适宜尺寸、形状和质量的管状有底型坯。若生产的是瓶类制品，瓶颈部分及其螺纹也在这一步骤同时成型。所用芯模为一端封闭的管状物，压缩空气可从开口端通入并从管壁上所开的多个小孔逸出。型坯成型后，注射模立即开启，通过旋转机构将留在芯模上的热型坯移入吹塑模内，合模后从芯模通道吹入 0.2～0.7MPa 的压缩空气，型坯立即被吹胀而脱离芯模并紧贴到吹塑模的型腔壁上，并在空气压力下进行冷却定型，然后开模取出吹塑制品。

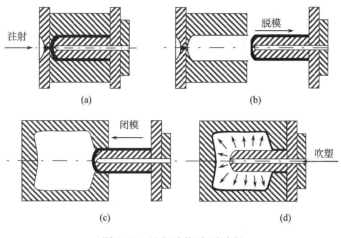

图 7-13　注坯吹塑成型过程

（a）注射；（b）脱模；（c）闭模；（d）吹塑

　　注坯吹塑宜生产批量大的小型精制容器和广口容器，主要用于化妆品、日用品、医药和食品的包装。

　　注坯吹塑技术的优点是：①制品壁厚均匀，不需要后加工；②注射制得的型坯能全部进入吹塑模内吹胀，故所得中空制品无接缝，废边废料也少；③对塑料品种的适应范围较宽，一些难以用挤坯吹塑成型的塑料品种可用于注坯吹塑成型。但有以下三个缺点：①成型需要注塑和吹塑两套模具，设备投资较大；②注塑所得型坯温度较高，吹胀物需较长的冷却时间，成型周期较长；③注塑所得型坯的内应力较大，生产形状复杂、尺寸较大的制品时易出现应力开裂现象，因此生产容器的形状和尺寸受限。

二、注坯拉伸吹塑

　　在成型过程中型坯被横向吹胀前受到轴向拉伸，所得制品具有大分子双轴取向结构。用这种方法成型中空制品的原理，与挤出吹塑法制取双轴取向薄膜的成型原理基本相同。

　　注坯拉伸吹塑制品成型过程如图 7-14 所示。成型时型坯的注塑与无拉伸注坯吹塑法相同，但所得型坯并不立即移入吹塑模，而是经适当冷却后移送到加热槽内，在槽中加热到预定的拉伸温度，再转送至拉伸吹胀模内。在拉伸吹胀模内先用拉伸棒将型坯进行轴向拉伸，然后再引入压缩空气使之横向胀开并紧贴模壁。吹胀物经过一段时间的冷却后，即可脱模得到具有双轴取向结构的吹塑制品。

　　注坯拉伸吹塑成型时，通常将不包括瓶口部分的制品长度与相应型坯长度之比称为拉伸比；而将制品主体直径与型坯相应部位直径之比称为吹胀比。增大拉伸比和吹胀比有利于提高制品强度，但在实际生产中为了保证制品的壁厚满足使用要求，拉伸比和吹胀比都不能过大。实验表明，二者取值为 2～3 时，可得到综合性能较高的制品。

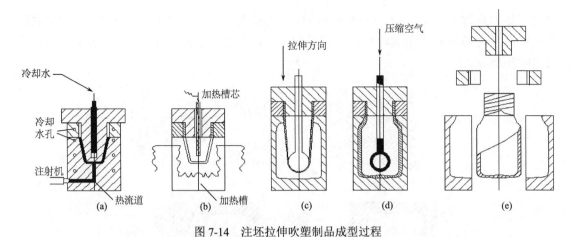

图 7-14　注坯拉伸吹塑制品成型过程
（a）型坯注塑成型；（b）型坯加热；（c）型坯拉伸；（d）吹塑成型；（e）脱模

　　注坯拉伸吹塑制品的透明度、冲击强度、表面硬度和刚度都能有较大的提高，如用无拉伸注坯吹塑技术制得的 PP 中空制品其透明度不如 UPVC 吹塑制品，冲击强度则不如 PE 吹塑制品；但用注坯拉伸吹塑成型生产的 PP 中空制品的透明度和冲击强度可分别达到 UPVC 制品和聚乙烯制品的水平，而且杨氏模量、拉伸强度和热变形温度等均有明显提高。制造同样容量的中空制品，注坯拉伸吹塑可以比无拉伸注坯吹塑的制品壁更薄，因而可节约成型物料。

第五节　拉伸吹塑成型工艺

　　如果瓶坯在吹塑时未经拉伸，其分子链随机排布，分子链间有或大或小的间隙。但如果分子链受拉伸作用沿水平或轴向取向，则制品的性能沿取向方向提高。利用这一特点，可在挤出吹塑或注射吹塑时对瓶坯进行垂直拉伸，即拉伸吹塑成型工艺。拉伸吹塑成型是先通过挤出或注射得到型坯，然后将型坯加热到适宜的拉伸温度，经内部或外部的机械力作用进行纵向拉伸，同时用压缩空气吹胀进行横向拉伸，得到最终制品，因此拉伸吹塑成型也被定义为双轴取向吹塑成型。

一、拉伸吹塑成型概述

　　在拉伸吹塑成型过程中，挤出吹塑的热型坯或注塑成型的预塑件经拉伸后被吹塑成型。首先用外部夹具或内部的拉伸杆对型坯或半成品进行纵向拉伸，然后再用流动的空气对其进行径向拉伸以形成与模具内腔相同的最终容器形状。拉伸和吹塑的结果使分子链沿轴向和径向排列，最终提高制品强度。拉伸吹塑成型不仅可以增加制品的强度，还可以明显增加其冲击强度、提高对气体和水蒸气的阻透性及减少蠕变。这种加工方法还可以更精确地控制壁厚和减轻重量，从而减少材料损耗。

　　热塑性范围宽的非结晶塑料比半结晶塑料更易拉伸。对于拉伸吹塑成型而言，最受关注的塑料是 PET、PVC、PP 和 PAN，它们都容易拉伸。近年来碳酸饮料瓶、化妆品容器、清洁剂容器及其他的容器市场对 PET 的需求量剧增。

（一）拉伸吹塑成型分类

按成型方法不同，拉伸吹塑成型可分为挤出拉伸吹塑和注射拉伸吹塑。目前，拉伸吹塑有四种常见方式：①一步法挤出拉伸吹塑，主要用于 PVC 制品；②两步法挤出拉伸吹塑，主要用于 PP 和 PVC 制品；③一步法注射拉伸吹塑，主要用于 PET 和 PVC 制品；④两步法注射拉伸吹塑，主要用于 PET 制品。

一步法的成型工艺中，型坯制造、拉伸、吹塑三个主要工序在一台设备中连续进行，又称热坯法。一步法中型坯属于生产过程的半成品。

两步法的成型工艺中，型坯制造在时间、位置和设备上，均与加热、拉伸、吹塑分开进行，又称冷坯法。在两步法工艺中，型坯经冷却后是一种待加工的半成品，可由一个企业转移至另一个企业，或由一个车间转移至另一个车间。由于专业化程度更高，两步法的生产效率比一步法高，成型中越来越多地采用两步法。

两步法挤出-拉伸-吹塑是先将 PVC 或 PP 通过挤出机挤出管材，并按一定的长度切断成为冷坯，然后在加热炉中加热至拉伸温度，通过传送装置将处于拉伸温度的型坯送至成型台上，使型坯的一端形成瓶颈和螺牙，然后轴向拉伸，闭合吹塑模具进行吹塑成型，修整废边。此法的成型效率极高，目前容量为 1L 的瓶子每小时的生产能力可达到 16000 只。

两步法注射-拉伸-吹塑是先注射有底的型坯，再由运送带送至加热炉加热至拉伸温度，然后进入吹塑模内借助拉伸棒轴向拉伸，最后吹塑成型。两步法的拉伸吹塑一般都采用一模多腔，目前的生产能力也可达到每小时 16000 只。

与普通的中空吹塑成型相比，拉伸温度和拉伸比是两个需要特别关注的工艺参数。

（二）拉伸温度

要得到合适的取向，需对型坯或半成品进行适当的温度控制。半成品被加热到足以产生橡胶态的某一温度而不是塑料的熔融温度以上才能得到良好的拉伸效果，此时型坯的拉伸变形是由材料的弹性应变产生而不是黏性应变产生。对于非结晶塑料，拉伸温度比玻璃化温度高 10～40℃为宜；对于结晶塑料，拉伸温度比熔融温度低 5～40℃较合适。例如，PET 虽然是结晶材料，但在注射型坯时冷却速度快，型坯的结晶度非常低，因此 PET 型坯可视为非结晶型坯，其拉伸温度设置应参考其玻璃化温度，具体的拉伸温度一般为 88～116℃。表 7-2 列出了几种常用塑料的拉伸吹塑参数。

表 7-2　常用塑料的拉伸吹塑参数

材料	黏流温度/℃	拉伸温度/℃	最大拉伸比
PET	260	88～116	16：1
PVC	180	89～116	7：1
PP	170	121～136	6：1
PAN	210	104～127	9：1

同时，还需要考虑晶体的晶核生长速度及结晶成长速度，如果拉伸时晶体没有形成，拉伸效果较差，需加入一定的成核剂提高成核速度。

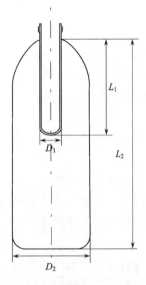

图 7-15　吹瓶时的拉伸比

（三）拉伸比

拉伸比可分为轴向拉伸比（λ_1）和径向拉伸比（λ_2），轴向拉伸比是指瓶坯拉伸后的长度与拉伸前的长度的比值，如图 7-15 所示。

轴向拉伸比如式（7-4）所示：

$$\lambda_1 = L_2/L_1 \tag{7-4}$$

式中，L_1 为瓶坯开始拉伸处至底部之间的距离；L_2 为成品瓶开始拉伸处至底部之间的距离。

径向拉伸比如式（7-5）所示：

$$\lambda_2 = D_2/D_1 \tag{7-5}$$

式中，D_1 为瓶坯的外径；D_2 为成品瓶的外径。

对于拉伸吹塑成型，总的拉伸比为 $\lambda = \lambda_1 \times \lambda_2$。

λ_1 和 λ_2 的取值与瓶子的用途有关，对于耐压瓶，λ_1 要小于 λ_2，以此提高瓶子的周向强度；对于无压力瓶，λ_1 要大于 λ_2，有利于提高瓶子的堆叠性能。

在拉伸过程中，要保持一定的拉伸速度，其作用是在进行吹塑之前，分子链的拉伸取向不至于松弛，因此拉伸和吹塑可同步进行，或在拉伸快结束时开始吹塑。

二、PET 瓶的成型

PET 熔体在其熔融温度以上几乎是牛顿流体，容易被认为不适合挤出吹塑成型。但是，使用多功能的共聚单体可增加长链支化度、加宽分子量分布，从而使 PET 适于挤出吹塑成型。

PET 吹塑瓶可分为两类：一类是有压力瓶，如充装碳酸含气饮料的瓶；另一类为无压力瓶，如充装水、茶、食用油等的瓶。茶饮料瓶是掺混了聚萘二甲酸乙二酯（PEN）的改性 PET 瓶或 PET 与热塑性聚芳酯的复合瓶，在分类上属热瓶，可耐热 85℃以上；矿泉水瓶则属冷瓶，对耐热性无要求。对两种瓶的要求见表 7-3。

表 7-3　两种灌装方式所用 PET 瓶比较

项目	热灌装 PET 瓶	无菌冷灌装 PET 瓶
瓶重	重（500mL，28～32g）	轻（500mL，18～23g）
瓶颈	特殊结晶瓶颈	标准瓶颈
材料拉伸率	要求高	标准
耐热温度/℃	85～92	60
透氧性	瓶壁厚，透氧性低	瓶壁薄，透氧性高
瓶盖	耐高温瓶盖	标准盖
成本	高	低

在热灌装工艺中，产品经超高温灭菌处理（瞬时加热至 120～140℃，停留数十秒），然后降温至灌装温度（85～90℃）。灌装封盖后，对瓶盖及瓶颈部位进行与瓶身同温度的灭菌处理。瓶子在高温下停留一定时间（30～120s）后，分段将瓶子冷却至 34～38℃，随后对瓶子

进行贴标、装箱等后道包装。

热灌装 PET 瓶需要承受 85～92℃高温且不变形,因此要提高材料的结晶度,并在吹瓶时减少诱导应力的产生。热灌装 PET 瓶有以下 3 个特点:①瓶壁厚,需要高晶体化程度增强热稳定性;②有明确的瓶壁肋骨防止热收缩;③要求有结晶瓶口等。

目前,PET 瓶的生产过程以两步法为主,第一步是用注塑成型的方法制备瓶坯,第二步是吹塑成型,具体可分为瓶坯加热、瓶坯拉伸、预吹、吹塑、冷却五个阶段。

PET 瓶坯的注塑成型与第六章所述的注塑过程并无明显差异,为保证后期的拉伸和吹塑成型,以及最终制品的透明度,要降低瓶坯的结晶度。因此,注塑瓶坯时采用较低的模温以得到透明非结晶的型坯。

(一)瓶坯加热

瓶坯的加热由加热烘箱来完成,其温度由人工设定,自动调节。烘箱中由远红外灯管发出远红外线对瓶坯辐射加热,由烘箱底部风机进行热循环,使烘箱内温度均匀,如图 7-16 所示。

瓶坯在烘箱中向前运动的同时自转,使瓶坯壁受热均匀。灯管在烘箱中的布置自上而下一般呈"区"字形,两头多,中间少。烘箱的热量由灯管开启数量、整体温度设定、烘箱功率及各段加热比共同控制。灯管的开启要结合预吹瓶进行调整。PET 的拉伸温度为 85～115℃,最佳拉伸(取向)温度约为 105℃。温度过高容易因结晶而出现高温发白,外观为乳白色,且温度高时分子链的松弛速度快,解取向快,导致最终制品取向不充分;温度过低时易因应力过大而出现低温发白,外观为珍珠白,影响透明度,但取向效果好,耐热性较低,容器受热体积收缩大。

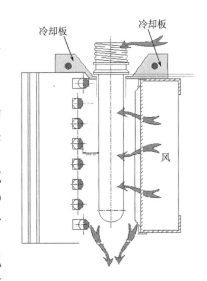

图 7-16 瓶坯加热示意图

要使烘箱更好地发挥作用,其高度、冷却板等的调整很重要,若调整不当,吹塑时易出现胀瓶口(瓶口变大)、硬头颈(颈部料拉不开)等缺陷。

(二)瓶坯拉伸

加热到拉伸温度的瓶坯放置于模具中,合模,拉伸杆向下运动,将热瓶坯沿轴线方向拉伸。拉伸杆的下降速度由拉伸凸轮控制,如图 7-17 所示。PET 瓶沿轴线方向的拉伸分布在这一刻形成,因此拉伸速度是影响材料的轴线方向分布的关键参数之一。如果拉伸速度太快,瓶子底部的材料过多,导致瓶身上部材料分布不足,整体机械性能降低;如果拉伸速度太慢,瓶子底部的材料过少,导致整体机械性能下降,吹不出理想的瓶子。

提高拉伸比,成品瓶的拉伸强度和冲击强度高,跌落强度也高,对气体的阻隔能力强。但拉伸比太大容易出现应力发白,外观为丝状珍珠白。在拉伸比和拉伸温度不变的情况下,拉伸速度越大,分子链取向的程度越高,有利于成型,成型效率高;在拉伸速度和拉伸温度不变的情况下,拉伸比越大,分子链取向的程度越高,但过高的拉伸比可能会导致成型失败。

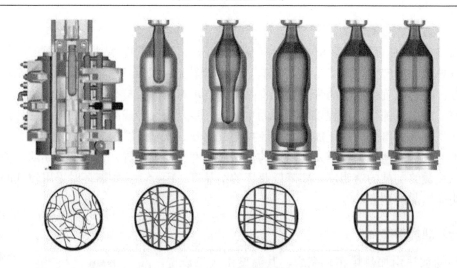

图 7-17　瓶坯加热后拉伸-吹塑过程及分子链排列示意图

（三）预吹

预吹是两步吹瓶法中很重要的一个步骤，指吹塑过程中在拉伸杆下降的同时开始预吹气，使瓶坯初具形状。这一工序中预吹位置、预吹压力和吹气流量是三个重要的工艺参数。预吹瓶形状的优劣决定了吹塑工艺的难易与瓶子性能的优劣。正常的预吹瓶形状为纺锤形（图7-17），异常的则有哑铃状、手柄状等。

造成异常形状的原因有局部加热不当、预吹压力或吹气流量不足等，预吹瓶的大小取决于预吹压力及预吹位置。在生产中要维持整台设备所有预吹瓶大小及形状一致，若有差异则要寻找具体原因，可根据预吹瓶情况调整加热或预吹工艺。预吹压力的大小随瓶子规格、设备能力不同而异，一般容量大、预吹压力小；设备生产能力高，预吹压力高。

对于已加热二次使用的瓶坯或存放时间超标的瓶坯，由于时温等差效应，二者成型工艺相似，与正常瓶坯相比，其要求的热量少，预吹压力可适当降低。

（四）吹塑

吹塑空气的压力对有底托的 PET 瓶仅需 20kPa 即可吹塑成型。

（五）冷却

冷却时间是指从完全成型到离开模具所用的时间。不管拉伸情况如何，冷却速度越大，能保持分子链取向的程度越高，且有助于缩短成型周期。冷却时间的长短与模具温度、结构、材料及制品的壁厚、质量等因素有关。如果冷却时间短，则取向分子结构的松弛较小（强度好），同时取向程度也较高。吹瓶时应选用低冷却水水温、高的水流量，以获得高冷却速度，提高生产效率。

第六节　吹塑成型新技术

一、模内贴标吹塑成型

模内贴标（IML）吹塑成型是预先印刷好薄膜标签，背面涂有特制的热熔胶黏剂，在吹塑前放置于模具内表面，以生成塑料瓶。标签与容器组成一个整体，标签和瓶体基本在同一个平面上，看不见标签的边缘，外观与图文直接印在瓶体表面一样。采用模内贴标就不再需要贴标机，因此模内贴标是一项很有潜力的新型技术。

其基本的工艺过程如下：①机械手在模具内壁放置标签；②在吹塑瓶坯进入时，模具上的真空小孔将标签吸住直至模具完全闭合；③吹塑瓶坯，迅速膨胀压向模具内壁，吹成瓶，将标签固定在瓶子上；④完成后的瓶子从模具中脱出。

模内标签根据所贴的位置不同，分前标和背标，也就是贴在包装的正面或背面的商标。印好的标签以单张形式码放，前标与背标分别放在模内贴标机的两个盒子里。

模内标签的材料主要是纸张和塑料薄膜两大类。在模内标签出现之初，是将涂有热熔胶背层的纸张标签放在模具里黏合到吹制瓶上或熔合到瓶子上，最近出于回收和性能的目的开始使用如法国普丽亚（Polyart）一类合成纸张材料。最早进入我国市场的是日本 YUPO 模内标签，现在普丽亚吹塑模内标签也已经进入我国市场。

模内贴标吹塑成型的主要优点如下：

（1）外表新颖美观。模内标签与塑料瓶体自然而然地融为一体，标签随瓶体的形状而改变，在瓶身上看不到标签的边角，外观看起来很漂亮。手感平滑，尤其是对以标签为主要外包装的日化产品而言，优势明显。

（2）良好的印刷性能。模内贴标印刷效果良好，能够印刷细节丰富和画面细腻的设计图案，具有很强的视觉表现力。模内贴标不仅能够体现不干胶标签的精致图案和细小文字，又有直接丝网印刷的整体效果。

（3）安全、环保。模内标签具备防水、防油、耐摩擦、可冷冻、可浸泡等性能，具有良好的化学稳定性。精密、准确贴标，能够较长时间保持标签的完好和美观，不易破损。

（4）成本优势。如果印数较大，模内标签比不干胶标签和直接丝网印刷的成本低，且省去添加贴标设备或贴标工人的费用，缩短了生产周期，提高了生产效率。

整体来说，模内贴标的技术更为复杂，对制造企业的工程能力和技术能力要求更高。在印数不高时，其成本比传统方法高。

模内贴标正朝着可回收的预先贴标的容器、提高装线的速度、增加容器填充物、改进外观和更好的挤压性能等方向发展。由于各国开始重视环境保护，模内贴标在改进工艺、降低生产成本之后，有望在未来几年里得到快速发展。

二、预成型中空吹塑成型

预成型中空吹塑成型技术是近年来发展的一种新的吹塑成型技术，一般用于一些外观形状奇特、不规则的异形吹塑容器及制品的吹塑成型（如一些车用小型吹塑制品），在常规生产中较为少见。

预成型中空吹塑成型工艺过程如下：塑料型坯被挤出后，先在一个预成型模具中进行预成型，预成型模具具有牵引、推拉等功能，将圆筒状塑料型坯成型为一个近似于制品形状的型坯，然后预成型模具快速开模，预成型好的型坯被快速移送到成型模具中吹塑成型为制品。制品吹塑冷却定型后开模，后面的工艺与普通吹塑成型方法类似。

预成型中空吹塑成型技术的自动化吹塑生产线与常规吹塑方法生产线有较大差别，主要在于增加了预成型的模具工位，预成型模具也相应复杂一些，预成型模具需要进行温度控制，保障型坯温度的稳定性，以防止型坯温度过快冷却；预成型模具的一些变形较大的位置可能使用一些接近牵引的活动块或负压牵引，以使型坯实现预成型，预成型后的型坯由机械手快速转移到成型模具位置，成型模具快速合模，吹塑冷却成型。

三、深拉伸中空吹塑成型

挤出吹塑工业制件形状越来越复杂，壁厚分布不均匀成为挤出吹塑技术发展的瓶颈。一些局部空间较小、拉伸比较大的制品很难通过普通的吹塑成型工艺成型。这些制品局部拉伸比较大，型坯在吹塑时沿型腔内壁拉伸减薄严重，使型坯壁厚变得过薄而导致成型难度很高。

深拉伸中空吹塑成型工艺是在不改变制品形状的基础上，通过特殊的成型工艺使这些不易吹胀的部位及壁厚不均匀处得到改善并得到需要的制品。深拉伸中空吹塑成型技术主要用于拉伸比 $B/A \geqslant 1.2$ 的复杂中空制品，如果拉伸比 $B/A < 1.2$，中空制品在通过常规的吹塑工艺时达到制品四周壁厚都较为均匀且易成型，则不需要采用深拉伸中空吹塑成型。深拉伸中空吹塑成型方法较为成功的有三种，分别是倾斜式深拉伸成型工艺、深拉伸辅助模成型工艺及旋转花瓣式深拉伸成型工艺。

四、微层中空吹塑成型

普通的共挤出中空成型主要是生产最多 6 层结构的中空容器，提高其阻透性、强度、耐划痕、印刷性和抗静电性等，最为常见的应用是汽油箱和有条纹或多色装饰的瓶。微层技术一直以来用在平挤出薄膜中，但如果将微层技术应用于中空吹塑成型，能够生产层数为 30～100 层的瓶，且瓶壁厚度无明显变化。

多层型坯一般是每台挤出机单独为机头中的独立、中心对称的心形或螺旋形芯棒供料，在物料进入机头前，产生物料交替的微层叠层。微层可能是千分之几毫米，是新型层增技术与独特的机头几何技术结合在一起，得到具有更多层数的结构。

习　　题

1. 中空吹塑可分为哪几种？挤出吹塑和注射吹塑有什么区别？

2. 什么是管坯的离模膨胀？其大小对吹塑成型过程有哪些影响？

3. 吹塑成型时，拉伸温度对拉伸取向和分子链的无序热运动有哪些影响？最佳的拉伸温度和吹塑温度如何确定？

4. 常用的吹塑机头有哪几种？常用的型坯厚度控制方法有哪几种？

5. 如何根据制品大小选择吹塑用的物料？

6. 型坯温度的高低对成型过程有什么影响？

7. 吹塑成型时压缩空气有什么作用？

8. 什么是拉伸比和吹胀比？拉伸比和吹胀比对制品性能有哪些影响？

9. PET 热灌装瓶与冷灌装瓶有什么区别？

10. PET 瓶坯二次加热常用的方法有哪几种？

11. 模内贴标吹塑成型技术有哪些优点？

第八章 泡沫塑料成型工艺

泡沫塑料,又称微孔塑料,是由大量气体微孔分散于固体塑料中而形成的一类高分子材料,具有质轻、隔热、吸音、减震等特性,且介电性能优于基体树脂,用途很广,2019 年全球泡沫塑料的主要应用领域分布如图 8-1 所示。几乎各种塑料均可做成泡沫塑料,发泡成型已成为塑料加工中的一个重要领域。

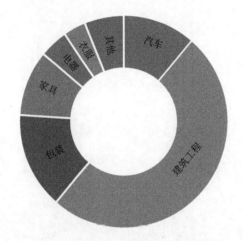

图 8-1 2019 年全球泡沫塑料的主要应用领域分布

泡沫塑料与纯塑料相比,具有密度低、质轻、比强度高,其强度随密度增加而增大,有吸收冲击载荷的能力,有优良的缓冲减震性能、隔音吸音性能,热导率低,隔热性能好,还有优良的电绝缘性能、耐腐蚀、耐霉菌性能。

泡沫塑料的分类方法较多,最常用的是按密度、按硬度和按泡孔结构 3 种分类方法。

1. 按密度分类

泡沫塑料的密度是其最重要的性能之一,密度的大小与其发泡程度有关。一般可分为低发泡泡沫塑料、中发泡泡沫塑料和高发泡泡沫塑料,见表 8-1。

表 8-1 泡沫塑料按密度分类

种类	密度/（g/cm³）	气体/固体发泡倍率
低发泡泡沫塑料	>0.4	<1.5
中发泡泡沫塑料	0.1~0.4	1.5~9.0
高发泡泡沫塑料	<0.1	>9.0

2. 按硬度分类

泡沫塑料按硬度分类可分为软质泡沫塑料、硬质泡沫塑料和半硬质泡沫塑料三类。在 23℃和 50%的相对湿度条件下,泡沫塑料的弹性模量小于 70MPa 的称为软质泡沫塑料;弹性模量大于 700MPa 的称为硬质泡沫塑料；弹性模量为 70～700MPa 的称为半硬质泡沫塑料。

　　3. 按泡孔结构分类

　　按泡孔结构，泡沫塑料可分为开孔泡沫塑料和闭孔泡沫塑料两类。开孔泡沫塑料的泡孔之间相互连通，发泡体中气体相与聚合物相间呈连续相，气体或液体可从发泡体内通过。闭孔泡沫塑料的泡孔孤立存在，均匀地分布在发泡体内，互不连通，气泡完整无破碎，泡孔壁形成发泡体的连接相。实际的泡沫塑料中两种泡孔结构同时存在，即开孔结构的泡沫塑料体内带有闭孔结构，闭孔结构的泡沫塑料体内带有开孔结构。如果开孔结构占 90%～95%，则称此泡沫塑料结构为开孔泡沫塑料，反之则称为闭孔泡沫塑料。闭孔结构对发泡体的力学性能影响较大，属泡沫塑料制品的重要结构参数。

第一节　发泡原理

一、发泡基本原理

　　高分子材料发泡是先将气体溶解在高分子熔体中，同时产生气体并形成饱和溶液，然后通过成核作用形成无数的微小气泡核，气泡核增长而形成气泡。所以泡沫塑料的成型和定型过程一般可分为三个阶段：气泡核的形成、气泡的增长和气泡的稳定。发泡成型首先应在塑料熔体或液体中形成大量均匀细密的气泡核，然后再膨胀成为具有所要求的泡沫体结构的泡沫体，最后通过定型将泡沫体结构固定下来，得到泡沫塑料制品。

　　这三个阶段的成型机理、影响因素各不相同，下面对这三个阶段的成型机理及影响因素进行介绍。

（一）气泡核的形成

　　高分子材料发泡过程的初始阶段是在塑料熔体或液体中加入化学发泡剂（或气体），经过化学反应产生气体（或加入的气体）就会形成气-液溶液。随着生成气体的增加，溶液成为饱和状态，这时气体就会从溶液中逸出形成气泡核。气泡核就是指原始微泡，也就是气体分子最初聚集的地方。气-液溶液中形成气泡核的过程称为成核作用，成核可分为均相成核和异相成核。如加入很细的固体粒子或微小的气泡核，就出现了作为气体的第二分散相，有利于泡沫的形成，则所加入的有利于气泡形成的物质为成核剂，能在较低的气体浓度下发生成核作用，成核剂通常是微细的固体粒子或微小气孔，如果不加入成核剂就有可能形成大孔泡沫。

　　气泡核的形成阶段对成型泡沫体的质量起着关键性的作用。若熔体中能同时出现大量均匀分布的气泡核，将有利于得到泡孔细密而均匀的泡沫体；若在熔体中只出现少量气泡核，则最终形成的泡沫体少而不均匀，泡沫体密度较大且质量也较差。所以在发泡过程中控制好气泡核的形成是非常重要的。

（二）气泡的增长

　　随着溶解气体量增加和温度升高，气体开始膨胀且气泡合并促进泡沫增长。气体从小气泡中形成气泡后，气泡内气体压力与其半径成反比，气泡越小，内部压力越大。当两个尺寸大小不同的气泡靠近时，气体从小气泡中扩散到大气泡中而使气泡合并。同时，通过成核剂的作用大大增加了气泡的数量，加上气泡膨胀使气泡的半径扩大，这样就使泡沫体不断胀大。所以，气泡形成后，气体的受热膨胀和气泡之间的合并促使气泡不断地增长。

影响液体中气泡膨胀的因素很多，归纳起来为两大类：①原材料，包括原材料的品种及用量，如发泡剂的类型、溶解度和扩散系数等；②成型加工条件，包括成型工艺过程、工艺条件和设备结构参数等，如成型的温度、压力、剪切速度和机头的几何参数等，这类参数对气泡膨胀有较大的影响。在气泡膨胀过程中，熔体的表面张力和熔体黏度是阻碍气泡增长的主要因素，这两种因素的作用程度要适当。在整个发泡过程中，由于温度的升高，熔体黏度降低，此时由于局部区域过热（一般称为热点）或消泡剂的作用，树脂熔体局部区域的表面张力降低，促使泡孔壁膜减薄。

要控制气泡的膨胀过程，必须了解气泡膨胀的动力和阻力，各影响因素相互之间的关系。影响气泡膨胀的因素很多，如聚合物的流变性能、发泡剂和成核剂的类型和用量、成型工艺及设备结构参数等。

为了得到泡孔均匀、细密、质轻的优质泡沫塑料，在发泡成型时，首先应在熔体中同时形成大量分布均匀的气泡核和过饱和气体。熔体中过饱和气体的总量与气泡核数之比决定了气泡的大小。气泡表面积之和与熔体外表面积之比越大，过饱和气体从熔体中扩散到气泡表面进入气泡的量就越多。这样可以减少气体从熔体外表面散失的量，提高气体的利用率。假如气泡核的数量太少，使更多的气体从熔体的外表面逃逸到大气中，结果每个气泡核得到的气泡量可能会多一些，但总的气体利用率较低，得到的泡沫体泡孔大、数量少、密度大。要制得优质泡沫塑料，必须使大量气泡核和过饱和气体同时存在熔体中。

（三）气泡的稳定

气液相共存的体系多数是不稳定的。在泡沫形成过程中，气泡的不断生成和膨胀，形成了无数的气泡，使泡沫体系的体积和表面积增大，气泡壁的厚度变薄，使泡沫体系不稳定。已经形成的气泡可以继续膨胀，或者气泡之间合并，或者出现气泡塌陷、破裂，这些现象的发生主要取决于气泡所处的条件。

对于低黏度熔体中的泡沫，通常由气泡壁的排液现象造成气泡的破裂和塌陷。气泡壁不断变薄，最后导致气泡壁破裂。

热塑性泡沫塑料的定型过程一般都是通过冷却使熔体黏度上升，从而定型，其定型速度主要受以下 3 个因素影响。

（1）冷却效率。为了使泡沫体的热量通过各种传热途径散入周围的空气、水或其他冷却介质中，采用较多的是用空气、水或其他冷却介质直接或间接冷却泡沫体的表面。泡沫体是热的不良导体，冷却时一般会出现表层的泡沫体已被冷却定型，而芯部泡沫体的温度还很高，假如这时结束冷却定型，虽然外表看泡沫体已定型，但是芯部还处于较高温度，热量会继续外传，使泡沫体表层的温度回升。再加上芯部泡沫体的膨胀力，就可能使已定型的泡沫体变形或破裂。

因此，发泡制品的冷却必须保证有足够的冷却定型时间。通常用于发泡成型的冷却装置，其冷却强度和冷却效率都应高于普通不发泡的同类装置，不但可使已得到的泡沫体及时定型，减少不稳定因素的影响，而且有利于提高生产率。

（2）气体从熔体中析出是气体分子在熔体的分子间起增塑作用的结果，所以在泡沫体膨胀过程中，气体从熔体中逃逸出来进入气泡，导致气泡壁熔体的黏度上升，加速了定型过程。

（3）发泡剂的分解和汽化。用物理发泡剂进行的发泡过程中一般包含发泡剂的汽化、气体的逃逸和膨胀等过程。对于采用化学发泡剂的发泡过程还应考虑化学发泡剂的分解过程的吸放热；对于结晶塑料，还需考虑结晶热的影响，结晶过程一般都是放热反应，这些因素都会影响泡沫体的定型速度。

引起泡沫塌陷或破裂等的不稳定因素是多方面的，实际生产中一般采用两种方法来稳定泡沫：①在泡沫配方中加入表面活性剂，有利于形成微小气泡，减少气体的扩散作用，可促使泡沫稳定，如在成型聚氨酯泡沫塑料中加入聚硅氧烷表面活性剂；②提高树脂的熔体黏度，防止气泡壁进一步减薄，从而稳定泡沫，实际生产中通过冷却物料或增加物料的交联作用来提高熔体黏度，使泡沫稳定。

二、热固性泡沫塑料的固化定型过程

热固性塑料发泡成型的固化机理与热塑性塑料有所不同，热固性塑料的发泡成型与缩聚反应是同时进行的，随着缩聚反应的进行，增长的分子链逐步形成网，反应液体的黏弹性逐渐升高，流动性逐渐下降，最后反应完成，达到固化定型。泡沫体的固化是分子结构发生变化的结果，因此要提高热固性塑料泡沫体的固化速度，应加速缩聚反应，加速使分子形成网状结构的速度。加速热固性泡沫塑料的固化过程，一般通过提高加热温度和加催化剂等途径实现。热固性泡沫塑料的黏弹性和流动性取决于分子结构交联的程度，气泡的膨胀和固化必须与聚合物缩聚反应的程度相适应。由于影响因素较多、关系比较复杂，因此热固性泡沫塑料的固化定型的控制难度比热塑性泡沫塑料大。

三、影响泡沫塑料性能的因素

在生产过程中，气泡核的形成、气泡的增长和气泡的稳定这3个阶段，每个阶段都必须进行严格控制，才能得到高质量泡沫塑料制品。影响泡沫塑料性能的因素很多，主要有加工因素、泡孔尺寸、泡孔结构、发泡倍率等。

1. 加工因素

泡沫塑料的性能受加工因素的影响，主要有设备、工艺过程的控制和加工人员的操作经验。泡沫塑料在加工过程中特别是在发泡膨胀过程中，受控制因素的影响，生成的气泡变形，从圆形变化到椭圆形或细长形。泡壁沿着膨胀方向拉长，使泡沫塑料出现各向异性。结果沿拉力方向的力学性能增大（纵向强度增大），垂直于取向方向的强度降低。

泡孔的拉伸度越大，相应的压缩应力比和模量比越大，泡沫塑料的各向异性程度越大。压缩应力是指泡体被压缩25%时所产生的相对应力。泡沫塑料加工时应尽量避免各向异性。

2. 泡孔尺寸

泡孔尺寸大小是影响泡沫塑料压缩强度的重要因素之一。用光学显微镜对两种泡孔大小不同的泡沫塑料泡体所做的压缩试验表明，大泡孔（0.5～1.5mm）泡沫塑料泡体被压缩10%时，外层泡孔肋架开始弯曲；当被压缩25%时，外层泡孔崩塌，泡体内层的泡孔开始弯曲，泡体中心的泡孔开始变形。这说明，大泡孔（0.5～1.5mm）的泡沫塑料泡体呈非等量压缩，而小泡孔（0.025～0.075mm）泡沫塑料泡体被压缩时所有泡孔呈等量压缩，即泡体的内外泡孔可均匀地吸收外加压缩能量，因此小泡孔泡沫塑料压缩性能优于大泡孔泡沫塑料。另外，泡孔的大小还影响其吸水率，泡孔直径越大，吸水率越大。

3. 泡孔结构

同一种泡沫塑料其开孔和闭孔所表现的性能不一样。实验结果表明，开孔率升高，泡沫塑料的压缩强度明显下降。压缩强度是衡量泡沫塑料主要性能的指标之一。生产高压缩强度的泡沫塑料，应提高闭孔率，反之应提高开孔率。

4. 发泡倍率

随着发泡倍率的增大，泡沫体的拉伸强度、弯曲强度、热变形温度等都随之下降，制品的成型收缩率增加。

除上述因素外，泡沫塑料的性能还取决于树脂性能、配方、发泡剂用量、泡体密度等因素，这些因素与成型条件有直接关系。在诸多因素中，泡孔的开孔率、尺寸与成型工艺的关系更紧密。了解这些关系有助于控制、调节泡沫塑料加工过程中的各工序以便生产出满足应用要求的泡沫塑料制品。

第二节　发泡方法

主要的发泡方法有化学发泡法、物理发泡法和机械发泡法，其中机械发泡法已逐渐停止使用。

一、化学发泡法

化学发泡法是将化学发泡剂与基体树脂混合均匀，在成型条件下通过化学反应释放气体，从而实现发泡的方法，包括以下两种类型。

1. 发泡剂热分解发泡法

该法通过加入热分解型化合物，其受热分解产生气体而发泡。其特点是只需在配方中加入可分解的发泡剂就可以发泡，无须特殊设备，材料的加工温度与发泡剂的分解温度必须匹配，否则会造成发泡过程不易控制。常应用于 PVC、LDPE、PS 等泡沫塑料。

2. 聚合物组分间相互作用产生气体的发泡法

利用发泡体系中两个或多个组分之间发生化学反应，生成气体（如 CO_2 或 N_2）使材料膨胀而发泡。发泡过程中为控制聚合反应和发泡反应平衡进行，一般加入少量催化剂和泡沫稳定剂（或表面活性剂）。其特点是无须特别加入发泡剂，缺点是反应过程复杂。通常应用于聚氨酯等泡沫塑料。

化学发泡剂是加热时能分解产生气体从而使基体树脂发泡的无机或有机化合物。发泡剂是化学发泡法制备泡沫塑料的核心之一，其发泡参数如分解温度、分解速度、分解放热量、发泡效率等都对发泡效果有显著影响，但最关键的是分解温度。发泡剂的分解温度要与材料的熔融温度接近，且能在狭窄的温度范围内迅速分解，即发泡剂的分解必须在较短的时间完成。

有机发泡剂主要有偶氮化合物、磺酰肼类化合物、亚硝基化合物三类，如表 8-2 所示。

表 8-2 常用的化学发泡剂

名称	类型	分解温度/℃	气体产量（STP）/（$10^{-3}m^3$/kg）	气体
偶氮二甲酰胺（AC）	放热型	200～220	220～245	N_2，CO，NH_3，O_2
4,4'-氧代双苯磺酰肼（OBSH）	放热型	150～160	120～125	N_2，H_2O
对甲苯磺酰肼（TSH）	放热型	110～120	110～115	N_2，H_2O
对甲苯磺酰氨基脲（TSS）	放热型	215～235	120～140	N_2，CO_2
二亚硝基五亚甲基四胺	放热型	195	190～200	N_2，NH_3，HCHO
碳酸氢钠	吸热型	120～150	130～170	CO_2，H_2O
柠檬酸衍生物	吸热型	200～220	110～150	CO_2，H_2O
5-苯基四唑	吸热型	240～250	190～210	N_2

无机发泡剂主要包括 NH_4HCO_3、$(NH_4)_2CO_3$、$NaHCO_3$ 等，但它们的分解温度较低、分解温度分布过宽，因此在塑料发泡中很少使用，多用于橡胶胶乳发泡或塑料的助发泡剂。

常用的有机发泡剂分解过程是放热的，会导致局部过热，除了造成发泡不均匀外，还可能造成热敏性树脂分解。在厚制品中局部过热还会造成内部焦烧，影响发泡制品的质量。无机发泡剂大部分为吸热型发泡剂，其发泡制品泡沫结构微细洁白，表面光滑且易于加工和操作。

放热型发泡剂常用于需要较高发热量及较高压力的领域，吸热型发泡剂更易得到微孔塑料，吸热型发泡剂通常是 $NaHCO_3$（超细 $NaHCO_3$）、$(NH_4)_2CO_3$ 等的混合物，热分解时放出 CO_2 气体，CO_2 比 N_2 在聚合物熔体中扩散速度快。通常使用的吸热型发泡剂分解温度为 50～300℃，改变配比可以改变其分解温度。

吸热型发泡剂的优点是能获得均匀的泡孔结构、光滑的制品表面及纯白的制品颜色，在共挤中，吸热型发泡剂表现更佳，它们能在发泡层停留更长时间，在硬质 PVC 注塑制品领域获得一席之地，同时，吸热型发泡剂往往兼具成核功能，能够缩短成型周期约 20%，泡孔结构更均匀，表皮更厚。

吸热型发泡剂释放的 CO_2 气体易于从发泡制品中逸出，可缩短甚至消除从制品成型到印刷之间必要的熟化阶段，塑件从模具中顶出后可以立即进行表面涂饰。相反，偶氮类发泡剂释放的氮气因逸散性差，容易滞留在制品内部，制品成型后立即印刷可能导致二次发泡。

吸热型发泡剂在分解时吸收的热量使其分解温度升高和时间范围加宽。大部分商业化的吸热型发泡剂放出 CO_2 作为发泡气体。它们通常呈白色，分解出的沉淀物也为白色。当吸热型发泡剂需要作为食品添加剂时，它们更安全。吸热型发泡剂的用量一般为放热型发泡剂用量的 2 倍。吸热型发泡剂常用于 CO_2 气体在聚合物中扩散速率很快的场合，允许发泡制品在脱模后直接可以进行后处理而不需要进行排气过程。它们是在挤出硬质 PVC 泡沫塑料型材时优先考虑使用的发泡剂类型，因为其冷却效果和较慢的分解速率有助于厚表皮层的形成。物理发泡材料的成核，尤其是用于食品包装的发泡材料已成为吸热型发泡剂成熟的应用领域。

AC 发泡剂由于发气量大，曾一度在挤出领域占绝对优势，但目前的趋势是吸热和放热型化学发泡剂复合，以获得性价比最佳的制品。开发全新结构的化学发泡剂极为困难，而以现有品种为基础，通过协同配合实现最佳性能平衡的复合型发泡剂是更经济实用的方法。

如前所述，吸热型发泡剂如 $NaHCO_3$（超细 $NaHCO_3$），发泡过程比较缓慢，放热型发泡剂如 AC，分解温度高，分解速度快，易造成熔体局部过热等现象而使发泡过程难以控制。在复合发泡剂中，除了分解温度、发气量等基本性能外，更注重吸热和放热的平衡。

新型吸-放热平衡型复合发泡剂的突出特点是吸放热基本平衡、分解无突发、起始分解温度低、诱导期短、较宽范围内分解平稳、基材助剂对它影响很小。这种吸-放热平衡型复合发泡剂集中了单一吸热和单一放热化学发泡剂各自的应用特点，即放热型化学发泡剂提供低密度所需的气体体积和压力，而吸热型化学发泡剂则赋予制品稳定、细密、规则的泡孔结构，二者的结合使泡沫结构微细、均匀和高发气量达到高度统一，发泡过程、泡孔结构与尺寸易于控制，应用范围颇为广泛。吸-放热平衡型复合发泡剂的成本一般都低于 AC 发泡剂，有助于进一步降低成本。新型吸-放热平衡型复合发泡剂在掺混回收树脂方面已有一席之地，它利用提供合适的平衡气压对低、高温材料的混合物进行发泡。

二、物理发泡法

物理发泡法是利用物理原理实施发泡的方法，包括惰性气体发泡法和低沸点液体发泡法两种。

1. 惰性气体发泡法

在加压下把惰性气体压入熔融聚合物或糊状物料中，然后减压升温，使溶解的气体膨胀而发泡。其特点是气体发泡后不会留下残渣，不影响泡沫塑料的性能和使用。但需要较高的压力和比较复杂的高压设备。通常应用于聚乙烯等泡沫塑料，如超临界二氧化碳发泡。

2. 低沸点液体发泡法

利用低沸点液体蒸发汽化而发泡，把低沸点液体压入聚合物中，或在一定压力、温度下，使液体溶入聚合物颗粒中，然后将聚合物加热软化，液体也随之蒸发汽化而发泡，后一种方法称为可发性珠粒法。通常应用于聚苯乙烯、交联聚乙烯等泡沫塑料。

物理发泡剂是利用其在一定温度范围内物理状态的变化而产生气孔。物理发泡剂主要是超临界二氧化碳、氢化氟氯烃类物质及一些低沸点的烃类物质，如正戊烷、正己烷、正庚烷、石油醚（石脑油）、三氯氟甲烷、二氯二氟甲烷、二氯四氟乙烷等。

三、机械发泡法

采用强烈的机械搅拌使空气卷入树脂乳液、悬浮液或溶液中成为均匀的泡沫体，然后再经过物理或化学变化使之胶凝，固化成泡沫塑料。为缩短成型周期可通入空气和加入乳化剂或表面活性剂。无须特别加入发泡剂，但所需设备要求较高，目前使用量已很少。

以上三种发泡方法的共同特点是在发泡过程中树脂都处于液态或黏度较低的塑性状态，只有在此时加入发泡剂或加入能产生气泡的固体或液体，才能产生气体而形成泡孔结构。

第三节　聚苯乙烯泡沫塑料成型工艺

聚苯乙烯（PS）泡沫塑料具有质轻、吸水率低、介电性能优良、力学强度高等优点，广泛应用于建筑、包装、浮体等领域。PS 泡沫塑料可使用悬浮聚合珠状聚苯乙烯（EPS）树脂或乳液聚合粉状聚苯乙烯树脂生产，成型方法主要有模压法、可发性珠粒法和挤出发泡法，目前大量使用的是可发性珠粒法和挤出发泡法。

以溶解液体为发泡剂制造的泡沫塑料，在生产方法上可分为两种类型：①将 PS 树脂、发泡剂及其他助剂的混合物通过挤出机挤出发泡，经冷却定型成泡沫制品，这种方法称直接挤出发泡法；②在悬浮聚合时加入低沸点液体，使聚苯乙烯颗粒形成可发性珠粒，经过预发泡、熟化和发泡成型而得到制品，这种方法称可发性珠粒发泡法。

一、直接挤出发泡法

直接挤出发泡法采用乳液法聚合的聚苯乙烯粉状树脂为原料，与发泡剂（戊烷）混合，加热、加压使混合物熔结成毛坯，然后加热发泡制成泡沫塑料，这种挤塑聚苯乙烯泡沫塑料称为 XPS。XPS 泡沫塑料与 EPS 泡沫塑料相比，力学强度高，泡孔均匀，没有珠粒熔合界面，泡沫均匀，且具有良好的介电性能。

XPS 泡沫板材密度和泡孔大小可通过改变发泡剂的用量和工艺条件来控制，从而制得具有特殊结构性能和导热性能的泡沫塑料。与 EPS 泡沫板材相比，XPS 泡沫板材无熔接痕，泡沫结构完整，力学强度较好。

目前，XPS 成型过程多采用双阶单螺杆挤出机组生产，挤出发泡机组工艺流程如图 8-2 所示。生产线包含两台单螺杆挤出机，一号挤出机螺杆直径较小，长径比较大；二号挤出机螺杆直径较大，长径比较小。其与普通单螺杆挤出机的不同之处是挤出发泡机组的一号挤出机均化段（靠近压缩段处）配有液体计量注入系统。

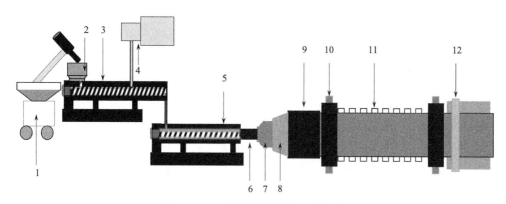

图 8-2　XPS 挤出泡沫板材工艺流程图

1. 喂料及混料系统；2. 料斗；3. 一号挤出机；4. 液体计量注入系统；5. 二号挤出机；6. 静态混合器；7. 口模；8. XPS 板材；9. 整平机；10. 牵引系统；11. 冷却辊架；12. 切割装置

液体戊烷发泡剂从一号挤出机后段连续定量地注入树脂熔体中，然后利用挤出机混合元件实现熔体和发泡剂的均匀混合。进入二号挤出机后，熔体进一步塑化并增压，发泡剂受热产生的气体均匀分散于树脂熔体中。当熔体从口模挤出时，压力骤降，气体膨胀使熔体发泡。经过冷却、定型、牵引、切割，得聚苯乙烯发泡片材。

在挤出过程的初始阶段就实现快速塑化是必要的，应精确控制熔体温度，避免发泡剂过早分解。通过熔体的剪切热和在精确的温度控制下通过挤出机机筒输入外热可实现快速塑化，目的是实现朝着加料口方向的熔体密封，并在化学发泡剂分解之前建立高压。熔体在挤出机内均化过程中，熔体温度在机筒的末段必须很快上升，但在机头中必须保持恒定。

二、可发性珠粒发泡法

可发性珠粒发泡法以 EPS 树脂为原料，经过预发泡、熟化和发泡成型最终得到制品。

1. EPS 珠粒的制造

EPS 珠粒的制造方法有一步法、一步半法和两步法 3 种。

（1）一步法是将苯乙烯、引发剂和发泡剂一起加入反应釜中，聚合得到的珠粒中已含有发泡剂，成为可发性聚苯乙烯珠粒。一步法制成的可发性聚苯乙烯珠粒，泡孔均匀细小，制品弹性好，发泡剂在聚合时加入，简化了操作工序，但是发泡剂有阻聚作用，使所得产物分子量较低（40000~50000g/mol），且反应后有部分粉末状物需要处理。

（2）一步半法是在苯乙烯聚合到已形成弹性珠粒时，加入发泡剂再继续进行聚合直至结束，这样得到的聚苯乙烯珠粒也含有发泡剂。一步半法的优缺点与一步法大致相同，但由于发泡剂在反应中期加入，减少了阻聚作用，缩短了操作周期。产物分子量比一步法有所提高。

（3）两步法的第一步是将苯乙烯聚合成聚苯乙烯珠粒，第二步再把聚苯乙烯珠粒筛选分成不同等级，然后在同一级的珠粒内加入发泡剂，加热使发泡剂渗透进入珠粒中，冷却后成为可发性聚苯乙烯珠粒。两步法操作工序较多，发泡剂渗透时间较长，产物分子量可达55000~60000g/mol，PS 颗粒度经过筛选，有助于提高制品的质量，因而目前多选用两步法。

2. EPS 珠粒的预发泡

根据加热方式不同，预发泡可分为 5 种：①蒸气预发泡；②真空预发泡；③红外线预发泡；④热空气预发泡；⑤热水预发泡。其中，红外线预发泡、热空气预发泡和热水预发泡只适用于制备低发泡制品，属间歇操作，加热时间长，不适于批量生产。蒸气预发泡可实现连续化生产，劳动强度低，产量高，预发泡后的密度低，成型后的制品质量较好，技术完善成熟。真空预发泡法能生产密度小于 $0.015g/cm^3$ 的可发性珠粒。

连续蒸气预发泡主要设备为蒸气预发泡机，它由筒体、搅拌器、螺旋进料器、传动部分、鼓风送料管道及机架组成，其结构示意图如图 8-3 所示。

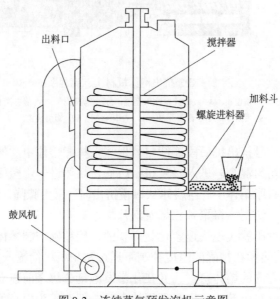

图 8-3　连续蒸气预发泡机示意图

对于水蒸气预发泡，蒸气温度、加料速度和出料口高度是影响预发泡效果的重要因素。当温度低于80℃时，由于EPS处于玻璃态，分子链运动能力极为有限，因此EPS无法发泡，只是发泡剂向外扩散，珠粒的体积没有膨胀。当加热到80℃以上时珠粒开始软化，分布于内部的发泡剂受热汽化产生压力，才使珠粒膨胀形成互不相通的气泡。同时，热蒸气渗透进入珠粒气泡中，增加了气泡内的总压力。此时发泡剂的渗出速度慢，大部分来不及逸出留在泡孔内，珠粒软化并有足够的强度在气体压力下膨胀发泡。随着通入蒸气量的增加，压力不断增大，珠粒的体积也不断胀大。蒸气预发泡既可采用连续生产，也可采用间歇生产；连续生产产量高，预发泡珠粒的密度低、质量好。

3. 熟化

预发泡后的发泡颗粒在环境温度下自然冷却，储存一段时间后从周围吸收空气的过程称为熟化。新的预发泡颗粒经自然冷却，泡孔内的发泡气体和水蒸气冷凝成液体，形成局部真空状态，这时周围的空气通过泡孔膜渗透进入泡孔中，使气泡内的压力与外界压力达成平衡。经熟化处理的预发泡颗粒具有弹性。在储存熟化过程中，发泡剂也不断向外扩散达到动态平衡，因此预发泡颗粒的熟化时间不宜过长。

通常熟化处理在布袋或大型网料仓中进行。最适宜的熟化温度为22～26℃，熟化温度要严格控制，温度过高，会加速气体的损失；温度过低，会使空气中的气体进入颗粒中的速度降低，减小颗粒对气体的吸收量。熟化时间因预发泡颗粒的密度和形状以及周围环境条件而异。一般在室温下熟化8～24h后就放入模具中成型。

4. 成型

一般采用蒸气加热模压成型的方法。蒸气压力控制在0.05～0.25MPa，加热时间为2～3min。将熟化后的EPS颗粒充满模具的型腔，在较短的时间内，热蒸气通过模壁的气孔直接进入型腔中，空气来不及逸出即受热膨胀，同时发泡剂气体汽化产生压力，渗入的水蒸气也增加气体压力，颗粒内的总压力促使泡沫膨胀，使颗粒受热软化膨胀。由于模具型腔的限制，膨胀的颗粒填满整个型腔的各个空隙，并完全黏成一个整体，最后熔结成与模具型腔相同的形状，经过冷却定型后，从模具中取出，即得EPS泡沫塑料制品。

XPS板和EPS板的主要性能对比如表8-3所示。

表8-3　XPS板和EPS板的性能对比

性能	XPS板	EPS板
密度/（kg/m³）	22～45	15～60
热导率/[W/（m·K）]	0.0289	0.039～0.041
水蒸气渗透系数/[ng/（Pa·m·s）]	1.5～2	4～9
吸水率/%	1.5～2	2～6
压缩强度/kPa	150～450	60～400
尺寸变化率/%	<2	1～4

三、聚苯乙烯泡沫塑料的应用

1. 聚苯乙烯泡沫塑料在建筑上的应用

聚苯乙烯泡沫塑料可直接作为建筑围护（墙、顶），复合夹芯板。轻质框架结构可适应降低建筑物自重、提高装配和预制化的程度的趋势。聚苯乙烯泡沫塑料与其他轻质材料复合制成的复合夹层建筑板或称夹芯板，质量轻，并能满足作为墙体所需要的建筑功能，是较理想的框架结构建筑的墙体材料。目前在建筑上的应用主要有外墙保温板、金属面泡沫夹芯板、水泥面泡沫夹芯板、玻璃钢泡沫夹芯板等。

2. 聚苯乙烯泡沫塑料在包装上的应用

目前，包装垫块广泛采用 EPS 模压发泡制取，可直接制成与包装物相应的形状，具有可靠的防震、隔热、耐压等特性，广泛用于各种精密仪器、大小电器、各种轻工产品的包装。

3. 聚苯乙烯泡沫塑料在浮体上的应用

聚苯乙烯泡沫塑料质轻，可用作各种浮材，如救生圈、救生筏等。下面以 EPS 为原材料用模压法生产救生圈、救生筏为例进行介绍。图 8-4 为聚苯乙烯泡沫塑料救生圈的模压成型工艺流程，芯部是聚苯乙烯泡沫体，外面包覆玻璃布和衬布，再涂以酚醛树脂并进行后处理。

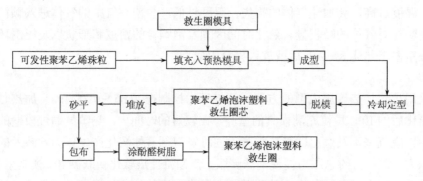

图 8-4　聚苯乙烯泡沫塑料救生圈的模压成型工艺流程

第四节　聚乙烯泡沫塑料成型工艺

聚烯烃泡沫塑料由于其有珍珠般的光泽而被称为珍珠棉，具有密度低、耐低温及耐化学腐蚀性优良等优点，并具有一定的力学强度，可用作日用品及精密仪器的包装材料、保温材料和水上漂浮材料等。近年来，聚烯烃泡沫塑料的用途日益扩大，发展速度较快。常见的聚乙烯泡沫塑料如图 8-5 所示。

聚乙烯属结晶聚合物，当温度超过熔点时，熔体黏度急剧下降，对发泡成型极为不利。在发泡过程中，为了保持住气泡，熔体必须具有一定的黏弹性，而结晶塑料此性能的温度区间较窄，在实际发泡成型过程中，常采用加入交联剂的方法使聚乙烯熔体交联，提高熔体的黏弹性，扩大熔体适宜发泡的温度区间。

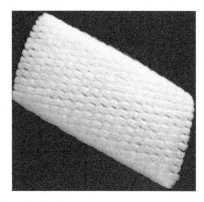

图 8-5　常见的聚乙烯泡沫塑料

一、聚乙烯交联发泡原理

（一）聚乙烯的熔体特性

未交联的聚乙烯很难得到高发泡的泡沫塑料，其原因有以下 3 个：①聚乙烯是结晶聚合物，在低于晶体熔融温度时几乎不流动，在熔融温度以上其熔体黏度急剧下降，这种低黏度的熔体在成型时很难锁住发泡过程中产生的气体；②聚乙烯从熔融态降温时极易结晶，放出大量的结晶热，而熔融聚乙烯的比热容较大，因此从熔融态转变为固体状态的时间比较长；③聚乙烯的透气率较高，发泡气体容易逸出，适于发泡的温度范围较窄。因此，要制得质量较好的聚乙烯泡沫塑料就必须在聚乙烯分子间进行交联，将熔融物料的黏性和弹性调节在一定范围内，使其发泡性能显著提高，同时也提高聚乙烯泡沫塑料的物理力学性能。

影响聚乙烯熔体发泡过程稳定性的另一个因素——气体的渗透系数不易过大。渗透系数是扩散系数与溶解度的乘积。聚乙烯熔体容易渗透气体，几种气体在聚乙烯熔体中的渗透系数见表 8-4。由表 8-4 看出，低密度聚乙烯比高密度聚乙烯更容易渗透气体，最容易透过的气体是二氧化碳气体。

表 8-4　几种气体在聚乙烯熔体中的渗透系数

气体	低密度聚乙烯	高密度聚乙烯	气体	低密度聚乙烯	高密度聚乙烯
一氧化碳	20	2.68	氧气	39.5	5.13
二氧化碳	167	21.1	氮气	13.6	1.54

（二）聚乙烯交联发泡方法

发泡聚乙烯通常采用的交联方法有化学交联和辐射交联，化学交联是以有机过氧化物作交联剂，因价廉、操作方便，应用更为广泛；辐射交联是聚乙烯在高速电子射线或射线辐射下交联。化学交联一般在工业上广泛使用，发生交联反应形成网状大分子。辐射交联设备投资大，片材质量好，一般只用于生产 5～10mm 厚的交联聚乙烯泡沫片材。

1. 化学交联发泡

当聚乙烯树脂与有机过氧化物混合并加热后，有机过氧化物分解为化学活性很高的自由基，夺取聚乙烯分子中的氢原子使主链的某些碳原子转变为活性自由基，两个大分子链上的活性自由基相互结合形成交联键。

化学交联发泡的第一步为交联，第二步为发泡膨胀。交联聚乙烯泡沫塑料的发泡成型方法可分为一步法和两步法：一步法是将片料加热到高于发泡剂分解的温度，然后再交联发泡成型；两步法是把一定配比的聚乙烯树脂、发泡剂、化学交联剂塑炼成片料，然后加热、加压成交联毛坯，再把毛坯发泡成型。

2. 辐射交联

将聚乙烯和偶氮二甲酰胺混炼均匀后，挤成厚 3mm、宽 10cm 的可发性片材，再用电子射线辐射。辐射过程在空气中以室温状态进行，以计量为 10～100kGy 的射线辐射，使其交联。交联的能源有 γ 射线和电子辐射两种，主要区别在于速度和透入材料的深度不同。由放射性同位素产生的 γ 射线，可处理厚度为 30～60cm 的聚乙烯，但处理速度慢，照射时间从数小时至一天；电子辐射只透入 1.25cm 左右，但速度很快，每分钟可达数百平方米以上。

交联后聚乙烯熔体的黏性和弹性显著提高，适宜发泡的黏性和弹性范围可由化学交联剂的添加量或控制一定的辐射剂量来调节，以达到保持泡孔结构、制备发泡倍率高的泡沫塑料的目的。聚乙烯交联前后黏度与温度之间的关系如图 8-6 所示，图中阴影部分为适宜发泡的黏度区间，从图 8-6 中可看出，对于未交联的聚乙烯，其合适的发泡温度为 $T_2 \sim T_3$；交联后合适的发泡温度为 $T_4 \sim T_5$，发泡的温度窗口大幅增大。发泡过程中气泡的形成、增长和泡沫的稳定这三个过程与普通发泡过程一样。

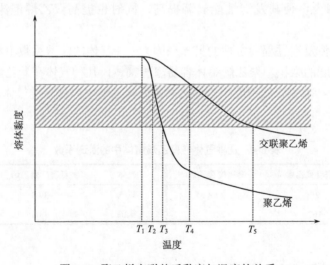

图 8-6　聚乙烯交联前后黏度与温度的关系

3. 聚乙烯交联发泡材料的典型物理性能

聚乙烯交联发泡材料的典型物理性能见表 8-5。

表 8-5　聚乙烯交联泡沫的物理性能对比

性能	LDPE/LLDPE	LDPE	PP
密度/（kg/m³）	17.5	24.5	35
拉伸强度/kPa	236	174	560
压缩强度/kPa	236	174	58
伸长率/%	128	172	300

二、聚乙烯泡沫塑料的成型方法

聚乙烯泡沫塑料生产方法很多，主要分为挤出法、模压法和可发性珠粒法。目前聚乙烯泡沫塑料以挤出法和模压法生产为主。

挤出法是将含有发泡剂的聚乙烯熔融物料从挤出机口模挤出，熔融物料从高压降为常压时，溶于熔融物料中的气体膨胀而发泡。挤出发泡法工艺简单，只要在挤出机中部注入沸点为–30～20℃的挥发性发泡剂即可挤出发泡。与挤出聚苯乙烯泡沫塑料相似，为了使气泡微细，结构均匀，可加入少量成核剂，如加 0.01%～1% 的有机酸、碳酸盐或酸式碳酸盐、粉末状二氧化硅等。挤出温度选择在比熔融温度低 5℃至软化温度之间，挤出温度选择适当可制得发泡倍率为 20 的聚乙烯泡沫塑料。

先将混合均匀的原料从料斗进入挤出机，由螺杆旋转压实，并在机筒中熔融塑化，从挤出机中部的注入口用计量泵将发泡剂注入熔融物料中，经机械搅拌与物料完全混合。温度均匀的熔融物料从机头口模挤出，经吹塑发泡得到表面有珍珠状美丽的光泽而内部泡孔结构均匀的聚乙烯泡沫片材，可加入一些着色剂制成彩色聚乙烯泡沫片材。用此法制得的聚乙烯泡沫塑料品种除片材外还有板材、管材、棒材等。

模压法一般使用熔体流动速率为 2g/10min 左右的 LDPE，以 DCP 为交联剂，以 AC 为发泡剂。

将 LDPE 树脂在炼塑机中混炼 3～5min，温度控制在 110～120℃。将 LDPE 树脂混炼成片之后加入 AC 发泡剂，温度降至 70～100℃，再混炼 10min，然后加入 DCP，在同一温度下混炼 5min，制成片状。按所要加工制品的形状冲切成所需要尺寸的片料，把片料装入模具中，此时对模具加热至 160℃，加压至 0.6MPa，模压 12～15min，开模发泡。

开模发泡有热开模法和冷开模法两种。热开模法是待发泡剂分解完全后，解除液压机压力，使热熔融片材膨胀弹出，并在 2～3min 完成发泡。熔融物料的快速膨胀发泡，有利于形成细小的泡孔，但不能达到太高的发泡倍率。发泡剂分解产生的气体压力与物料的黏性和弹性之间难以达到平衡，发泡时微小的阻力会导致泡沫塑料龟裂，因此必须特别注意控制熔体的弹性，以保证生产的正常进行。

冷开模法将完成交联发泡的模具冷却到 65℃左右开模取出泡沫块，立即送入 120～170℃的烘箱中加热进行二次发泡；也可将热压泡沫块置于容积比其大的模具中二次加热膨胀，冷却后开模得到具有闭孔结构、泡孔细微均匀、力学强度优良的聚乙烯泡沫塑料制品。在常压下加热二次发泡即得到高发泡倍率的泡沫片材。

三、聚乙烯泡沫塑料的应用

1. LDPE 高发泡片材

LDPE 高发泡片材压缩强度和吸收冲击性能优异，而且不吸水、能抗震、防碎、能保护被包装物，适合作包装衬垫材料，广泛应用于仪器仪表、精密机械、电器、家具等的包装，近十多年得到快速发展。

2. HDPE 发泡板材

由于 HDPE 发泡板材有珍珠母般的外观，其在食品包装、汽车的内部装饰等领域大量取代 XPS，已占据发泡板材领域的很大一部分。目前，HDPE 发泡板材可用作包装带和包装用长条板，也可用于黏合双层板及编织地毯材料。

3. 聚乙烯泡沫天花板

聚乙烯泡沫天花板是以 LDPE 为主要原料，添加其他助剂，经过混炼、交联、发泡、注塑成型而制得的一种室内装饰材料。发泡后的片材厚度一般为 6mm。这种天花板图案丰满，色泽好，具有质轻、耐水防潮、保温隔热、吸音及易安装等优点。

4. 聚乙烯挤出发泡网

塑料挤出网的传统生产方法，需要经过纺丝级树脂纺丝拉伸、编网等多道工序，产量低、成本高，应用范围受限制。塑料挤出网的生产工艺投资成本少，仅一台挤出机和一个挤出塑料网专用模具即可生产。直接挤出法生产塑料挤出网成本低、生产效率高、网眼形状可变，如菱形、斜菱形、六角形、正方形等。聚乙烯挤出发泡网是在挤出网的基础上发展而来的，其质轻，具有一定的弹性，有防震、减震作用，特别适合包装如苹果、鸭梨、桃、瓜类等水果，以及陶瓷、玻璃制品和精密仪器等易损易破坏物品，在包装领域有广泛用途。

第五节　聚氨酯泡沫塑料成型工艺

聚氨酯一步发泡工艺是目前普遍使用的，也可以将原材料称量好后放到容器中，进行混合，然后注入模具中，即可形成，这种工艺都是温室发泡，容易成型，便于使用。

一、聚氨酯泡沫塑料成型原理

聚氨酯泡沫塑料的主要特征是具有多孔性，因而密度低、比强度高。根据所用原料不同和配方的变化，可制成软质、半硬质和硬质聚氨酯泡沫塑料等几种；按所用的多元醇品种分类，可分为聚酯型、聚醚型聚氨酯泡沫塑料等；按其发泡方法分类，有块状、模塑和喷涂聚氨酯泡沫塑料等类型。在聚氨酯泡沫塑料成型过程中，自始至终伴随着化学反应，其反应机理较复杂。下面从原料和成型原理加以叙述。

在聚氨酯泡沫塑料的发泡成型过程中，自始至终都伴随着复杂的化学反应。这些反应有：

（1）多异氰酸酯的异氰酸酯基与多元醇的羟基反应生成氨基甲酸酯基团：

$$\sim\!\!\sim\!\!R\!\sim\!\!NCO + HO\!\sim\!\!R' \sim\!\!\sim\!\! \longrightarrow \sim\!\!\sim\!\!R\!\sim\!\!NH - \overset{\displaystyle O}{\overset{\displaystyle \|}{C}} - O\!\sim\!\!R'\!\sim\!\!\sim \qquad (8\text{-}1)$$

（2）异氰酸酯与水反应，经过中间产物生成胺：

$$\sim\!\!R\!\sim\!\!NCO + H_2O \longrightarrow \sim\!\!R\!\sim\!\!NH\!\!-\!\!\overset{\overset{\displaystyle O}{\|}}{C}\!\!-\!\!OH \longrightarrow H_2N\!\sim\!\!R + CO_2\uparrow \quad (8\text{-}2)$$

（3）生成的胺与过剩的异氰酸酯反应生成脲：

$$\sim\!\!R\!\sim\!\!NCO + H_2N\!\sim\!\!R \longrightarrow \sim\!\!R\!\sim\!\!NH\!\!-\!\!\overset{\overset{\displaystyle O}{\|}}{C}\!\!-\!\!O\!\sim\!\!R\!\sim \quad (8\text{-}3)$$

（4）异氰酸酯与氨基甲酸酯氮原子上的氢反应生成脲基甲酸酯，使生成的线型聚合物形成支化和交联结构：

$$\sim\!\!R\!\sim\!\!NCO + \sim\!\!R\!\sim\!\!NH\!\!-\!\!\overset{\overset{\displaystyle O}{\|}}{C}\!\!-\!\!O\!\sim\!\!R'\!\sim \longrightarrow$$

$$\begin{array}{c} \sim\!\!R\!\sim\!\!\overset{\displaystyle N}{\underset{\displaystyle |}{}}\!\!-\!\!\overset{\overset{\displaystyle O}{\|}}{C}\!\!-\!\!O\!\sim\!\!R'\!\sim \\ \overset{\displaystyle |}{\underset{\displaystyle H}{}} \\ R\!\!-\!\!N\!\!-\!\!C\!\!=\!\!O \end{array} \quad (8\text{-}4)$$

（5）异氰酸酯与脲反应生成缩二脲，使线型聚合物形成交联和支化结构：

$$\sim\!\!R\!\sim\!\!NCO + \sim\!\!R\!\sim\!\!NH\!\!-\!\!\overset{\overset{\displaystyle O}{\|}}{C}\!\!-\!\!O\!\sim\!\!R\!\sim \longrightarrow$$

$$\begin{array}{c} \sim\!\!R\!\sim\!\!\overset{\displaystyle N}{\underset{\displaystyle |}{}}\!\!-\!\!\overset{\overset{\displaystyle O}{\|}}{C}\!\!-\!\!O\!\sim\!\!R\!\sim \\ \overset{\displaystyle |}{\underset{\displaystyle H}{}} \\ R\!\!-\!\!N\!\!-\!\!C\!\!=\!\!O \end{array} \quad (8\text{-}5)$$

（6）异氰酸酯与体系中少量的羧基反应产生 CO_2：

$$\sim\!\!R\!\sim\!\!NCO + HOOC\!\sim\!\!R''\!\sim \longrightarrow \sim\!\!R\!\!-\!\!\overset{\displaystyle H}{\underset{\displaystyle |}{N}}\!\!-\!\!\overset{\overset{\displaystyle O}{\|}}{C}\!\!-\!\!R''\!\sim + CO_2\uparrow \quad (8\text{-}6)$$

（7）异氰酸酯发生自聚反应，形成环状聚合物。

总之，式（8-4）、式（8-5）是形成交联和支化结构聚合物大分子而使反应物逐渐由液体胶凝固化为固体的主体反应；式（8-2）、式（8-6）的发泡反应产生气体，使反应物料形成蜂窝状结构的泡沫塑料。

在生产中一般需要加入叔胺与有机锡组成的混合催化剂来控制聚合反应与发泡反应同步进行。

二、聚氨酯发泡成型工艺

聚氨酯发泡技术常见的有一步法发泡、预聚法发泡及半预聚法发泡，下面分别进行讨论。

（一）一步法发泡

一步法发泡工艺是目前普遍采用的聚氨酯泡沫塑料生产工艺，主要是将聚醚（或聚酯）

多元醇、二异氰酸酯、水、催化剂、泡沫稳定剂及其他添加剂等原料一步加入，在高速搅拌条件下混合后发泡。由于使用有机锡等高效催化剂，反应速率较快、放热时温度较高、不需要发泡后再进行熟化，采用有机硅泡沫稳定剂，即使在聚醚等物料黏度较低的情况下也能得到泡孔均匀的泡沫制品。加上不需要预聚体的反应装置，具有工艺简单、设备投资少、易于操作管理等优点。因此，目前绝大部分生产采用一步法。一步法的工艺流程如图 8-7 所示。

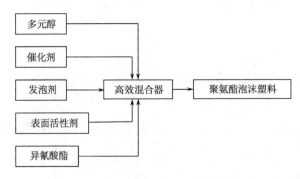

图 8-7　聚氨酯泡沫塑料一步法工艺流程

一步法发泡一般将配方中的物料分为两个或两个以上组分，从储罐中由几组精密计量泵分别按比例送入高速搅拌的混合头中，在高速搅拌下迅速混合均匀，注入带状输送器上或模具内进行发泡。搅拌时间通常为 1~5s，模具内开始发泡时间（即发白时间）为 4~6s，发泡时间一般为 40~80s，泡沫凝固后，在 100℃温度下熟化 2h 即得泡沫塑料制品。另外，在室温下放置一段时间（数天），也可达到预定强度。

带状输送器属于自由发泡，在聚氨酯泡沫塑料和聚氯乙烯泡沫塑料中均广泛应用。

（二）预聚法发泡

预聚法发泡工艺通常应用于聚醚型泡沫塑料，而聚酯型泡沫塑料因聚酯本身黏度较大，生成预聚体后黏度更大，不利于后期的发泡操作。

预聚法是先将异氰酸酯和多元醇反应，生成含有一定量游离异氰酸基的预聚物，然后在预聚体中加入水、催化剂、表面活性剂等其他添加剂，在高速搅拌下混合进行发泡生成泡沫塑料。工艺流程如图 8-8 所示。

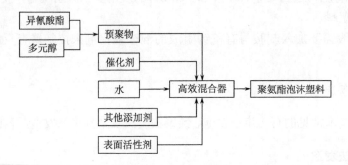

图 8-8　聚氨酯泡沫塑料预聚法工艺流程

预聚时物料的酸碱度非常关键，酸性情况有利于发生链增长反应，生成氨基甲酸酯和脲基，从而获得黏度较低的预聚体；碱性情况有利于发生支链反应，生成脲基甲酸酯缩二脲和三聚反应，从而获得黏度较高的预聚体，甚至产生凝胶化现象。

聚醚型预聚体制备通常采用预聚法合成。第一步，将聚醚和一部分异氰酸酯反应，使之生成末端带有异氰酸酯基团和具有较高分子量的预聚体；第二步，即在该生成物中加入剩余的异氰酸酯，使最终产物的异氰酸酯含量为8%～10%。该法所制得的预聚体与一次反应法相比，具有更大的分子量和分子量分布，因而预聚体的黏度有较大的提高。

在预聚体制备时既要保证反应物的末端都带有异氰酸酯基团并获得一定黏度，又要防止物料产生过多的交联而形成凝胶化。因此，在严格控制原料质量的同时还必须控制影响黏度和防止凝胶化的各种因素，如反应系统的总酸度、NCO/OH 的比例、水分含量、支链度数量及反应温度和时间等。

（三）半预聚法发泡

半预聚法是先将配方中的部分多元醇与全部异氰酸酯反应生成游离异氰酸酯基团含量较高的半预聚物，然后再与剩余的多元醇及水、催化剂、表面活性剂等其他添加剂，在较高速度下混合进行发泡制得泡沫塑料。半预聚法发泡工艺一般多生产半硬质泡沫塑料，而较少生产软质泡沫塑料，工艺流程如图 8-9 所示。

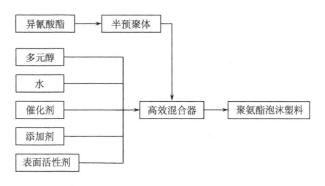

图 8-9　泡沫塑料半预聚法工艺流程

三、聚氨酯泡沫塑料的应用

聚氨酯泡沫制品是目前聚氨酯产品中应用最广泛、用量最大的产品，主要包括聚氨酯软泡和聚氨酯硬泡。2020 年国内聚氨酯泡沫的消费量为 467 万吨，比 2019 年增长约 5.4%；其中聚氨酯硬泡消费量为 206 万吨，聚氨酯软泡消费量为 261 万吨。

聚氨酯硬泡主要应用于冰箱、冰柜、冷库、管道保温、板材、冷藏集装箱和热水器等保温领域。2017 年冰箱、冰柜依然是聚氨酯硬泡最大的应用领域；太阳能热水器由于消费观念的变化和方便性降低，市场消费持续降低，使用量出现超过 10% 的负增长；喷涂、板材及煤矿加固等领域均出现小幅下降；受国家标准 GB 50016—2014 （2018 年版）的影响，聚氨酯外墙保温的应用明显减少。

聚氨酯软泡主要用于家具、汽车、服装等领域。2017 年软体家具消费稳步上升,汽车领域的消费量小幅上涨,普通海绵生产随着消费升级,带动了聚氨酯软泡的发展。

第六节　聚氯乙烯泡沫塑料成型工艺

聚氯乙烯(PVC)泡沫塑料具有良好的物理性能、耐化学性能和绝缘性能,且能隔音、防震,原料来源丰富,价格低廉。PVC 泡沫塑料可分为硬质和软质两种,硬质 PVC 泡沫塑料是在加工时用溶剂溶解 PVC 树脂,成型时溶剂受热挥发;软质 PVC 泡沫塑料是在加工时将增塑剂与 PVC 树脂调制成糊状,成型时增塑剂不会受热挥发,因而具备良好的柔性。

PVC 发泡既可以采用物理方法,也可以采用化学方法。PVC 最常用的物理发泡剂是超临界 CO_2,最常用的化学发泡剂是 AC 发泡剂。

PVC 发泡成型工艺非常通用,其他泡沫塑料的发泡成型工艺几乎都可以用于 PVC 发泡过程,包括模压发泡法、挤出发泡法、注射发泡法、压延发泡法、大气自由发泡法等。这些发泡方法在前面几节均有讲述,在此不再详述。图 8-10 为 PVC 发泡拖鞋生产工艺流程图。

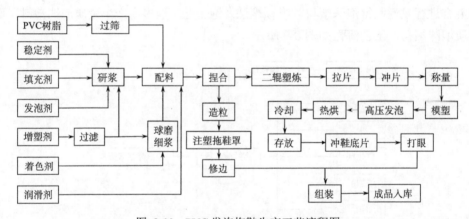

图 8-10　PVC 发泡拖鞋生产工艺流程图

习　题

1. 泡沫塑料有哪些特点?其主要应用领域有哪些?

2. 泡沫塑料常用的分类方法有哪几种?如何分类?

3. 气泡核的形成对泡沫塑料有什么影响?

4. 影响气泡增长的因素有哪些?如何影响?

5. 气泡稳定的方法主要有哪两种?

6. 影响泡沫塑料性能的因素主要有哪些?

7. 为什么发泡剂需要并用?吸-放热平衡型复合发泡剂有哪些优势?

8. 与 EPS 泡沫塑料相比,XPS 泡沫塑料有哪些优点?

9. 简述 XPS 泡沫塑料的成型过程。

10. EPS 珠粒预发泡常用方法有哪些？影响连续蒸气预发泡效果的因素有哪些？

11. 聚烯烃为什么要交联才能发泡？交联有什么作用？

12. 聚烯烃的辐射交联和化学交联相比有哪些优缺点？

13. 简述聚氨酯的发泡原理。

14. 软质 PVC 泡沫塑料和硬质 PVC 泡沫塑料有什么区别？

参 考 文 献

陈海涛. 2013. 塑料板材与加工[M]. 北京: 化学工业出版社.

程军. 2007. 通用塑料手册[M]. 北京: 国防工业出版社.

李红元, 李斐隆. 2012. 塑料管材与加工[M]. 北京: 化学工业出版社.

刘殿凯, 崔春芳, 张美玲. 2016. 新型塑料包装薄膜[M]. 北京: 化学工业出版社.

马德柱. 2013. 聚合物结构与性能(性能篇)[M]. 北京: 科学出版社.

邱建成, 徐文良. 2018. 挤出吹塑新技术[M]. 北京: 化学工业出版社.

王兴天. 2010. 注塑工艺与设备[M]. 北京: 化学工业出版社.

熊国中. 2013. 塑料薄膜流延成型技术[M]. 北京: 化学工业出版社.

杨鸣波, 黄锐. 2014. 塑料成型工艺学[M]. 3 版. 北京: 中国轻工业出版社.

Agassant J F, Avenas P, Vergnes B, et al. 2017. Polymer Processing: Principles and Modelling [M]. 2nd ed. Cincinnati: Hanser Publications.